高等教育规划教材

数据库技术与 Access 2013 应用教程

第 2 版

程云志 陆亚洲 李 俊 等编著

机 械 工 业 出 版 社

本书全面讲述了数据库技术与 Access 2013 的应用。本书首先介绍了数据库系统的基本概念和理论，以及数据库的设计方法等。然后以 Access 数据库管理系统为教学开发平台，详细介绍了 Access 的基础知识、数据库和表的操作、SQL 结构化查询语言的设计以及 Access 的查询对象、窗体对象、报表对象、宏对象的使用，最后讲述了 VBA 程序设计和 VBA 数据库编程。

　　本书内容全面，结构完整，图文并茂，适用于大学本科院校、专科院校、高等职业院校、软件职业技术学院的数据库以及数据库应用课程教材，也可作为初学者学习数据库的入门教材和数据库应用系统开发人员的技术参考书，以及全国计算机等级二级（Access 数据库程序设计）考试参考用书。

　　本书配有电子教案，需要的教师可登录 www.cmpedu.com 免费注册，审核通过后下载，或联系编辑索取（QQ：2966938356，电话：010 - 88379739）。

图书在版编目（CIP）数据

数据库技术与 Access 2013 应用教程/程云志等编著. —2 版. —北京：机械工业出版社，2016.8
高等教育规划教材
ISBN 978-7-111-54420-3

Ⅰ. ①数… Ⅱ. ①程… Ⅲ. ①关系数据库系统 - 教材 Ⅳ. ①TP311.138

中国版本图书馆 CIP 数据核字（2016）第 174533 号

机械工业出版社（北京市百万庄大街22 号　邮政编码 100037）
策划编辑：和庆娣　　责任编辑：和庆娣
责任校对：张艳霞　　责任印制：李　洋
三河市宏达印刷有限公司印刷

2016 年 8 月第 2 版·第 1 次印刷
184mm × 260mm·17.75 印张·440 千字
0001 - 3000 册
标准书号：ISBN 978-7-111-54420-3
定价：45.00 元

出 版 说 明

当前，我国正处在加快转变经济发展方式、推动产业转型升级的关键时期。为经济转型升级提供高层次人才，是高等院校最重要的历史使命和战略任务之一。高等教育要培养基础性、学术型人才，但更重要的是加大力度培养多规格、多样化的应用型、复合型人才。

为顺应高等教育迅猛发展的趋势，配合高等院校的教学改革，满足高质量高校教材的迫切需求，机械工业出版社邀请了全国多所高等院校的专家、一线教师及教务部门，通过充分的调研和讨论，针对相关课程的特点，总结教学中的实践经验，组织出版了这套"高等教育规划教材"。

本套教材具有以下特点：

1）符合高等院校各专业人才的培养目标及课程体系的设置，注重培养学生的应用能力，加大案例篇幅或实训内容，强调知识、能力与素质的综合训练。

2）针对多数学生的学习特点，采用通俗易懂的方法讲解知识，逻辑性强、层次分明、叙述准确而精炼、图文并茂，使学生可以快速掌握，学以致用。

3）凝结一线骨干教师的课程改革和教学研究成果，融合先进的教学理念，在教学内容和方法上做出创新。

4）为了体现建设"立体化"精品教材的宗旨，本套教材为主干课程配备了电子教案、学习与上机指导、习题解答、源代码或源程序、教学大纲、课程设计和毕业设计指导等资源。

5）注重教材的实用性、通用性，适合各类高等院校、高等职业学校及相关院校的教学，也可作为各类培训班教材和自学用书。

欢迎教育界的专家和老师提出宝贵的意见和建议。衷心感谢广大教育工作者和读者的支持与帮助！

机械工业出版社

前　言

计算机科学技术的进步和高等教育事业的发展，使得计算机教育越来越受到重视。数据库技术是计算机科学技术中发展最快的领域之一，也是应用最为广泛的技术之一，它已经成为计算机信息系统与应用系统的核心技术和重要基础，广泛应用于各种领域，小到人事管理、学籍管理，大到企业级的信息管理、银行系统管理等。同时，数据库技术及其应用也成为国内外高等学校计算机专业和许多非计算机专业的必修或选修内容。

本书全面系统地阐述了数据库系统的基本概念、基本原理和 Access 2013 数据库管理系统的应用技术。通过大量的实例，全面、深入地介绍了 Access 2013 数据库管理系统软件的安装、配置、操作，Access 2013 数据库和表操作，SQL 结构化查询语言的设计，以及 Access 的查询对象、窗体对象、报表对象、宏对象的使用，以及 VBA 程序设计和 VBA 数据库编程。本书有下列特点：

1）以 Access 2013 数据库管理系统中文版为教学和开发平台。

2）体系完整，内容丰富，符合大学计算机专业和非计算机专业对数据库知识的要求。

3）由浅入深，循序渐进，首先介绍了数据库的基本概念，为以后的学习奠定了较好的理论基础。

4）实例丰富，实用性强，并且都配以详细的操作步骤和屏幕截图。

本书作者从事大学本科计算机专业教学，不仅具有丰富的教学经验，同时还具有多年的数据库开发经验。作者依据长期的教学经验，深知数据库原理的主要知识点、重点与难点，以及读者对数据库应用中最感兴趣的方面，逐渐形成了本书严谨的、适合于学习的结构体系。

本书由程云志、陆亚洲、李俊等编著。第 1、8 章由程云志编写，第 2、3 章由陆亚洲编写，第 4 章由吴蕾编写，第 5 章由李涵编写，第 6 章由王晓东编写，第 7、9 章由李俊编写，第 10 章由赵艳忠编写，第 11 章由王保忠编写，第 12 章及教学资源的制作等由刘瑞新、郑珂、张勇、臧国轻、史洪智、梁宏伟、韩顺友、段金卯、蔡军、张敬来、乔家君、马同森、程遂营、刘克纯、徐维维、谢紫安、缪丽丽、徐云林、骆秋容、田金雨、王如雪、曹媚珠、张曼编写完成。全书由刘瑞新教授审阅统稿。

因编者水平有限，书中疏漏之处在所难免，敬请读者批评、指正。

编　者

目　录

第1章 数据库系统概述

随着社会的进步、经济的发展、技术的创新，各类组织、机构都意识到现在已经跨入信息时代。与人力资源和自然资源一样，信息资源是信息时代的重要资源之一。作为信息技术的核心和基础的数据库技术得到了越来越广泛的应用。数据库技术是计算机科学技术中发展最快的领域之一，也是应用最广泛的技术之一，已成为计算机信息系统与应用系统的核心技术和重要基础。数据库技术造就了多位图灵奖得主，发展了以数据建模和数据库管理系统核心技术为主，内容丰富的一门学科，也带动了一个巨大的软件产业数据库管理系统产品及其相关工具和解决方案。

本章主要介绍数据库的基本知识，包括数据库的发展历史、概念描述、体系结构等。

1.1 数据库系统简介

例如，某大型超市的业务是销售各种食品、日常生活用品等。为了满足不同客户群的需求，这家超市销售的商品可能有上万种。经过多年的经营，超市的进货信息、销售信息、库存信息、客户信息等，将是一个非常庞大的数据。如果这些大量的数据只依靠人工管理显然已经不再可能。解决问题的最佳方案就是使用数据库。

数据库技术所研究的问题就是如何科学地组织和存储数据，如何高效地获取和处理数据。数据库技术是随着信息社会对数据处理任务的需要而产生的。随着社会对数据处理任务的要求不断提高，数据库也随之产生并不断发展。数据库的诞生和发展给计算机信息管理带来了一场巨大的革命。数据库技术从问世到现在，形成了坚实的理论基础、成熟的商业产品和广泛的应用领域，吸引了越来越多的研究者加入。对于一个企业来说，数据库的建设规模、数据库信息量的大小和使用频度，已经成为衡量这个企业信息化程度的重要标志。

1.1.1 数据库技术的发展历史

20世纪60年代，随着数据处理自动化的发展，数据库技术应运而生。在计算机应用领域中，数据处理越来越占主导地位，数据库技术的应用也越来越广泛。数据库是数据管理的产物。数据管理是数据库的核心任务，内容包括对数据的分类、组织、编码、储存、检索和维护。从数据管理的角度看，数据库技术到目前共经历了人工管理阶段、文件系统阶段和数据库系统阶段。

1. 人工管理阶段

人工管理阶段是指计算机诞生的初期，即20世纪40年代到50年代后期。这个时期的计算机主要用于科学计算。从硬件上看，起初没有磁盘等直接存取的存储设备，后来可以存储在磁带上；从软件上看，没有操作系统和管理数据的软件，数据处理方式是批处理。那时的数据管理非常简单，通过大量的分类、比较和表格绘制的机器运行数百万穿孔卡片或读写磁带来进行数据的处理和存储。

这个时期的数据管理具有以下 4 个特点。

（1）数据基本不保存

该时期的计算机主要应用于科学计算，由于技术限制，一般不需要将数据长期保存，只是在计算某一课题时将数据输入，用完后不保存原始数据，也不保存计算结果。

（2）没有对数据进行管理的软件系统

程序员不仅要规定数据的逻辑结构，而且要在程序中设计物理结构，包括存储结构、存取方法、输入/输出方式等。因此，程序中存取数据的子程序随着存储的改变而改变，数据与程序不具有一致性。卡片或磁带都只能顺序读取。

（3）没有文件的概念

数据的组织方式必须由程序员自行设计。数据是面向应用的，一组数据只能对应一个程序。即使两个程序用到相同的数据，也必须各自定义、各自组织，数据无法共享、无法相互利用和相互参照，从而导致程序之间有大量重复的数据。因此，程序之间有大量的冗余数据，数据不能共享。

（4）数据不具有独立性

当数据的逻辑结构或物理结构发生变化时，必须对应用程序做相应的修改，这就加重了程序员的负担。

人工管理阶段应用程序与数据之间的对应关系如图 1-1 所示。

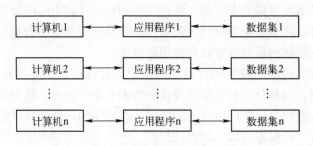

图 1-1　人工管理阶段应用程序与数据之间的对应关系

2. 文件系统阶段

20 世纪 50 年代后期至 60 年代中期，在硬件方面，外存储器有了磁盘、磁鼓等直接存取的存储设备；在软件方面，操作系统中已经有了专门用于管理数据的软件，称为文件系统。处理方式上不仅有了批处理，还有能够联机的实时处理。

这个时期的数据管理具有以下 4 个特点。

（1）数据可以长期保存

由于计算机大量用于数据处理，经常对文件进行查询、修改、插入和删除等操作，所以数据需要长期保留在外存储器中，便于反复操作。

（2）由文件系统管理数据

操作系统提供了文件管理功能和访问文件的存取方法，程序和数据之间有了数据存取的接口，程序可以通过文件名和数据打交道，不必再寻找数据的物理存放位置。至此，数据有了物理结构和逻辑结构的区别，但此时程序和数据之间的独立性尚不充分。

（3）文件的形式已经多样化

由于已经有了直接存取的存储设备，文件也就不再局限于顺序文件，还有了索引文件、链表文件等。因而，对文件的访问可以是顺序访问，也可以是直接访问。

（4）数据具有一定的独立性

文件系统中的文件是为某一特定应用服务的，因此系统不容易扩充，仍旧有大量的冗余数据，数据共享性差，独立性差。

文件系统阶段应用程序与数据之间的对应关系如图1-2所示。

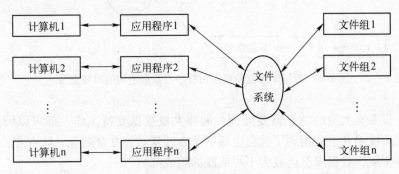

图1-2　文件系统阶段应用程序与数据之间的对应关系

3. 数据库系统阶段

数据库系统的萌芽出现于20世纪60年代。当时的计算机开始广泛地应用于数据管理，对数据的共享提出了越来越高的要求。传统的文件系统已经不能满足人们的需要。能够统一管理和共享数据的数据库管理系统便应运而生。

在这个阶段中，数据库中的数据不再是面向某个应用或某个程序，而是面向整个企业或整个应用的，处理的数据量急剧增长。在硬件方面，磁盘容量越来越大，读写速度越来越快；在软件方面，编制越来越复杂，功能越来越强大；处理方式上，联机处理要求更多。

这个时期的数据管理具有以下4个特点。

（1）采用复杂的结构化数据模型

数据库系统不仅要描述数据本身，还要描述数据之间的联系。这种联系是通过存取路径来实现的。数据结构化是数据库系统与文件系统的根本区别。

（2）较高的数据独立性

数据和程序彼此独立，数据存储结构的变化尽量不影响用户程序的使用。数据与程序的独立把数据的定义从程序中分离出去，加上数据由数据库管理系统管理，从而简化了应用程序的编制和程序员的负担。

（3）最低的冗余度

数据库系统中的重复数据被减少到最低程度，这样在有限的存储空间内可以存放更多的数据，并减少存取时间。数据冗余度低，共享性高，易于扩充。

（4）数据控制功能

数据库系统具有数据的安全性，以防止数据的丢失和被非法使用；具有数据的完整性，以保护数据的正确、有效和相容；具有数据的并发控制，避免并发程序之间的相互干扰；具有数据的恢复功能，在数据库被破坏或数据不可靠时，系统有能力把数据库恢复到最近某个时刻的正确状态。

数据库系统阶段应用程序与数据之间的对应关系可用图 1-3 表示。

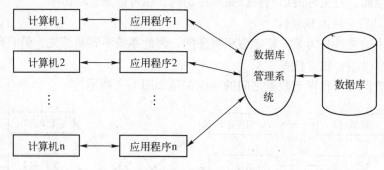

图 1-3　数据库系统阶段应用程序与数据之间的对应关系

事实上，只要有大量的信息需要处理，需要大量数据支持工作，都可以使用数据库技术。目前数据库技术几乎应用到了社会生活中所有的领域，在金融业、航空业、学校、人力资源和军事等领域，数据库已经成为不可或缺的组成部分。

随着科学技术的不断进步，各个行业领域对数据库技术提出了更高的要求，现有数据库已经不能完全满足需求，于是新一代数据库也孕育而生。新一代数据库支持多种数据模型，并和诸多新技术相结合，广泛应用于更多领域。

总之，随着科学技术的发展，计算机技术不断应用到各行各业，数据存储不断膨胀，对未来的数据库技术将会有更高的要求。

1.1.2　数据库系统的基本概念

数据库系统作为信息系统的核心和基础，涉及一些常用的术语和基本概念。

1. 数据

数据（Data）是数据库中存储的基本对象。数据不仅仅指的是具体的数字和文字，还包括如图形、声音、人的身体状况记录、计算机运行情况等，这些形式的数据经过数字化都可以存储到计算机中。因此，数据是人们用各种物理符号，把信息按一定格式记载下来的有意义的符号组合。

例如，学生赵绍强的"计算机网络"考试成绩为 91 分，91 就是数据。学生赵绍强还有学号、姓名、性别、出生日期、学院名称等信息。所以可这样来描述学生赵绍强：
（2012130045，赵绍强，男，1996 - 12 - 5，计算机学院）

这些描述也是数据，它们都可以经过数据化处理后被计算机识别。通过这些数据可以掌握该学生的基本信息，但却无法正确理解数据的含义。例如，数据"2012130045"的含义是学号还是班级号，从数据中无法知道。可见，数据的形式还不能完全表达其内容，需要解释。因此，数据和关于数据的解释是密不可分的。数据的解释是指对数据含义的说明，称为数据的语义，数据与其语义是不可分的。

2. 数据库

数据库（DataBase，DB）即存放数据的仓库，这个仓库就是计算机存储设备。数据库中的数据并不是简单地堆积，数据之间是相互关联的。严格地讲，数据库是长期存储在计算机内、有组织的、可共享的大量数据的集合。数据库中的数据按照一定的数据模型组织、描述和存储，具有较小的冗余度、较高的数据独立性和易扩展性，并可为各种用户共享。

3. 数据库管理系统

数据库管理系统（DataBase Management System，DBMS）是专门用于管理数据库的计算机系统软件，介于应用程序与操作系统之间，是一层数据管理软件。数据库管理系统能够为数据库提供数据的定义、建立、维护、查询和统计等操作功能，并完成对数据完整性、安全性进行控制的功能。

现今广泛使用的数据库管理系统有微软公司的 Microsoft SQL Server、Access，甲骨文公司的 Oracle、MySQL，IBM 公司的 DB2、Informix 等。

数据库管理系统的主要功能包括：数据库定义功能、数据库存取功能、数据库管理功能、数据库建立维护功能。

4. 数据库系统

数据库系统（DataBase System，DBS）是指在计算机系统中引入了数据库后的系统，由计算机硬件、数据库、数据库管理系统、应用程序和用户构成，即由计算机硬件、软件和使用人员构成。数据库系统是一个计算机应用系统。

计算机硬件是数据库系统的物质基础，是存储数据库及运行数据库管理系统的硬件资源，主要包括主机、存储设备、I/O 通道等，以及计算机网络环境。由于数据库系统数据量都很大，加之 DBMS 丰富的功能使得其自身的规模也很大，因此整个数据库系统对硬件资源提出了较高的要求，例如要有足够大的内存，有足够大的外存设备存放和备份数据库，要求系统有较高的通道能力以提高数据的传送率等。

软件主要包括操作系统以及数据库管理系统本身。此外，为了开发应用程序，还需要各种高级语言及其编译系统，以及各种以数据库管理系统为核心的应用开发工具软件。例如各类的 DBMS 以及支持这些 DBMS 运行的操作系统（Operating System，OS），具有与数据库接口的高级语言及其编译系统，还有为特定应用环境开发的数据库应用系统。数据库管理系统是负责数据库存取、维护和管理的系统软件，是数据库系统的核心，其功能的强弱是衡量数据库系统性能优劣的主要指标。数据库中的数据由数据库管理系统进行统一管理和控制，用户对数据库进行的各种操作都是由数据库管理系统实现的。应用程序（Application）是在数据库管理系统的基础上，由用户根据应用的实际需要开发的、处理特定业务的程序。

使用人员，也称为用户（User），是指管理、开发、使用数据库系统的所有人员，通常包括数据库管理员、应用程序员和终端用户。

综上所述，在数据库系统中，数据库中包含的数据是存储在存储介质上的数据文件的集合；每个用户均可使用其中的部分数据，不同用户使用的数据可以重叠，同一组数据可以为多个用户共享；数据库管理系统为用户提供对数据的存储组织、操作管理功能；用户通过数据库管理系统和应用程序实现数据库系统的操作与应用。数据库强调的是数据，数据库管理系统强调是系统软件，数据库系统强调的是系统。在一般不发生混淆的情况下，常常把数据库系统也称为数据库。

数据库系统在整个计算机系统中的地位如图 1-4 所示。

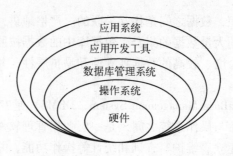

图1-4　数据库系统在整个计算机系统中的地位

1.2　数据库系统结构

数据库系统虽然是一个庞大的、复杂的系统，但它都有一个总的框架。虽然数据库系统软件产品众多，建立在不同的操作系统之上，但从数据库系统管理角度看，数据库系统通常采用三级模式结构，这是数据库管理系统内部的系统结构。

1.2.1　数据库系统模式的概念

在数据模型中，有"型"（Type）和"值"（Value）的概念。型是指对某一类数据的结构和属性的说明，值是型的一个具体复制。例如，学生记录定义为（学号，姓名，性别，出生日期，学院名称）这样的记录型，而（2012130045，赵绍强，男，1996－12－5，计算机学院）则是该记录型的一个记录值。

模式是数据库中全体数据的逻辑结构和特征描述，它仅仅涉及型的描述，不涉及具体的值。模式的一个具体值称为模式的一个实例（Instance）。同一个模式可以有很多实例。模式是相对稳定的，而实例是相对变化的。因为数据库中的数据是在不断更新的。模式反映的是数据的结构及其联系，而实例反映的是数据库某一时刻的状态。

1.2.2　数据库系统的三级模式结构

虽然实际的数据库管理系统产品种类很多，它们支持不同的数据模型，使用不同的数据库语言，建立在不同的操作系统之上，数据的存储结构也各不相同，但它们在体系结构上通常都具有相同的特征，即数据库系统通常采用三级模式结构：外模式、模式和内模式。

数据库系统的三级模式结构如图1-5所示。

1. 模式

模式也称为逻辑模式，是对数据库中全体数据的逻辑结构和特征的描述，是所有用户的公共数据视图。

模式是数据库系统模式结构的中间层，既不涉及数据的物理存储细节和硬件环境，也与具体的应用程序和开发工具无关。模式实际上是数据库数据在逻辑级上的视图，一个数据库只能有一个模式。数据库模式以某一种数据模型为基础，综合考虑了所有用户的需求，并将这些需求有机地整合成一个逻辑整体。模式只是对数据库结构的一种描述，而不是数据库本身，是装配数据的一个框架。例如，数据记录由哪些数据项

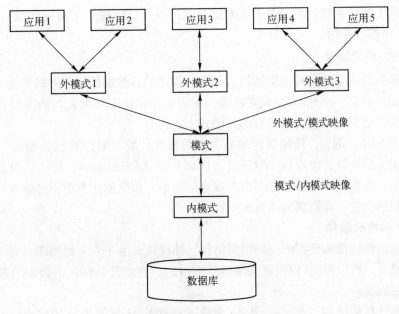

图1-5 数据库系统的三级模式结构

构成，数据项的名字、类型、取值范围等，而且要定义数据之间的联系，定义与数据有关的安全性、完整性要求。

数据库系统提供模式描述语言（Data Definition Language，DDL）来严格地表示这些内容。

2. 外模式

外模式也称为子模式或用户模式，是数据库用户看到的数据视图，是与某一应用有关的数据的逻辑表示。

外模式是模式的子集，它是各个用户的数据视图。由于不同用户的需求不同，看待数据的方式不同，对数据的要求不同，使用的程序设计语言也不同，因此不同用户的外模式描述是不同的。即使对模式中同一数据，在外模式中的结构、类型、保密级别等都可以不同。一个数据库可以有多个外模式。

数据库系统提供外模式描述语言（外模式DDL）来描述用户数据视图。

3. 内模式

内模式也称为存储模式，是数据在数据库系统内部的表示或底层描述，即对数据库物理结构和存储方式的描述。

一个数据库只能有一个内模式。例如，记录的存储方式是顺序存储、链式存储还是按散列方式存储；索引按照什么方式组织；数据是否压缩，是否加密等。

数据库系统提供内模式描述语言（内模式DDL）来描述数据库的物理存储。

1.2.3 数据库系统的二级映像

数据库系统的三级模式是对数据的三个抽象级别，它把数据的具体组织留给DBMS管理，使用户能逻辑地、抽象地处理数据，而不必关心数据在计算机中的表示和存储。为了实

7

现这三个层次上的联系和转换，数据库系统在这三级模式中提供了两层映像：外模式/模式映像和模式/内模式映像。

1. 外模式/模式映像

模式描述的是数据的全局逻辑结构，外模式描述的是数据的局部逻辑结构。对于每一个外模式，数据库都有一个外模式/模式映像，它定义并保证了外模式与数据模式之间的对应关系。这些映像定义通常包含在各自的外模式中。

当模式改变时（例如，增加新的关系、新的属性、改变属性数据类型等），外模式/模式映像要做相应的改变，由数据库管理员（Data Base Administrator，DBA）负责，以保证外模式保持不变。应用程序是根据数据的外模式编写的，因此应用程序不必修改，保证了数据与程序的逻辑独立性，即数据的逻辑独立性。

2. 模式/内模式映像

数据库的内模式依赖于它的全局逻辑结构，即模式。由于一个数据库只有一个模式，也只有一个内模式，所以模式/内模式映像也是唯一的。它定义并保证了数据的逻辑模式与内模式之间的对应关系。

当数据库的存储结构改变了，模式/内模式映像也必须做相应的修改（仍由 DBA 负责），使得模式保持不变，保证了数据与程序的物理独立性，即数据的物理独立性。

正是由于上述二级映像功能，才使得数据库系统中的数据具有较高的逻辑独立性和物理独立性。二级映像保证了数据库外模式的稳定性，从而从底层保证了应用程序的稳定性。数据与程序之间的独立性使得数据的存取由 DBMS 管理，用户不必考虑存取路径等细节，从而简化了应用程序的编制，大大减少了应用程序的维护和修改。

不同的用户人员涉及不同的数据抽象级别，具有不同的数据模式。不同用户对应的数据模式如图 1-6 所示。

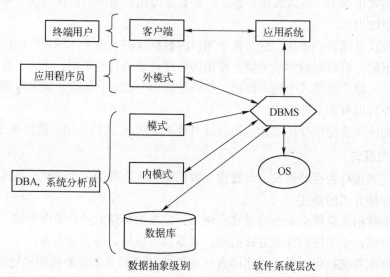

图 1-6　不同用户对应的数据模式

8

1.3 习题

1. 数据库技术所研究的问题就是如何_____和_____，如何高效地获取和处理数据。

2. 数据管理是数据库的核心任务，内容包括对数据的_____、_____、_____、_____、_____和_____。

3. 数据和关于数据的解释是不可分的。数据的解释是指_____，称为数据的_____，它们是密不可分的。

4. 数据库管理系统的主要功能包括：_____功能、_____功能、_____功能和_____功能。

5. 数据库用户通常包括_____、_____和_____。

6. 一个数据库有_____个模式，有_____个外模式，有_____个内模式。

7. 数据库的发展历史分为哪几个阶段？各有什么特点？

8. 简述数据、数据库、数据库管理系统、数据库系统的概念。

9. 使用数据库系统有什么好处？

10. 简述数据库系统的三级模式结构和二级映像的特点。

11. 什么是数据与程序的逻辑独立性？什么是数据与程序的物理独立性？

第2章 关系数据库

数据库不仅反映数据本身所表达的内容，而且还反映数据之间的联系。由于计算机不能直接处理现实世界中的具体事物，所以人们必须事先将具体事物转换成计算机能够处理的数据。在数据库系统的形式化结构中如何抽象、表示、处理现实世界中的信息和数据呢？这就是数据库的数据模型。通过数据模型这个工具来抽象、表示和处理现实世界中的信息和数据。现今的数据库，基本上都是关系数据库。关系数据库应用数学方法来处理数据库中的数据。

本章主要介绍信息的三种世界的概念，概念模型（E-R图）和数据模型，以及关系模型和关系数据库。

2.1 信息的三种世界

在信息社会中，信息成为比物质和能源更重要的资源，在国民经济中占据主导地位，并构成社会信息化的物质基础。以计算机和通信技术为主的信息技术革命是社会信息化的动力源泉，从根本上改变了人们的生活方式、行为方式和价值观念。

信息（Information）就是通过各种方式传播的能被感受的声音、文字、图像、符号等。简单地说，信息就是新的、有用的事实和知识。

信息需要载体才能表示，例如，考试的分数信息用数字"90"表示，"90"就是数据。对每个人来说，"信息"和"数据"是两种非常重要的东西。"信息"可以告诉人们有用的事实和知识，"数据"可以更有效地表示、存储和抽取信息。信息和数据是数据库管理的基本内容和对象。信息是现实世界事物状况的反映，通过加工，它可以用一系列数据来表示。

不同的领域，数据的描述也有所不同。人们在研究和处理数据的过程中，常常把数据的转换分为三个领域——现实世界、信息世界和计算机世界。这三个世界间的转换过程就是将客观现实的信息反映到计算机数据库中的过程。

2.1.1 现实世界

现实世界（Real World）就是人们所能看到的、接触到的世界。信息的现实世界是指人们要管理的客观存在的各种事物、事物之间的相互联系及事物的发生、变化过程。客观存在的世界就是现实世界，它不依赖于人们的思想。现实世界存在无数事物，每一个客观存在的事物可以看作是一个个体，每个个体都有属于自己的特征。比如，某个人有姓名、性别、年龄等特征。而不同的人，只会关心其中的一部分特征，并且一定领域内的个体有着相同的特征。用户为了某种需要，必须将现实世界中的部分需求用数据库实现。此时，它设定了需求及边界条件，这为整个转换提供了客观基础与初始启动环境。人们所见到的客观世界中的划定边界的某一部分环境就是现实世界。现实世界主要涉及以下3个概念。

1. 实体（Entity）

现实世界中存在的可以相互区分的客观事物或概念称为实体。例如，计算机、汽车、老虎、人。

2. 实体的特征（Entity Characteristic）

每个实体都有自己的特征，利用实体的特征可以区分不同的实体。例如，计算机有大小、型号、外观形状等特征，人有身高、体重等特征。现实世界就是通过每个实体所特有的特征来相互区分的。

3. 实体集（Entity Set）及实体集间的联系（Relation）

具有相同特征或能用同样特征描述的实体集合称为实体集。例如，所有老虎的实体集合就是老虎的实体集，所有人的实体集合就是人的实体集。

2.1.2　信息世界

信息世界（Information World）是现实世界在人们头脑中的反映，人们以现实世界为基础，用思维对事物进行选择、命名、分类等抽象工作之后，并用文字符号表示出来，就形成了信息世界。信息世界对现实世界的抽象重点在于数据框架性构造——数据结构，不拘泥于细节性的描述。信息世界主要涉及以下 3 个概念。

1. 实例（Example）

实体通过其特征的表示称为实例。实例与现实世界的实体相对应。例如，学生"赵金帅"就是一个学生实体，这个学生实体就是一个学生的实例。

2. 属性（Attribute）

实体的特征在人们思想意识中形成的知识称为属性。一个实例可能拥有多个属性，其中能唯一标识实体的属性或属性集合称为码（Key）。每个属性的取值是有范围的，称为该属性的域（Domain）。属性与现实世界的特征相对应。例如，学生"赵金帅"有学号、姓名、性别、出生日期等属性。其中学号能唯一标识该学生，则学号就是该学生实例的码。性别的取值不是"男"就是"女"，则该属性的域就是（男，女）。

3. 对象（Object）及对象间联系（Relation）

同类实例的集合称为对象，对象即实体集中的实体用属性表示得出的信息集合。实体集之间的联系用对象联系表示。对象及对象间联系与现实世界的实体集及实体集间的联系相对应。例如，所有学生实例的集合就是学生对象，即全体学生。每个学生之间都可能发生联系，例如，同班的学生，班干部和普通学生之间有管理联系。

按用户的观点对现实世界的抽象，即对现实世界的数据信息建模就称为概念模型（也称信息模型）。信息世界通过概念模型以及过程模型、状态模型反映现实世界，它要求对现实世界中的事物、事物间的联系和事物的变化情况能准确、如实、全面地表示出来。

2.1.3　计算机世界

计算机世界（Computer World）又称数据世界（Data World），是将信息世界中的信息经过抽象和组织，按照特定的数据结构，即数据模型，将数据存储在计算机中。数据模型是一种模型，是对现实世界和信息世界数据特征的抽象。也就是说，数据模型是用来描述数据、组织数据和对数据进行操作的。通俗地讲，数据模型就是现实世界、信息世界的模拟。

计算机世界主要涉及以下 4 个概念。

1. 字段（Field）

用来标记实体的一个属性就叫作字段，它是可以命名的最小信息单位。例如，学生有学号、姓名、性别、出生日期等字段。字段与信息世界的属性相对应。

2. 记录（Record）

记录是有一定逻辑关系的字段的组合。它与信息世界中的实体相对应，一个记录可以描述一个实体。例如，某个学生的记录由他的学号"2015126503"、姓名"王胜利"、性别"男"、出生日期"1997 年 8 月 10 日"等字段组成。一个记录在某个字段上的取值称为数据项（Item）。

3. 文件（File）

文件是同一类记录的集合，它与信息世界中的对象相对应。

4. 文件集（File Set）

文件集是若干文件的集合，即由计算机操作系统通过文件系统来组织和管理。它与信息世界中的对象集相对应。

文件系统通过对文件、目录、磁盘的管理，可以对文件的存储空间、读写权限等进行管理。

2.1.4 三种世界的转换

信息的三种世界之间是可以进行转换的。人们通常首先将现实世界抽象为信息世界，然后将信息世界转换为计算机世界。也就是说，首先将现实世界中客观存在的事物或对象抽象为某一种信息结构，这种结构并不依赖于计算机系统，是人们认识的概念模型；然后再将概念模型转换为计算机上某一具体的 DBMS 支持的数据模型。这一转换过程如图 2-1 所示。

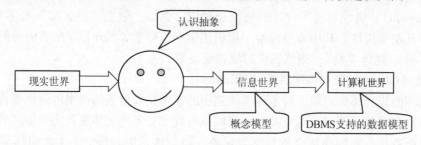

图 2-1　信息的三种世界之间的转换

信息的三种世界在转换过程中，每种世界都有自己对象的概念描述，但是它们之间又相互对应。信息的三种世界之间的对象对应关系见表 2-1。

表 2-1　信息的三种世界的对象对应关系

现 实 世 界	信 息 世 界	计算机世界
实体	实例	记录
特征	属性	数据项
实体集	对象	文件
实体间联系	对象间联系	文件集
	概念模型	数据模型

2.2 概念模型

现有的数据库系统均是基于某种数据模型的，数据模型是数据库系统的核心和基础。根据数据模型应用的不同目的，可以将这些模型划分为两类，它们分别属于不同的层次。第一类是概念模型，第二类是逻辑模型和物理模型。在不引起歧义的情况下，数据模型专指第二类模型。

在把现实世界抽象为信息世界的过程中，实际上是抽象出现实系统中有价值的元素及其关联。这时所形成的信息结构就是概念模型。这种信息结构不依赖于具体的计算机系统。

2.2.1 概念模型的基本概念

概念模型用于信息世界的建模，是对现实世界的抽象和概括。它应真实、充分地反映现实世界中事物和事物之间的联系，有丰富的语义表达能力，能表达用户的各种需求，包括描述现实世界中各种对象及其复杂的联系、用户对数据对象的处理要求和手段。是现实世界到信息世界的第一层抽象，是数据库设计人员进行数据库设计的有力工具，也是数据库设计人员和用户之间进行交流的语言。

因此，概念模型一方面应该具有较强的语义表达能力，能够方便、直接地表达应用中的各种语义知识；另一方面，它还应该简单、清晰，用户易于理解。概念模型应很容易向各种数据模型转换，易于从概念模式导出到 DBMS 中成为有关的逻辑模式。概念模型不是某个 DBMS 支持的数据模型，而是概念级的模型。在概念模型中主要涉及以下概念。

1. 实体（Entity）

客观存在并且可以互相区别的事物称为实体。实体可以是人，可以是物，也可以是抽象的概念；可以指事物本身，也可以指事物的联系。例如，一名学生，一门课、一次选课、学生和课程的关系等，都是实体。实体是信息世界的基本单位。

2. 属性（Attribute）

实体所具有的某一特征称为属性。一个实体可以由多个属性来刻画，每一个属性都有其取值范围和取值类型。例如，一个学生实体可以由学号、姓名、性别、出生日期等属性组成，(2015029520，李光明，男，1996 - 12 - 20) 这些属性值组合在一起表示了一个学生的基本情况。

3. 码（Key）

能在一个实体集中唯一标识一个实体的属性称为码。码可以只包含一个属性，也可以同时包含多个属性。有多个码时，选择一个作为主码。最极端的一种情况就是所有属性组成主码，称为全码。

4. 域（Domain）

某个（些）属性的取值范围称为该属性的域。例如，性别的域为（男，女），姓名的域为字符串集合。

5. 实体型（Entity Type）

具有相同属性的实体具有共同的特征和性质。用实体名及其属性名集合来抽象和刻画的同类实体称为实体型。例如，学生（学号，姓名，性别，出生日期）是一个实体型。

6. 实体集（Entity Set）

同类型的实体集合称为实体集。例如，全体学生就是一个实体集。

7. 联系（Relation）

现实世界的事物之间是有联系的，这种联系必然要在信息世界中加以反映。这些联系在信息世界中反映为实体（型）内部的联系和实体（型）之间的联系。实体（型）内部的联系主要表现在组成实体的属性之间的联系。实体（型）之间的联系主要表现在不同实体集之间的联系。

两个实体之间的联系有 3 种：一对一联系、一对多联系、多对多联系。

（1）一对一联系（1:1）

设对于实体集 A 中的每一个实体，实体集 B 中至多有一个实体与之联系，反之亦然，则称实体集 A 与实体集 B 具有一对一联系，记作 1:1。例如，一个学校只能有一个校长，一个校长也只能在一个学校任职，所以学校与校长之间的联系即为一对一的联系。还有董事长与公司、主教练与球队之间也都是一对一的联系。

（2）一对多联系（1:n）

设实体集 A 中的一个实体与实体集 B 中的多个实体相对应（相联系），反之，实体集 B 中的一个实体至多与实体集 A 中的一个实体相对应（相联系），则称实体集 A 与实体集 B 的联系为一对多的联系。例如，一个学校可以有许多个学生，但一个学生只能属于一个学校，所以学校和学生之间的联系即为一对多的联系。还有公司和职工、球队和球员之间也都是一对多的联系。

（3）多对多联系（m:n）

设实体集 A 中的一个实体与实体集 B 中的多个实体相对应（相联系），而实体集 B 中的一个实体也与实体集 A 中的多个实体相对应（相联系），则称实体集 A 与实体集 B 的联系为多对多的联系。例如，一个学生可以选修多门课程，一门课程可以被多个学生选修，所以学生和课程之间的联系即为多对多的联系；一名教师教过许多学生，一个学生也被许多老师教过，教师和学生之间的联系也是多对多的联系。

两个实体之间的联系可以用图形表示，如图 2-2 所示。

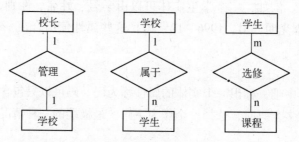

图 2-2　两个实体之间的联系

在现实世界，不但两个实体之间存在联系，多个实体之间也会存在联系。例如，课程、学生、教师 3 个实体之间存在联系。一门课程由多个教师讲解，一个学生可以选修多门课程，一名教师可以讲授多门课，如图 2-3 所示。同一实体集内的各实体之间也可以有某种联系。例如，公司的职工实体集内，有总经理，也有一般职工，具有领导和被领导的联系，即一个总经理可以领导多个职工，而一个职工只能被一个总经理领导。因此这是一对多的联系，如图 2-4 所示。

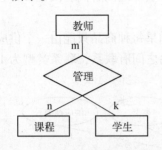 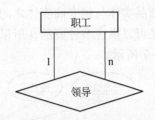

图 2-3　多个实体之间多对多的联系　　　图 2-4　多个实体之间一对多的联系

2.2.2　概念模型的表示

概念模型的表示方法有很多，常见的有实体 – 联系法、扩充实体 – 联系法、面向对象模型法、谓词模型法等。其中，最著名也最常用的是 P. P. S. Chen 于 1976 年提出的实体 – 联系法（Entity – Relationship，E – R）。该方法用 E – R 图来描述现实世界的概念模型，E – R 方法也称为 E – R 模型。E – R 模型是抽象和描述现实世界的有力工具，是各种数据模型的共同基础。

E – R 图提供了表示实体、实体的属性以及实体之间（或内部）联系的方法。在 E – R 图中，用长方形、椭圆形、菱形分别表示实体、属性、联系，联系上还标注联系类型。

1. 实体

实体用长方形表示，并在长方形中标注实体名。

例如，学生实体、课程实体、职工实体，如图 2-5 所示。

图 2-5　实体

2. 实体的属性

实体的属性用椭圆形表示，并在椭圆中标注属性名，再用无向边将该属性与对应实体连接起来。在多个属性中，如果有一个（组）属性可以唯一表示该实体，则可以在该属性下边加上下画线，用来标识该属性，即主属性，也就是主码。

例如，学生实体有学号、姓名、性别、出生日期属性，其中学号为主属性。课程实体有课程号、课程名、学分属性，其中课程号为主属性。如图 2-6 所示。

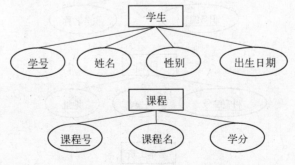

图 2-6　学生、课程实体及属性

3. 实体间的联系

实体间的联系用菱形表示，在菱形中标注联系名，再用无向边将该联系与联系实体连接起来，同时在无向边旁标注联系的类型。通常，如果实体之间有同名属性，并且同名属性表示的含义也相同，则实体之间有联系。

例如，商品实体与供应商实体之间存在联系。如果每种商品只能由一个供应商提供，而每个供应商又可以供应多种商品，所以供应商和商品之间有联系，联系类型为1:n（即一对多），如图2-7所示。

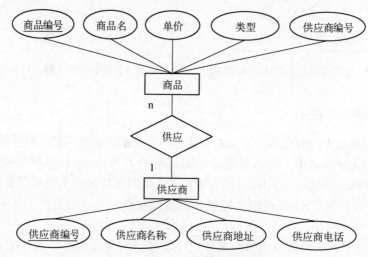

图2-7　商品实体与供应商实体间的联系

如果一个E-R图中的实体比较多，实体的属性也比较多，为了使E-R图简洁明了，可以先分别绘制各个实体的E-R图，最后将所有实体联系起来。

【例2-1】用E-R图来描述一个简单的公司人事管理系统的概念模型。一个简单的公司人事管理系统包括职工实体、职务实体、科室实体和基本工资实体，如图2-8所示。

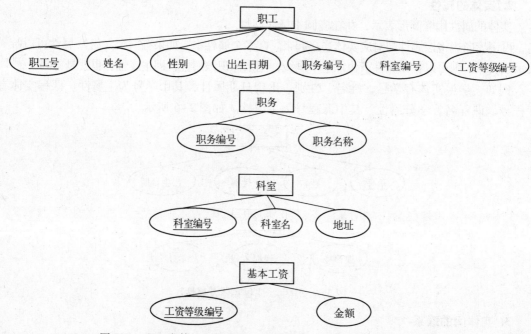

图2-8　职工实体、职务实体、科室实体、基本工资实体E-R图

将所有实体联系起来，组成完整的公司人事管理系统 E–R 图。每个职工（包括总经理）都有唯一的职务，职务包括科员、副科长、科长、总经理等，所以职务实体与职工实体之间的关系是 1:n。每个职工都有唯一的科室，所以科室实体与职工实体之间的关系是 1:n。每个职工都有基本工资，基本工资包括多个等级，等级不同，工资数额不同，所以职工实体与基本工资实体之间的关系是也 n:1。在职工实体内部，存在的科长领导科员，总经理领导科长关系，公司人事管理系统 E–R 图如图 2-9 所示。

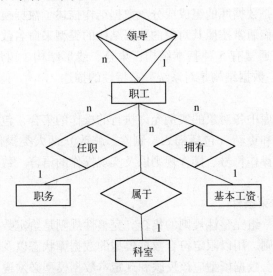

图 2-9　公司人事管理系统 E–R 图

E–R 图是数据库设计人员根据自己和数据库用户的观点，对要设计的系统的一种规划，所以不同的系统，E–R 图不尽相同。就算同一系统，由于设计人员观点不同，用户需求不同，也不会完全相同。

总之，E–R 方法是抽象和描述现实世界的有力工具，E–R 图为数据库设计提供了一个蓝图。用 E–R 图表示的概念模型与具体的 DBMS 所支持的数据模型相互独立，是各种数据模型的基础，因而比其他模型更一般、更抽象、更接近于现实世界。

2.3　数据模型

虽然概念模型不依赖于计算机系统，但现实世界的数据最终还是要存放到计算机的数据库中。这时就需要将概念模型转化为与具体计算机数据库相关的逻辑模型，即数据模型。

数据模型（Data Model）是严格定义的一组概念的集合。这些概念精确地描述了系统的静态和动态特性，是数据库中用来对现实世界进行抽象的工具，是数据库系统的核心与基础，是描述数据的结构以及定义在其上的操作和约束条件。

2.3.1　数据模型的基本概念

数据模型是对客观事物及联系的数据描述，是概念模型的数据化，即数据模型提供表示和组织数据的方法。数据库管理系统是建立在一定的数据模型之上的，根据数据模型实现在计算机上存储、处理、表示、组织数据，不同的数据模型对应不同类型的数据库管理系统。

从本质上讲，数据模型是确定逻辑文件的数据格式或数据组成。数据库技术在处理数据、组织数据时，从全局出发，对数据的内部联系和用户要求进行综合平衡考虑。因此，数据模型通常由数据结构、数据操作和完整性约束3部分组成。

1. 数据结构

数据结构是相互之间存在一种或多种特定关系的对象元素的集合。在任何对象集合中，对象元素都不是孤立存在的，在它们之间存在着某种关系，这种对象元素相互之间的关系称为结构。这些对象元素是数据库的组成成分。数据结构描述了数据模型中对象元素性质最为重要的方面。因为，人们通常按照其对象的数据结构的类型来命名数据模型。根据对象元素之间关系的不同特性，通常有5种基本结构：集合、线形结构、树形结构、图状结构（或网状结构）、关系结构。数据结构是对系统静态特性的描述。

2. 数据操作

数据操作是指数据库中各对象的实例允许执行的操作的集合，包括操作及有关的操作规则。数据库主要有检索和更新（包括插入、删除、修改）两大类操作。数据模型必须定义这些操作的确切含义、操作符号、操作规则以及实现操作的语言。数据操作是对系统动态特性的描述。

3. 数据的完整性约束条件

数据的约束条件是一组完整性规则的集合。完整性规则是给定数据模型中数据及其联系所具有的制约和依存规则，用以限定符合数据模型的数据库状态以及状态的变化，以保证数据的正确、有效、相容。数据模型应该反映和规定本数据模型必须遵守的基本的通用的完整性约束条件。此外，数据模型还应该提供定义完整性约束条件的机制，以反映具体应用所涉及的数据必须遵守的特定的语义约束条件。

2.3.2　常用的数据模型

在设计数据库全局逻辑结构时，不同的数据库管理系统对数据的具体组织方法不同。总的来说，当前实际的数据库系统中最常见的数据组织方法有4种：层次模型（Hierarchical Model）、网状模型（Network Model）、关系模型（Relational Model）和面向对象模型（Object Oriented Model）。其中，层次模型和网状模型统称为非关系模型。

1. 层次模型

用树形结构来表示实体以及实体之间联系的模型称为层次模型。层次模型是数据库系统中最早出现的数据模型，在现实世界中有许多实体之间的联系就属于层次模型。例如，一个家族的家谱、一个单位的机构设置等。

（1）层次模型的定义及数据结构

数据库的数据模型如果满足以下两个条件，就称为层次模型：

1）有且仅有一个结点，没有双亲结点，这个结点称为根结点。

2）除根结点之外的其他结点有且只有一个双亲结点。

在层次模型中，每个结点表示一个实体集（或记录型），实体集之间的联系用结点之间的有向线段表示，以表示每个结点之间的联系。层次模型中的联系称为父子关系或主从关系，而且联系类型只能是一对多联系。通常把表示对应联系"一"的结点放在上方，最上方的结点称为根结点；把表示对应联系"多"的结点放在下方，称为上级结点的子结点，没有子结点的称为叶结点。层次模型像一棵倒立的树，只有一个根结点，有若干个叶结点。如图 2-10 所示。

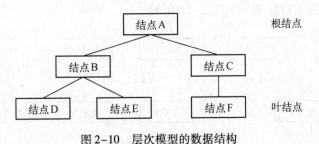

图 2-10　层次模型的数据结构

在层次模型中，实体集使用记录型（或记录）表示。记录描述实体，可以包含若干个字段；字段描述实体的特征，每个字段都必须命名，并且同一实体中的字段不能重名；记录值表示实体特征的具体数据；记录之间的联系使用基本层次联系表示。

（2）层次模型的数据操作和完整性约束条件

层次模型的数据操作主要有查询、添加、修改和删除。在进行添加、修改和删除操作时要满足以下层次模型的完整性约束条件：

1）进行插入记录值操作时，如果没有指明相应的父记录值，则不能插入子记录值。

2）进行删除记录操作时，如果删除父记录值，则相应的子结点值也同时被删除。

3）进行修改记录操作时，如果记录之间有关系，则应修改所有相应的记录，以保证数据的一致性。

（3）层次模型的优缺点

层次模型的优点如下。

1）层次模型结构简单、清晰。

2）对于包含大量数据的数据库来说，采用层次模型来实现，其效率很高。

3）层次数据模型提供了良好的完整性支持。

层次模型的缺点如下。

1）由于现实世界非常复杂，层次模型表达能力有限，特别是不能表示多对多联系。

2）数据冗余度增加，查询不灵活，特别是查询子女结点必须通过双亲结点。

3）对插入和删除操作的限制比较多。

4）编写应用程序比较复杂，程序员必须熟悉数据库的逻辑结构，开发效率较低。

2. 网状模型

在现实世界中，事物之间的联系并不能完全用层次模型表示，于是又产生了网状模型。

用网状结构来表示实体以及实体之间联系的模型称为网状模型。在现实世界中，更多实体之间的联系呈现出网状结构。例如，一个局域网中计算机的设置、公路交通的设置等。

（1）网状模型的定义及数据结构

数据库的数据模型如果满足以下两个联系，就称为网状模型：

1）有一个以上的结点没有父结点。

2）结点可以有多于一个的父结点。

由于网状模型中实体之间的联系是多对多联系（复合联系），所以基于网状模型的层次数据库联系表达方式比较复杂，如图 2-11 所示。

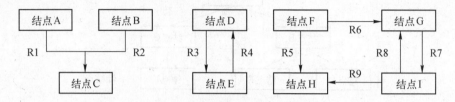

图 2-11　网状模型的数据结构

在网状模型中，实体集也使用记录型（或记录）表示。记录描述实体，可以包含若干个字段；字段描述实体的特征，每个字段都必须命名，并且同一实体中的字段不能重名；记录值表示实体特征的具体数据；记录之间的联系使用基本网状联系表示。实体集之间的联系用结点之间的有向线段表示，以表示每个结点之间的联系。由于联系不唯一，所以要为每个联系命名，并指出与该联系有关的父结点和子结点。

网状模型是一种比层次模型更具普遍性的结构，它去掉了层次模型的两个限制，允许多个结点没有父结点，允许结点有多个父结点，此外，它还允许两个结点之间有多种联系。因此，网状模型可以更直接地描述现实世界。

（2）网状模型的数据操作和完整性约束条件

网状模型的数据操作主要有查询、添加、修改和删除。在进行添加、修改和删除操作时要满足以下网状模型的完整性约束条件：

1）支持记录码的概念。码即唯一标识记录的数据项集合。

2）保证一个联系中父结点记录和子结点记录之间是一对多联系。

3）可以支持父结点记录和子结点记录之间的某种约束条件。

（3）网状模型的优缺点

网状模型的优点如下。

1）能够更直接地描述现实世界，能够表示实体之间的多种复杂联系。

2）具有良好的性能，存取效率较高。

网状模型的缺点如下。

1）网状模型结构比较复杂，不利于数据库的扩充。

2）操作复杂，不利于用户掌握。

3）编写应用程序比较复杂，程序员必须熟悉数据库的逻辑结构，开发效率较低。

3. 关系模型

关系模型是数据模型中重要的模型。目前，几乎所有的数据库管理系统都支持关系模型。数据库领域中当前的研究工作也都是以关系方法为基础的。

关系模型把世界看作是由实体和联系构成的。在关系模型中，实体通常是以表的形式来表现的。表的每一行描述实体的一个实例，表的每一列描述实体的一个特征或属性。所谓联系，就是指实体之间的关系，即实体之间的对应关系。在现实世界中，几乎所有的实体和实体之间的联系都可以用关系模型表示，例如，学生、教师、课程信息等。

（1）关系模型的定义及数据结构

关系模型中主要涉及的概念如下。

1）关系（Relation）。一个关系对应通常所说的一张二维表，学生表就是一个关系，其数据结构见表2-2。

表2-2　学生表关系模型的数据结构

学　号	姓　名	性　别	出生日期	家庭住址	学院名称
2015021224	李婷婷	女	1997 – 10 – 12	西安	数学学院
2014002406	王雨航	男	1996 – 11 – 22	上海	经济学院
2013161336	陈峰宇	男	1995 – 09 – 12	北京	计算机学院
2015001203	赵晓田	男	1996 – 01 – 23	杭州	体育学院
2014021268	刘燕芬	女	1995 – 03 – 09	武汉	物理学院

2）元组（Tuple）。表中的一行称为一个元组。例如，学生（2014021268，刘燕芬，女，1995 – 03 – 09，武汉，物理学院）就是一个元组。

3）属性（Attribute）。表中的一列称为一个属性。例如，学号、姓名、性别就是属性的属性名，每个学生在属性上有具体的取值。

4）主码（Primary Key）。表中的某个属性或属性组，它们的值可以唯一地确定一个元组，且属性组中不含多余的属性，这样的属性或属性组称为关系的码或主码。

5）域（Domain）。属性的取值范围称为域。例如，性别的取值只能是"男"或"女"，出生日期的取值只能是日期时间数据。

6）分量（Element）。元组中的一个属性值称为分量，即行和列的交叉。例如，"陈峰宇"就是该学生在"姓名"属性列的分量。

7）关系模式（Relation model）。关系的型称为关系模式，关系模式是对关系的描述。关系模式的一般表示是：关系名（属性1，属性2，…，属性n）。

8）关系模型由3部分组成：关系数据结构、关系操作集合和关系的完整性。

关系模型把所有的数据都组织到表中。表是由行和列组成的，行表示数据的记录，列表示记录中的域。表反映了现实世界中的事实和值。

由于现在数据库管理系统的数据模型大都是关系模型，所以在关系名和属性名命名规则上，应该遵守数据库命名规则：尽量不用汉字，最好用英文，尽量采用有意义的英文单词（全拼或缩写）命名。

（2）关系模型的数据操作和完整性约束条件

关系数据模型的操作主要包括查询、添加、修改和删除数据。数据之间还存在联系。联系可以分为3种：一对一的联系、一对多的联系、多对多的联系。通过联系，就可以用一个实体的信息来查找另一个实体的信息。在进行添加、修改和删除操作时要满足关系模型的完整性约束条件。关系的完整性约束条件包括3类：实体完整性、参照完整性和用户定义的完整性。

关系中的数据操作可看作是集合或关系的操作，操作对象和操作结果都是集合（关系）。即操作的结果是由原表中导出的一个新表。在关系操作过程中使用关系操作语言。关系操作语言都是高度非过程的语言，它将数据的存取路径向用户隐蔽起来，用户只要指出

"干什么"或"找什么",不必说明"怎么干"或"怎么找",从而大大地提高了数据的独立性,提高了用户的工作效率。

关系模型与非关系模型相比较,具有以下特点:

1)关系数据模型不同于非关系模型,它是建立在严格的数学基础之上的。

2)关系数据模型与非关系模型相比较,概念单一,结构清晰,容易理解。

3)关系数据模型的存取路径对用户是隐蔽的,但关系数据模型对用户是透明的,从而简化了用户的工作,提高了效率。实际上,关系数据模型的查询效率往往不如非关系模型,所以必须对关系数据模型的查询进行优化,这就增加了开发数据库的难度。

4)关系模型中的数据联系是靠数据冗余实现的。

(3)关系模型的优缺点

关系模型的优点如下。

1)使用表的概念来表示实体之间的联系,简单直观。

2)关系型数据库都使用结构化查询语句,存取路径对用户是透明的,从而提供了数据的独立性,简化了程序员的工作。

3)关系模型是建立在严格的数学概念的基础上的,具有坚实的理论基础。

关系模型的缺点如下。

关系模型的连接等查询操作开销较大,需要较高性能计算机的支持,所以必须提供查询优化功能。

4. 面向对象模型

面向对象数据库系统(Object Oriented DataBase System,OODBS)是数据库技术与面向对象程序设计方法相结合的产物。

现实世界中的事物都是对象,对象可以看成是一组属性和方法的结合体。例如,学生、汽车、数学定理都是对象。属性则表示对象的状态与组成。例如,学生具有学号、姓名、身高等属性;汽车具有颜色、型号、价格等属性;数学定理具有含义等属性。对象的行为称为方法。例如,学生可以进行学习、运动等行为(方法);汽车可以静止或运行等;数学定理可以运用等。在面向对象技术中,通过方法来访问与修改对象的属性。这样就将属性与方法完美地结合在一起。在现实世界中有许多对象来自于同一集合,例如,所有的学生都是人,则这些集合统称为类。类是对象的模板,它规定该类型的对象有哪些属性、哪些方法等。面向对象方法适于模拟实体的行为,核心是对象。

面向对象数据库系统支持的数据模型称为面向对象数据模型(OO模型),即一个面向对象数据库系统是一个持久的、可共享的对象数据库,而一个对象是由一个OO模型所定义的对象的集合体。OO模型中的主要术语有以下3个。

(1)对象(Object)

现实世界的任一实体都被称为一个模型化的对象,每一个对象有唯一的标识,称为对象标识。例如,学生王峰宇就是一个对象。

(2)封装(Encapsulation)

每一个对象都将其状态、行为封装起来,其中状态就是该对象的属性值的集合,行为就是该对象的方法的集合。例如,学生王峰宇封装有学号、姓名、性别等属性,还封装有选修课程等方法。

22

（3）类（Class）

具有相同属性和方法的对象的集合称为类。一个对象是某一类的一个实例。例如，全体学生就是学生类，每一个学生是学生类的一个实例。

面向对象数据库系统其实就是类的集合，它提供了一种类层次模型，如图2-12所示。

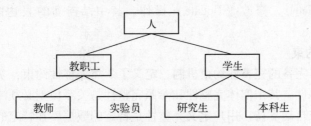

图2-12　面向对象数据库的类层次模型

面向对象的类层次模型与层次模型是两个完全不同的概念。由于面向对象的类层次模型比较复杂，本书不详细讲解。

综上所述，每种数据模型都有自己的特点，基于某种数据模型的数据库也都有自己的用途。而当前数据库技术最流行的是关系模型和基于关系模型的关系数据库，所以本书只详细讲解关系模型和关系数据库。

2.4　关系模型

关系数据库是采用关系模型作为数据组织方式的数据库。关系数据库应用数学的方法来处理数据库中的数据，也就是说，它是建立在严格的数学理论基础之上的。

2.4.1　关系模型的组成

关系模型由关系数据结构、关系操作集合和关系完整性约束3部分组成。

1. 关系数据结构

关系模型的数据结构简单清晰，关系单一。在关系模型中，现实世界的实体以及实体间的各种联系均可用关系来表示，从用户角度看，关系模型中数据的逻辑结构就是一张二维表，由行列组成。

2. 关系操作集合

早期的关系操作能力通常用代数方式或逻辑方式来表示，分别称为关系代数和关系演算，关系代数是用对关系的运算来表达查询要求的方式。关系演算是用谓词来表达查询要求的方式。关系演算又可按谓词变元的基本对象是元组变量还是域变量分为元组关系演算和域关系演算。关系代数、元组关系演算和域关系演算三种语言在表达能力上是完全等价的。

随着关系模型的不断完善，关系理论的不断发展，关系模型又产生了一种介于关系代数和关系演算之间的语言——结构化查询语言（Structure Query Language，SQL）。SQL不仅具有丰富的查询功能，而且具有数据定义和数据控制功能，它充分体现了关系数据语言的特点和优点，是关系数据库的标准语言，还能够嵌入高级语言中使用。

关系模型给出了关系操作的能力和特点，但不对DBMS的语言给出具体的语法要求。关系操作采用集合操作方式，即操作的对象和结构都是集合。这种操作方式也称为一次一集合（set – at – time）的方式。

关系模型中常用的关系操作包括：选择（Select）、投影（Project）、连接（Join）、除（Divide）、并（Union）、交（Intersection）、差（Difference）等查询（Query）操作和插入（Insert）、删除（Delete）、修改（Update）操作。其中，查询的表达能力是其最主要的部分。

3. 关系完整性约束

关系模型提供了完备的完整性约束机制，定义了 3 类完整性约束：实体完整性、参照完整性和用户定义完整性。其中实体完整性和参照完整性是关系模型必须满足的完整性约束条件，应该由关系系统自动支持。用户定义完整性是特定的数据库在特定的应用领域需要遵循的约束条件，体现了具体领域中的语义约束。

2.4.2 关系的数学定义

在关系模型中，数据在用户观点下是一个逻辑结构为二维表的数据模型。而关系模型是建立在关系（或集合）代数的基础之上的。

定义 1 域（Domain）是一组具有相同数据类型的值的集合。

例如，自然数、正整数、所有字符集合，都是域。

定义 2 设 D1，D2，…，Dn 为任意域，定义 D1，D2，…，Dn 的笛卡儿积（Cartesian Product）为

$$D_1 \times D_2 \times \cdots \times D_n = \{(d_1, d_2, \cdots, d_n) | d_i \in D_i, i = 1, 2, \cdots, n\}$$

其中，每一个元素（d_1，d_2，…，d_n）称为一个 n 元组（n – Tuple），简称为元组（Tuple）。元组中每一个值 d_i 称为一个分量（Component）。若 D_i（i = 1，2，…，n）为有限集，其基数（Cardinal Number）为 m_i（i = 1，2，…，n），则 $D_1 \times D_2 \times \cdots \times D_n$ 的基数为 $m = m_1 \times m_2 \times \cdots \times m_n$。

【例 2–2】 设 D_1 为姓名域，D_2 学院名称域，且 D_1 = {李婷婷,陈峰宇,赵晓田}，D_2 = {数学学院,计算机学院,物理学院}，则 D_1，D_2 的笛卡儿积为

$D_1 \times D_2$ = {（李婷婷，数学学院），（李婷婷，计算机学院），（李婷婷，物理学院），（陈峰宇，数学学院），（陈峰宇，计算机学院），（陈峰宇，物理学院），（赵晓田，数学学院），（赵晓田，计算机学院），（赵晓田，物理学院）}

其中，（李婷婷，数学学院）、（陈峰宇，物理学院）等都是元组。

笛卡儿积可以表示为一个二维表，表中的每一行对应一个元组，表中的每一列对应一个域。如图 2–13 所示。

定义 3 $D_1 \times D_2 \times \cdots \times D_n$ 的任意一个子集叫作 $D_1 \times D_2 \times \cdots \times D_n$ 上的一个关系（Relation），用 R（$D_1 \times D_2 \times \cdots \times D_n$）表示。这里 R 表示关系名，n 表示关系的目或度（Degree）。

每个元素是关系中的元组，通常用 t 表示。当 n = 1 时，称为单元关系（Unary Relation）；当 n = 2，称为二元关系（Binary Relation）。

关系是笛卡儿积的子集，而且是一个有限集，所以关系也可以用一个二维表表示。这个二维表是由关系的笛卡儿积导出的。表中的每一行对应一个元组，表中的每一列对应一个

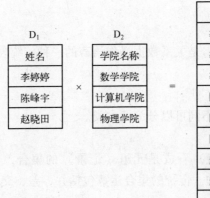

图 2-13 笛卡儿积的二维表形式

域。为了区分每一列，必须给它起一个名字，称为属性（Attribute）。n 目关系必有 n 个属性。如果关系中的某一属性组的值能唯一地标识一个元组，则称该属性组为候选键（Candidate Key）。若一个关系有多个候选键，则选定其中一个作为主码或主键（Primary Key）。主码的诸属性称为主属性（Prime Attribute）。

【例 2-3】 计算机学院关系是 $D_1 \times D_2$ 的一个子集，如图 2-14 所示。

综上所述，关系可以有 3 种基本类型：基本表、查询表和视图表。基本表就是实际存在的表，即物理表，是数据存储的逻辑表示。查询表是查询结果对应的表，是由基本表的笛卡儿积导出的。视图表是由基本表或其他视图表导出的表，是虚表，不存储数据。

姓名	学院名称
李婷婷	计算机学院
陈峰宇	计算机学院
赵晓田	计算机学院

图 2-14 计算机学院关系

由此得出，关系具有以下性质：

1）列是同质的，即每一列中的分量是同一类型的数据，来自同一个域。

2）不同的列可以出自同一个域，每一列称为一个属性。在同一关系中，属性名不能相同。

3）列的顺序无关紧要，即列的顺序可以任意调换。

4）任意两个元组（行或记录）不能完全相同。

5）行的顺序也无关紧要，即行的顺序也可以任意调换。

6）行列的交集称为分量，每个分量的取值必须是原子值，即分量不能再分。

关系的描述称为关系模式。它包括关系名、组成该关系的各属性名、属性来自的域、属性向域的映像、属性间数据的依赖关系等。因此一个关系模式应当是一个 5 元组。

定义 4 关系的描述称为关系模式（Relation Schema）。它可以形式化地表示为：

$$R(U,D,dom,F)$$

其中，R 为关系名，U 为组成该关系的属性名集合，D 为属性组 U 中属性所来自的域，dom 为属性向域的映像，F 为属性间数据的依赖关系集合。

通常在不产生混淆的情况下，关系模式也可以称为关系。

2.4.3 关系代数

关系代数是一种抽象的查询语言，是关系数据操作语言的一种传统表达方式，它是用对关系的运算来表达查询的。

1. 关系代数的运算

关系代数的运算按运算符性质的不同可以分为两大类。

（1）传统的集合运算

传统的集合运算将关系（二维表）看成是元组（记录）的集合，其运算是以关系的"水平"方向即行的角度来进行运算的。传统的集合运算包括并、差、交、广义笛卡儿积。

（2）专门的关系运算

专门的关系运算将关系（二维表）看成是元组（记录）或列（属性）的集合。其运算不仅可以从"水平"方向，还可以从"垂直"角度来进行运算。比较运算符和逻辑运算符是用来辅助专门的关系运算符进行操作的，包括大于、大于或等于、小于、小于或等于、等于、不等于、与、或、非。专门的关系运算包括选择、投影、连接、除。

2. 关系代数用到的运算符

关系代数的运算对象是关系（或表），运算结果也是关系（或表）。

关系代数用到的运算符有：

1）传统的集合运算符：$\cup$（并）、$-$（差）、$\cap$（交）、$\times$（笛卡儿积）。

2）专门的关系运算符：σ（选择）、Π（投影）、θ（$\triangleright\triangleleft$，连接）、$\div$（除）。

3）算术比较符：$>$（大于），$\geqslant$（大于或等于），$<$（小于），$\leqslant$（小于或等于），$=$（等于），$\neq$（不等于）。

4）逻辑运算符：$\neg$（非）、$\wedge$（与）、$\vee$（或）。

2.4.4 传统的集合运算

传统的集合运算包括并（Union）、差（Except）、交（Intersection）、笛卡儿积（Cartesian Product）4 种运算。它们都是二目运算，即集合运算符两边都必须有运算对象。

现有两个课程关系表课程表 1 和课程表 2，见表 2-3 和表 2-4。

表 2-3 课程表 1

课　程　号	课　程　名	学　分
101	高等数学	4
102	中国近代史	3
103	大学英语	4

表 2-4 课程表 2

课　程　号	课　程　名	学　分
101	高等数学	4
202	数据库	3
203	操作系统	4

1. 并

关系 R 和关系 S 的并记作：

$$R \cup S = \{t \mid t \in R \vee t \in S\}$$

其结果仍为 n 个属性，由属于 R 或属于 S 的元组组成。

【例 2-4】课程表 1∪课程表 2，结果见表 2-5。

表 2-5　课程表 1∪课程表 2

课 程 号	课 程 名	学 分
101	高等数学	4
102	中国近代史	3
103	大学英语	4
101	高等数学	4
202	数据库	3
203	操作系统	4

2. 差

关系 R 和关系 S 的差记作：

$$R - S = \{t \mid t \in R \wedge t \notin S\}$$

其结果仍为 n 个属性，由属于 R 而不属于 S 的所有元组组成。

【例 2-5】课程表 1 - 课程表 2，结果见表 2-6。

表 2-6　课程表 1 - 课程表 2

课 程 号	课 程 名	学 分
102	中国近代史	3
103	大学英语	4

【例 2-6】课程表 2 - 课程表 1，结果见表 2-7。

表 2-7　课程表 2 - 课程表 1

课 程 号	课 程 名	学 分
202	数据库	3
203	操作系统	4

3. 交

关系 R 和关系 S 的交记作：

$$R \cap S = \{t \mid t \in R \wedge t \in S\}$$

其结果仍为 n 个属性，由既属于 R 又属于 S 的所有元组组成。关系的交可以用差来表示，即

$$R \cap S = R - (R - S)$$

【例 2-7】课程表 1∩课程表 2，结果见表 2-8。

表 2-8　课程表 1 ∩ 课程表 2

课 程 号	课 程 名	学 分
101	高等数学	4

4. 笛卡儿积

两个分别为 n 个属性和 m 个属性的关系 R 和关系 S 的笛卡儿积是一个（n＋m）个属性的元组的集合。元组的前 n 列是关系 R 的一个元组，后 m 列是关系 S 的一个元组。如 R 有 k_1 个元组，S 有 k_2 个元组，则关系 R 和关系 S 的笛卡儿积有 $k_1 \times k_2$ 个元组。记作：

$$R \times S = \{ t_r t_s \mid t_r \in R \wedge t_s \in S \}$$

【例 2-8】课程表 1 × 课程表 2，结果见表 2-9。

表 2-9　课程表 1 × 课程表 2

课 程 号	课 程 名	学 分	课 程 号	课 程 名	学 分
101	高等数学	4	101	高等数学	4
101	高等数学	4	202	数据库	3
101	高等数学	4	203	操作系统	4
102	中国近代史	3	101	高等数学	4
102	中国近代史	3	202	数据库	3
102	中国近代史	3	203	操作系统	4
103	大学英语	4	101	高等数学	4
103	大学英语	4	202	数据库	3
103	大学英语	4	203	操作系统	4

2.4.5　专门的关系运算

仅依靠传统的集合运算还不能灵活地实现多样的查询操作，因此关系模型有一组专门的关系运算，包括选择（Selection）、投影（Projection）、连接（Join）、除（Division）。其中连接（θ）为比较运算。当 θ 为 "＝" 运算时，连接称为等值连接。

现有 3 个关系表：教师表、学院表、职称表，分别见表 2-10、表 2-11 和表 2-12。

表 2-10　教师表

教师编号	姓 名	学院编号	职称编号
1935	王清岭	12	3
2163	刘东亮	11	1
5630	马进勇	11	2
1230	蔡和明	12	2
3361	赵建设	13	

表 2-11 学院表

学 院 编 号	学 院 名 称
11	物理学院
12	计算机学院
13	经济学院

表 2-12 职称表

职 称 编 号	职 称 名 称
1	教授
2	副教授
3	讲师
4	工程师

1. 选择

选择又称为限制，它是在关系 R 中选择满足给定条件的诸元组，记作：

$$\sigma_F(R) = \{t \mid t \in R \wedge F(t) = '真'\}$$

其中，F 表示选择条件，它是一个逻辑表达式，取逻辑"真"或"假"。

逻辑表达式 F 的基本形式为

$$X_1 \theta Y_1$$

其中，θ 表示比较运算符，可以是 <、≤、>、≥、= 或 <>。选择操作是从行角度进行的运算。

【例 2-9】查询教师编号为"5630"的教师信息。

$$\sigma_{教师编号 = '5630'}(\ 教师表\ )$$

结果见表 2-13。

表 2-13 教师编号为"5630"的教师信息

教 师 编 号	姓　　名	学 院 编 号	职 称 编 号
5630	马进勇	11	2

【例 2-10】查询学院编号为"12"的教师信息。

$$\sigma_{学院编号 = '12'}(\ 教师表\ )$$

结果见表 2-14。

表 2-14 学院编号为"12"的教师信息

教 师 编 号	姓　　名	学 院 编 号	职 称 编 号
1935	王清岭	12	3
1230	蔡和明	12	2

2. 投影

关系 R 上的投影是从 R 中选择出若干属性列组成新的关系。记作：

$$\pi_A(R) = \{t[A] \mid t \in R\}$$

其中，A 为 R 中的属性列。投影操作是从列角度进行的运算。

【例2-11】查询所有教师的编号和姓名。

$$\Pi_{教师编号,姓名}（\text{教师表}）$$

结果见表2-15。

表 2-15　所有教师的教师编号和姓名

教 师 编 号	姓　　名
1935	王清岭
2163	刘东亮
5630	马进勇
1230	蔡和明
3361	赵建设

【例2-12】查询所有学院的名称。

$$\Pi_{学院\ 名称}（\text{学院表}）$$

结果见表2-16。

表 2-16　所有学院的名称

学院名称
物理学院
计算机学院
经济学院

选择与投影可以同时使用。

【例2-13】查询学院编号是"13"的教师编号、姓名和学院编号。

$$\Pi_{教师编号,姓名,学院编号}（\sigma_{学院编号='13'}（\text{教师表}））$$

结果见表2-17。

表 2-17　学院编号是"13"的教师编号、姓名和学院编号

教 师 编 号	姓　　名	学 院 编 号
3361	赵建设	13

3. 连接

连接是从两个关系的笛卡儿积中选取属性间满足一定条件的元组。记作：

$$R\underset{A\theta B}{\bowtie}S=\{t_r t_s\mid t_r\in R\wedge t_s\in S\wedge t_r[A]\theta t_s[S]\}$$

其中，A 和 B 分别为 R 和 S 上度数相等且可比的属性组。θ 是比较运算符，当 θ 为
"="时，为等值连接。

除操作比较复杂，由于本书篇幅有限，这里不做介绍。

【例2-14】查询所有教授的教师信息。

$$\Pi_{职称编号}（\sigma_{职称名称='教授'}（\text{职称表}））\underset{职称表.职称编号 = 教师表.职称编号}{\bowtie}教师表$$

结果见表2-18。

表 2-18 所有教授的姓名和职称名称

职 称 编 号	教 师 编 号	姓　　名	学 院 编 号	职 称 编 号
1	2163	刘东亮	11	1
1	3361	赵建设	13	1

【例2-15】查询所有物理学院的教授姓名、学院名称和职称名称信息。

$\Pi_{姓名,学院名称,职称名称}$（$\Pi_{职称编号}$（$\sigma_{职称名称='教授'}$（职称表））$\underset{职称表.职称编号 = 教师表.职称编号}{\bowtie}$ $\Pi_{学院编号}$（$\sigma_{学院名称='物理学院'}$（学院表））$\underset{学院表.学院编号 = 教师表.学院编号}{\bowtie}$ 教师表）

结果见表2-19。

表 2-19 所有物理学院的教授姓名、学院名称和职称名称

姓　　名	学 院 名 称	职 称 名 称
刘东亮	物理学院	教授

自然连接是一种特殊的等值连接，它要求两个关系中进行比较的分量必须是相同的属性组，并且在结果中把重复的属性列去掉。

【例2-16】教师表和职称表进行自然连接。

教师表 $\bowtie$ 职称表

结果见表2-20。

表 2-20 教师表和职称表自然连接

教 师 编 号	姓　　名	学 院 编 号	职 称 编 号	职 称 名 称
1935	王清岭	12	3	讲师
2163	刘东亮	11	1	教授
5630	马进勇	11	2	副教授
1230	蔡和明	12	2	副教授
1935	王清岭	12	3	讲师
2163	刘东亮	11	1	教授
3361	赵建设	13	1	教授

两个关系，如上例教师表和职称表在做自然连接时，选择两个关系在公共属性上值相等的元组构成新的关系。此时，教师表中某些元组有可能在职称表中不存在公共属性上值相等的元组，从而造成教师表中这些元组在操作时被舍弃了，同样，职称表中某些元组也可能被舍弃。例如职称表的"工程师"记录被舍弃掉了。

如果把舍弃的元组也保存在结果中而在其他属性上填空值（Null），那么这种连接就叫作外连接（OUTER JOIN）。如果只把左边关系表中要舍弃的元组保留就叫作左外连接（LEFT OUTER JOIN 或 LEFT JOIN），如果只把右边关系表中要舍弃的元组保留就叫作右外连接（RIGHT OUTER JOIN 或 RIGHT JOIN）。

教师表和职称表进行右外连接，结果见表2-21。

表 2-21　教师表和职称表右外连接

教师编号	姓　名	学院编号	职称编号	职称名称
1935	王清岭	12	3	讲师
2163	刘东亮	11	1	教授
5630	马进勇	11	2	副教授
1230	蔡和明	12	2	副教授
1935	王清岭	12	3	讲师
2163	刘东亮	11	1	教授
3361	赵建设	13	1	教授
Null	Null	Null	4	工程师

除操作比较复杂，由于本书篇幅有限，这里不做介绍。

2.5　习题

1. 信息和数据是数据库管理的基本内容和对象。信息是_____，通过加工，它可以用一系列数据来表示。

2. 在 E-R 图中，用_____表示实体，用_____表示属性，用_____表示联系，联系上还标注_____。

3. 如果学校用这样一组属性描述教师（教师编号，姓名，性别，出生日期，职称，职务，最高学历，最高学位），可以作为主码的属性是_____。

4. 一名作者与他出版过的书籍之间的联系类型是_____。

5. 数据模型是对_____及_____的数据描述，是_____的数据化，即数据模型提供_____和_____的方法。

6. 数据模型通常由_____、_____和_____ 3 部分组成。

7. 数据库系统中最常见的数据模型有 4 种：_____、_____、_____和_____。其中，_____和_____统称为非关系模型。

8. 关系操作采用_____操作方式，即操作的对象和结构都是_____。这种操作方式也称为_____的方式。

9. 传统的集合运算包括_____、_____、_____和_____ 4 种运算。

10. 专门的关系运算，包括_____、_____、_____和_____。

11. 信息有哪三种世界？分别具有什么特点？它们之间有什么联系？

12. 什么是概念模型？

13. 解释概念模型中常用的概念：实体、属性、码、域、实体型、实体集、联系。

14. 实体的联系有哪 3 种？

15. 试给出一个 E-R 图用来描述一个实际部门。要求该部门至少有 3 个实体，每个实体之间还有联系。

16. 数据模型通常由哪 3 部分组成?

17. 在实际的数据库系统中,用到哪些数据模型?比较关系数据模型与非关系数据模型的优缺点。

18. 试举出 3 个分别是属于层次模型、网状模型和关系模型的实例。

19. 解释关系模型中常用的概念:关系、元组、属性、主码、域、分量、关系模式。

20. 解释在面向对象模型中的对象、封装和类的概念。

21. 关系模型中常用的关系操作有哪些?

22. 关系具有哪些性质?

23. 现有学生 1 表和学生 2 表,见表 2-22 和表 2-23。求:

学生 1∪学生 2,学生 1 - 学生 2,学生 1∩学生 2,学生 1×学生 2。

表 2-22 学生 1

姓　名	性　别	学 院 名 称
张兰婷	女	体育学院
赵广田	男	物理学院
刘雨航	男	艺术学院

表 2-23 学生 2

姓　名	性　别	学 院 名 称
王峰宇	男	计算机学院
刘雨航	男	艺术学院
赵广田	男	物理学院
秦燕菲	女	化学学院

24. 现有一个工程公司数据库,包括职工、部门、工程、客户共 4 个关系模式:

职工 (职工编号,姓名,性别,出生日期,部门编号)

部门 (部门编号,部门名称)

工程 (工程编号,工程名称,职工编号,客户编号)

客户 (客户编号,客户名称,地址)

每个关系模式中有如表 2-24 ~ 表 2-27 所示的数据。

表 2-24 职工表

职工编号	姓　名	性　别	出生日期	部门编号
1129	赵新良	男	1981 - 02 - 10	1
3123	王晶晶	女	1978 - 03 - 19	1
1034	李庆庆	女	1074 - 02 - 10	2
2033	陈丽荣	女	1982 - 11 - 06	4
1381	陈建岭	男	1989 - 06 - 21	5

表 2-25　部门表

部门编号	部门名称
1	人事部
2	财务部
3	技术部
4	办公室
5	工程部

表 2-26　工程表

工程编号	工程名称	职工编号	客户编号
1	休闲广场	2033	101
2	都市花园	1381	201
3	梁苑广场	2033	201
4	大华商场	1034	302

表 2-27　客户表

客户编号	客户名称	地　址
101	大兴公司	北京
201	新新公司	上海
302	金石集团	北京
405	锦华公司	广州

试用专门的关系运算选择、投影、连接求出以下结果：

1）查询所有女职工的信息。

2）查询在 1980 年之后出生的职工姓名、性别。

3）查询客户金石集团的工程信息。

4）查询人事部的职工姓名、性别、出生日期和部门编号。

34

第3章 数据库设计

数据库是数据库系统中最基本、最重要的部分。数据库性能的高低，决定了整个数据库应用系统的性能。设计一个性能优良的数据库，是满足各方面对数据需要的必要条件。

本章主要介绍规范化概念，数据库设计的概念以及方法。

3.1 规范化

规范化是降低或消除数据库中冗余数据的过程。因为关系模式的不规范，使得关系数据库存在数据冗余度大，更新、插入、删除异常等现象。尽管在大多数的情况下冗余数据不能被完全清除，但冗余数据降得越低，就越容易维护数据的完整性，并且可以避免非规范化的数据库中的数据更新异常。

3.1.1 函数依赖

函数依赖（Functional Dependency）是关系模式中各个属性之间的一种依赖关系。这种约束关系是通过属性间值的相等与否体现出来的数据间的相互联系。函数依赖是现实世界属性间相互联系的抽象，是数据内在的性质，是语义的体现，也是规范化理论中一个最重要、最基本的概念。

定义1 设 R(U) 是属性集 U 上的关系模式，X 和 Y 均为 U 的子集。如果 R(U) 的任意一个可能的关系 r 都存在着对于 X 的每一个具体值，Y 都有唯一的具体值与之对应，则称 X 函数决定 Y，或 Y 函数依赖于 X，记为：X→Y。称 X 为决定因素，Y 是依赖因素。

因此，函数依赖这个概念是属于语义范畴的，通常只能根据语义确定属性间是否存在函数依赖关系。例如，姓名→年龄，这个函数依赖只有在该班级没有同名人的条件下成立。如果允许有同名人，则年龄就不再函数依赖于姓名了。设计者也可以对现实世界进行强制规定。例如，规定不允许同名人出现，因而使"姓名→年龄"函数依赖成立。这样，当插入某个元组时，这个元组上的属性值必须满足规定的函数依赖，若发现有同名人存在，则拒绝插入该元组。

下面介绍一些术语和记号：

1）X→Y，但 Y⊈Y，则称 X→Y 是非平凡的函数依赖。若不特别声明，总是讨论非平凡的函数依赖。

2）X→Y，但 Y⊆X，则称 X→Y 是平凡的函数依赖。

3）若 X→Y，则 X 叫作决定因素。

4）若 X→Y，Y→X，则记作 X⟷Y。

5）若 Y 不函数依赖于 X，则记作 X↛Y。

定义 2 在 R(U) 中，如果 X→Y，并且对于 X 的任何一个真子集 X'，都有 X'↛Y，则称 Y 对 X 完全函数依赖，记作：$X \xrightarrow{F} Y$。

若 X→Y，但 Y 不完全函数依赖于 X，则称 Y 对 X 部分函数依赖，记作：$X \xrightarrow{P} Y$。

定义 3 在 R(U) 中，如果 X→Y，（Y 不属于 X），Y↛X，Y→Z，则称 Z 对 X 传递函致依赖。

3.1.2 范式

为了使关系模式设计的方法趋于完备，数据库专家研究了关系规范化理论。

1. 范式的种类

从 1971 年起，E. F. Codd 相继提出了第一范式（1NF）、第二范式（2NF）、第三范式（3NF），Codd 与 Boyce 合作提出了 Boyce - Codd 范式（BCNF）。在 1976 ~ 1978 年间，Fagin、Delobe 以及 Zaniolo 又定义了第四范式（4NF）。到目前为止，已经提出了第五范式（5NF）。

所谓第几范式，是指一个关系模式按照规范化理论设计，符合哪一级别的要求。

2. 范式之间的关系及规范化

关系数据库中的关系是满足一定要求的，满足不同程度要求的为不同的范式。满足最低要求的叫第一范式。在第一范式中满足进一步要求的为第二范式，其余以此类推。

各范式之间的关系及规范化过程如下。

1）取原始的 1NF 关系模式，消去任何非主属性对关键字的部分函数依赖，从而产生一组 2NF 的关系模式。

2）取 2NF 关系模式，消去任何非主属性对关键字的传递函数依赖，产生一组 3NF 的关系模式。

3）取 3NF 的关系模式的投影，消去决定因素不是候选关键字的函数依赖，产生一组 BCNF 的关系模式。

4）取 BCNF 关系模式的投影，消去其中不是函数依赖的非平凡多值依赖，产生一组 4NF 关系模式。

所以有，1NF ⊃2NF ⊃3NF ⊃BCNF ⊃4NF ⊃5NF。

各种范式之间的联系如图 3-1 所示。

1. 第一范式（1NF）

第一范式是关系模式满足所要遵循的最基本条件，是所有范式的基础，即关系中的每个属性必须是不可再分的简单项，不能是属性组合。

定义 4 如果关系模式 R，其所有的属性均为简单属性，即每个属性都是不可再分的，则称 R 属于 1NF。不满足 1NF 条件的关系模式称之为非规范化关系。在关系数据库系统中只讨论规范化的关系，凡非规范化关系模式必须化成规范化的关系。在非规范化的关系中去掉组合属性和重复数据项，即让所有的属

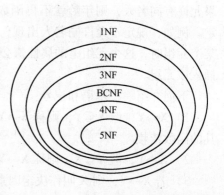

图 3-1　各种范式之间的联系

性均为原子项，就满足 1NF 的条件，变为规范化的关系。

【例 3-1】 见表 3-1，教师表存储了教师的基本信息。

表 3-1 教师表

姓　名	性　别	出 生 日 期	职　称	
			职称编号	职称名称
张云岭	男	1970 - 10 - 20	1	教授
王玉勤	女	1980 - 09 - 29	2	副教授

教师表中的"职称"属性又细分为"职称编号"和"职称名称"两个属性，所以不是 1NF，更不是关系表。所有的关系表都必须符合 1NF。

可以将表 3-1 转换为符合 1NF 的关系表，见表 3-2。

表 3-2 转换后的教师表

姓　名	性　别	出 生 日 期	职称名称
张云岭	男	1970 - 10 - 20	教授
王玉勤	女	1980 - 09 - 29	副教授

2. 第二范式（2NF）

定义 5 设有关系模式 R 是属于 1NF 的关系模式，如果它的所有非主属性都完全函数依赖于码，则称 R 是 2NF 的关系模式，记为 R ∈ 2NF。

【例 3-2】 见表 3-3，学生选课表存储了学生选修课程的信息。

表 3-3 学生选课表

学　号	姓　名	课 程 号	课 程 名
2015021224	李婷婷	101	高等数学
2014002406	王雨航	102	中国近代史
2013161336	陈峰宇	103	大学英语
2015001203	赵晓田	202	数据库
2014021268	刘燕芬	203	操作系统

学生选课表的码（即关键字）是"学号"和"课程号"的属性组合。对于非主属性"姓名"来说，只函数依赖于"学号"，而不依赖于"课程号"，所以不是 2NF。可以将表 3-3 分解为两个表，见表 3-4 和表 3-5。

表 3-4 课程表

课 程 号	课 程 名
101	高等数学
102	中国近代史
103	大学英语
202	数据库
203	操作系统

表 3-5 学生表

学　号	姓　名	课　程　号
2015021224	李婷婷	101
2014002406	王雨航	102
2013161336	陈峰宇	103
2015001203	赵晓田	202
2014021268	刘燕芬	203

经过分解后，这两个关系的非主属性都完全函数依赖于码了，所以它们都是 2NF。

3. 第三范式（3NF）

定义 6 关系模式 R<U,F> 中若不存在这样的码 X，属性组 Y 及非主属性 Z（Z 不是 Y 的子集），使得 X→Y，$(Y \not\to X)$ Y→Z 成立，则称 R<U,F>∈3NF。由定义可以证明，若 R∈3NF，则每一个非主属性既不部分依赖于码，也不传递依赖于码。

【例 3-3】见表 3-6，图书表存储了图书的信息。

表 3-6 图书表

图书编号	书　名	图书类型编号	类型名称
1825605	计算机网络	18	计算机类
1800246	数据库原理	18	计算机类
0650315	中国古代史	06	历史类
0625486	世界史	06	历史类
1580876	电磁学	15	物理类
2197456	艺术概论	21	艺术类
1900089	有机化学	09	化学类

图书表中的"图书编号"属性为关键字，对于非码属性"图书类型编号"和"类型名称"来说，它们传递依赖于关键字，所以不是 3NF。可以将表 3-6 分解为两个表，见表 3-7 和表 3-8。

表 3-7 图书表

图书编号	书　名	图书类型编号
1825605	计算机网络	18
1800246	数据库原理	18
0650315	中国古代史	06
0625486	世界史	06
1580876	电磁学	15
2197456	艺术概论	21
1900089	有机化学	09

表 3-8 图书类型表

图书类型编号	类型名称
18	计算机类
06	历史类
15	物理类
21	艺术类
09	化学类

经过分解后，这两个关系都不存在传递函数依赖关系，所以它们都是 3NF。

一个关系达到 3NF 后，基本解决了异常问题，但不能彻底解决数据冗余问题。

4. Boyce – Codd 范式（BCNF）

BCNF 是由 Boyce 和 Codd 提出来的，通常认为 BCNF 是修正的 3NF，有时也称为扩充的 3NF。

定义 7 关系模式 R < U,F > 是 1NF，若 X→Y，且 Y 不是 X 的子集时，X 必含有码，那么称 R < U,F > 是 BCNF 的模式。

【例 3-4】见表 3-9，教师_学生_课程表存储了学生选课的基本信息。

表 3-9 教师_学生_课程表

学 号	教 师 号	课 程 号
2015021224	1935	356
2014002406	2163	520
2013161336	5630	202
2015001203	1230	202
2014021268	5630	202
2014021268	1230	202

教师_学生_课程表中如果规定每位教师只教一门课，但一门课可以由多位教师讲授。对于每门课，每位学生只由一位教师讲授。即"学号"和"课程号"属性函数依赖于"教师号"属性，"教师号"属性函数依赖于"课程号"属性，"学号"和"教师号"属性函数依赖于"课程号"属性，所以不是 BCNF。可以将表 3-9 分解为两个表，见表 3-10 和表 3-11。

表 3-10 学生_课程表

学 号	课 程 号
2015021224	356
2014002406	520
2013161336	202
2015001203	202
2014021268	202
2014021268	202

表 3-11 学生_教师表

学 号	教 师 号
2015021224	1935
2014002406	2163
2013161336	5630
2015001203	1230
2014021268	5630
2014021268	1230

经过分解后，这两个关系都是 BCNF。

5. 第四范式（4NF）

定义 8 关系模式 R < U,F > ∈ 1NF，如果对于 R 的每个非平凡多值依赖 X ↠ Y（Y ⊆ X），X 都含有码，则称 R < U,F > ∈ 4NF。

【例 3-5】见 3-12，学生兴趣表存储了学生的爱好信息。

表 3-12 学生兴趣表

学 号	体 育 运 动	水 果
2015021224	乒乓球	
2014002406	篮球	西瓜
2013161336	篮球	
2015001203	排球	苹果
2014021268		橘子

学生兴趣表中，"学号"属性为主关键字。但是"学号"属性与"体育运动"属性、"水果"属性是一个一对多的关系，使得表数据冗余，有大量的空值存在，并且不对称，不是4NF。可以将表3-12分解为两个表，见表3-13和表3-14。

表3-13 兴趣_运动表

学　　号	体育运动
2015021224	乒乓球
2014002406	篮球
2013161336	篮球
2015001203	排球

表3-14 兴趣_水果表

学　　号	水　果
2014002406	西瓜
2015001203	苹果
2014021268	橘子

经过分解后，这两个关系都是4NF。

第五范式，由于本书篇幅有限，这里不做介绍。

其实关系的规范化就是将一个不规范的关系表分解为多个规范化关系表的过程。

关系规范化理论为数据库设计提供了理论指南和工具，但在结合应用环境和现实世界具体实施数据库设计时应灵活掌握，并不是规范化程度越高，模式就越好。因为当规范化程度越高时，进行综合查询时需要的连接运算的代价越大。在实际设计关系模式时，分解进行到3NF就可以了。至于一个具体的数据库关系模式设计要分解到第几范式，应综合利弊，全面衡量，依实际情况而定。

3.2 数据库设计概述

数据库中的数据不是相互孤立的，数据库在系统中扮演着支持者的角色。通常把使用数据库的各类信息系统都称为数据库应用系统。数据库设计广义地讲，是数据库及其应用系统的设计，即设计整个数据库应用系统。狭义地讲，就是设计数据库本身。因此，数据库设计的一般定义是指对于一个给定的应用环境，构造最优的数据库逻辑模式和物理结构，并据此建立数据库及其应用系统，使之能够有效地存储和管理数据，满足用户的应用需求，包括信息管理和数据操作要求。

3.2.1 数据库设计的特点

大型数据库的特点是数据量庞大、数据保存时间长、数据关联比较复杂以及用户要求多样化。因此，数据库设计既是一项涉及多学科的综合性技术，又是一项庞大的工程项目。

1. 数据库设计人员应该具备的技术和知识

要设计一个性能优良的数据库，数据库设计人员应该具备的技术和知识包括数据库的基本知识和数据库设计技术、计算机科学的基础知识和程序设计的方法和技巧、软件工程的原理和方法，还应有相关应用领域的知识。

2. 数据库设计的方法

"三分技术，七分管理，十二分基础数据"是数据库设计的特点之一。数据库设计还应该和应用系统设计相结合，也就是说，整个设计过程要把结构（数据）设计和行为（处理）设计密切结合起来，这是数据库设计的特点之二。结构（数据）设计用于设计数据库框架或数据库结构，行为（处理）设计用于设计应用程序、事务处理等。

数据库设计有两种不同的方法：

1）以信息需求为主，兼顾处理需求，这种方法称为面向数据的设计方法。

2）以处理需求为主，兼顾信息需求，这种方法称为面向过程的设计方法。

3. 数据库设计的评定

对于什么样的数据库是一个好的数据库，事实上并没有一个严格的、规范的标准来判定。因为每个数据库都有其自身的用途。用途不同，设计角度就不同，设计方法也不同，最后的数据库也不同。

（1）好的数据库特征

一般，一个好的数据库应该满足以下特征。

1）便于检索所需要的数据。

2）具有较高的完整性、数据更新的一致性。

3）使系统具有尽可能良好的性能。

（2）不好的数据库特征

有一些具体的特征可以帮助用户判断什么是设计得不好的数据库。

1）需要多次输入相同的数据，或需要输入多余的数据。

2）返回不正确的查询结果。

3）数据之间的关系难以确定。

4）表或列的名称不明确。

在数据库的设计中，应尽量保证设计的数据库具有好的特征，同时应尽量避免具有上述不好的特征。

4. 数据库设计的基本规律

数据库设计具有 3 个基本规律。

（1）反复性（Iterative）

一个性能优良的数据库不可能一次性地完成设计，需要经过多次的、反复的设计。

（2）试探性（Tentative）

一个数据库设计完毕，并不意味着数据库设计工作完成，还需要经过实际使用的检测。通过试探性的使用，再进一步完善数据库设计。

（3）分步进行（Multistage）

由于一个实际应用的数据库往往都非常庞大，而且涉及许多方面的知识，所以需要分步进行，最终达到用户的要求。

3.2.2 数据库设计的步骤

数据库设计其实就是软件设计，软件都有软件生存期。软件生存期是指从软件的规划、研制、实现、投入运行后的维护，直到它被新的软件所取代而停止使用的整个期间。数据库设计方法有多种，按照规范化设置的方法，考虑数据库及其应用系统开发的全过程，通常将数据库设计分为 6 个阶段。

1）需求分析阶段。

2）概念结构设计阶段。

3) 逻辑结构设计阶段。

4) 物理结构设计阶段。

5) 数据库实施阶段。

6) 数据库运行和维护阶段。

一个完善的数据库应用系统不可能一蹴而就，而是上述 6 个阶段的不断反复。在设计过程中把数据库的设计和对数据库中数据处理的设计紧密结合起来，将这两个方面的需求分析、抽象、设计、实现在各个阶段同时进行，相互参照，相互补充，以完善两方面的设计。

3.3　需求分析阶段

需求分析就是分析用户对数据库的具体要求，是整个数据库设计的起点。需求分析的结果直接影响以后的设计，并影响到设计结果是否合理和实用。需求分析阶段是数据库设计的第一步，也是最困难、最耗时的一步。

需求分析就是理解用户需求，询问用户如何看待未来的需求变化。让用户解释其需求，而且随着开发的继续，还要经常询问用户保证其需求仍然在开发的目的之中。了解用户业务需求有助于在以后的开发阶段节约大量的时间。同时还应该重视输入/输出，增强应用程序的可读性。需求分析主要考虑"做什么"，而不考虑"怎么做"。

需求分析的结果是产生用户和设计者都能接受的需求说明书，作为下一步数据库概念结构设计阶段的基础。

3.4　概念结构设计阶段

需求分析阶段描述的用户需求是面向现实世界的具体要求。将需求分析得到的用户需求抽象为信息结构即概念模型的过程就是概念结构设计，是整个数据库设计的关键。

3.4.1　概念结构设计的任务

概念结构设计就是将需求分析得到的信息抽象化为概念模型。概念结构设计应该能真实、充分地反映现实世界，包括事物和事物之间的联系，能满足用户对数据的处理要求。同时还要易于理解、易于更改，并易于向各种数据模型转换。概念结构具有丰富的语义表达能力，能表达用户的各种需求。不但反应现实世界中各种数据及其复杂的联系，还应该独立于具体的 DBMS，易于用户和数据库设计人员理解。

概念结构设计的工具有多种，其中最常用、最有名的就是 E－R 图。概念结构设计的任务其实就是绘制数据库的 E－R 图。

3.4.2　概念结构设计的步骤

概念结构设计分为 3 个步骤，即设计局部概念模式、集成全局概念和评审。

1. 设计局部概念模式

局部设计概念模式，即设计局部 E－R 图的任务，是根据需求分析阶段产生的各个部门的数据流图和数据字典中的相关数据，设计出各项应用的局部 E－R 图。具体步骤如下。

1）确定数据库需要的实体。

2）确定各个实体的属性（包括每个实体的主属性）以及与实体的联系。

3）画出局部 E－R 图。

例如，一个数据库需要 3 个实体，每个实体都有自己的属性（包括主属性），如图 3-2 所示。

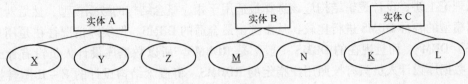

图 3-2　局部 E－R 图

2. 集成全局概念

全局设计概念模式，即将局部 E－R 图根据联系，综合成一个完整的全局 E－R 图。具体步骤如下。

1）确定各个实体之间的联系。哪些实体之间有联系，联系类型是什么，需要根据用户的整体需求来确定。

2）画出联系，将局部 E－R 图综合。

例如，将图 3-2 所示的局部 E－R 图联系起来，综合成一个完整的全局 E－R 图。结果如图 3-3 所示。

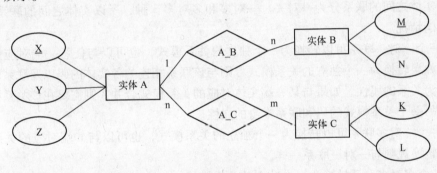

图 3-3　完整的全局 E－R 图

3. 评审

将局部 E－R 图根据联系，综合成一个完整的全局 E－R 图，这不只是简单的整合，还需要评审。评审哪些数据或联系冗余，将冗余数据与冗余联系加以消除。在整合时，哪些数据冗余，哪些联系冗余，也需要根据用户的整体需求来确定。

总之，经过评审，消除属性冲突、命名冲突、结构冲突及数据冗余等，最终形成一个全局 E－R 图。

3.5　逻辑结构设计阶段

概念结构设计是独立于任何一种数据模型的信息结构。而逻辑结构设计的目的是把概念设计阶段设计好的基本 E－R 图转换为与选用的具体机器上的 DBMS 所支持的数据模式相符合的逻辑结构（包括数据库模式和外模式）。

3.5.1 逻辑结构设计的任务

逻辑结构设计的任务就是把概念结构设计好的基本 E－R 图转换为与指定 DBMS 产品所支持的数据模型相符合的逻辑结构。

从理论上讲，设计逻辑结构应该选择最适用于相应概念结构的数据模型，然后对支持这种数据模型的各种 DBMS 进行比较，从中选出最合适的 DBMS。但实际情况往往是用户已经指定好了 DBMS，而且现在的 DBMS 一般都是 RDBMS，所以数据库设计人员没有什么选择余地。数据库设计人员只有按照用户指定的 RDBMS，将概念结构设计的 E－R 图转换为符合 RDBMS 的关系模型。

3.5.2 逻辑结构设计的步骤

逻辑结构设计一般分为以下两个步骤。

1. 将 E－R 图转换为关系模型

将 E－R 图转换为适当的模型。由于现在常用的 DBMS 都是基于关系模型的关系数据库，所以通常只需要将 E－R 图转换为关系模型即可。

将 E－R 图转换为关系模型一般应遵循的原则是：一个实体转换为一个关系模式，实体名转换为关系名，实体属性转换为关系属性。

由于实体之间的联系分为一对一、一对多和多对多 3 种，所以实体之间的联系转换时，则有不同的情况。

1）一个一对一联系可以转换为一个独立的关系模式，也可以与任意一端对应的关系模式合并。如果转换为一个独立的关系模式，则与该联系相连的各实体的码以及联系本身的属性均转换为关系的属性。如果与某一端实体对应的关系模式合并，则需要在该关系模式的属性中加入另一个关系模式的码和联系本身的属性。

2）一个一对多联系可以转换为一个独立的关系模式，也可以与 n 端对应的关系模式合并。合并转换规则与一对一联系一样。

3）一个多对多联系转换为一个独立的关系模式。与该联系相连的各实体的码以及联系本身的属性均转换为关系的属性。

3 个或 3 个以上实体间的一个多元联系可以转换为一个关系模式，但是较为复杂，原则上合并码相同的关系模式。

这一阶段还需要设计外模式，即用户子模式。根据局部应用需要，结合具体 DBMS 的特点，设计用户子模式。利用关系数据库提供的视图机制、目标，方便用户对系统的使用（例如命名习惯、常用查询），满足系统对安全性的要求（例如安全保密）。

例如，将图 3-2 的 E－R 图转换为关系模型：

关系 A($\underline{X}$,Y,Z)

关系 B($\underline{M}$,N)

关系 C($\underline{K}$,L)

2. 数据模型优化

数据库的逻辑设计结果不是唯一的。为了进一步提高数据库应用系统的性能，还应该根据应用需求适当地修改、调整数据模型的结构。这就是数据模型优化。规范化理论为数据库设计人员提供了判断关系模式优劣的理论标准。

3. 数据库命名规则

在概念结构设计阶段，实体和属性的命名，可以比较随意。而在逻辑结构设计阶段，关系名和属性名要求尽量规范化命名，即使用标准的、统一的、更符合用户的习惯来命名。

3.6 物理结构设计阶段

物理结构设计阶段用于为逻辑模型选取一个最适合应用环境的物理结构，包括数据库在物理设备上的存储结构和存取方法。

3.6.1 物理结构设计的任务

物理结构设计根据具体 DBMS 的特点和处理的需要，将逻辑结构设计的关系模式进行物理存储安排，建立索引，形成数据库内模式。设计人员都希望自己设计的数据库物理结构能满足事务在数据库上运行时响应时间少、存储空间利用率高和事务吞吐率大的要求。为此，设计人员需要对运行的事务进行详细分析，获得所需的参数，并全面了解给定的 DBMS 的功能、物理环境和工具。

3.6.2 物理结构设计的步骤

物理结构设计通常分为两步，具体如下。

1. 确定数据库的物理结构

根据具体 DBMS 的特定要求，将逻辑结构设计的关系模式转化为特定存储单位，一般是表。一个关系模式转换为一个表，关系名转换为表名。关系模式中的一个属性转换为表中的一列，关系模式中的属性名转换为表中的列名。

为了提高物理数据库读取数据的速度，还可以设置索引等。为了保证物理数据库的数据完整性、一致性，还可以设置完整性约束等。

2. 对物理结构进行评价

数据库物理结构设计的过程中，需要确定数据存放位置、计算机系统的配置等，还需要对时间效率、空间效率、维护代价和各种用户需求进行权衡，其结果也可以产生多种方案。数据库设计人员必须从中选择一个较优的方案作为物理数据库的物理结构。

本书介绍的是 Access，所以在物理结构设计阶段，就必须要针对 Access 来设计。

3.7 数据库实施阶段

完成数据库物理结构设计之后，数据库设计人员就要用 DBMS 提供的数据定义语言和其他实用程序将数据库逻辑设计和物理设计结果严格地描述出来，成为 DBMS 可以接受的源代码，再经过调试产生目标模式。然后组织数据入库，这就是数据库的实施阶段。

对数据库的物理设计初步评价完成后，就可以开始实施建立数据库。数据库实施主要包括：定义数据库结构、组织数据入库、编制与调试应用程序及数据库试运行。

1. 定义数据库结构

确定了数据库的逻辑结构与物理结构后，就可以用所选的 DBMS 提供的数据定义语言（DDL）来严格描述数据库的结构。

2. 组织数据入库

数据库结构建立好后，就可以向数据库中装载数据了。组织数据入库是数据库实施阶段最主要的工作。数据入库可以人工入库，也可以采用计算机辅助入库方式。

3. 编制与调试应用程序

数据库应用程序的设计应该与数据设计并行进行。当数据库结构建立好后，就可以开始编制与调试数据库的应用程序，也就是说，编制与调试应用程序是与组织数据入库同步进行的。

4. 数据库试运行

应用程序调试完成，并且已有一小部分数据入库后，就可以开始数据库的试运行。试运行需要对数据库进行功能测试和性能测试。如果功能或性能测试指标不能令用户满意，则需要进行局部修改，有时甚至需要返回逻辑设计阶段，重新调整或设计。

本书介绍的是 Access，所以在数据库实施阶段，要在 Access 中实施。

3.8 数据库运行和维护阶段

数据库试运行合格后，数据库开发工作就基本完成，即可以投入正式运行了。数据库投入运行标志着开发任务的基本完成和维护工作的开始。由于应用环境在不断变化，数据库运行过程中物理存储会不断变化，因此，对数据库设计进行评价、调整、维修等维护工作是一个长期的任务，也是设计工作的继续和提高。

在数据库运行阶段，对数据库还要进行经常性的维护，维护工作主要由数据库管理员（Data Base Administrator，DBA）完成。这一阶段的工作主要包括数据库的转储和恢复，数据库的安全性、完整性控制，数据库性能的监督、分析和改进，数据库的重组织和重构造等。

3.9 数据库设计实例

本节以两个简单的数据库——学生成绩管理数据库系统和图书管理数据库系统为例，介绍数据库设计的具体方法。

3.9.1 学生成绩管理数据库系统设计

按照数据库设计的 6 个阶段，其设计步骤如下。

1. 需求分析阶段

学生成绩管理数据库是一个用来管理学生成绩的数据库，必须满足对学生成绩管理工作的需求。既然是管理学生成绩的数据库，那么学生、学院、课程等信息是必不可少的。学生拥有学号、姓名、性别、出生日期、所属学院编号等特征，学院拥有学院号、学院名称等特征，课程也拥有课程号、课程名、学分等特征，以及每个学生每门课程的成绩等。

2. 概念结构设计阶段

首先，根据需求分析得出，该系统应该包括学生、学院、课程和成绩 4 个实体。学生实体有学号、姓名、性别、出生日期、学院编号等属性，学号为主属性。学院实体有学院编号、学院名等属性，学院编号为主属性。课程实体有课程号、课程名、学分等属性，课程号为主属性。成绩实体有学号、课程号、分数等属性，学号、课程号的组合为主属性。然后画出局部 E－R 图，即每个实体的 E－R 图，如图 3-4 所示。

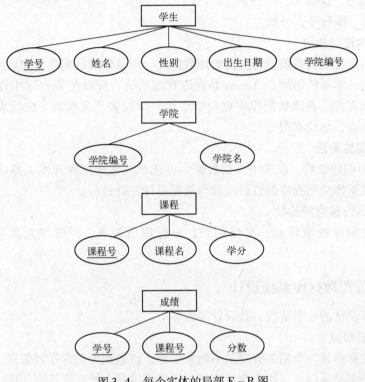

图 3-4　每个实体的局部 E－R 图

再根据全局设计概念模式，将局部 E－R 图综合成一个完整的全局 E－R 图。学生实体和成绩实体之间有联系，学生实体和学院实体之间有联系，课程实体和成绩实体之间有联系。由于各个实体属性比较多，所以全局 E－R 图只联系实体，如图 3-5 所示。

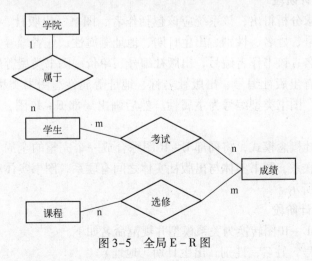

图 3-5　全局 E－R 图

3. 逻辑结构设计阶段

将图 3-5 的 E-R 图转换为关系模型并规范命名如下。

学生（<u>学号</u>，姓名，性别，出生日期，学院编号）

学院（<u>学院编号</u>，学院名）

课程（<u>课程号</u>，课程名，学分）

成绩（<u>学号，课程号</u>，分数）

4. 物理结构设计阶段

将逻辑结构设计的关系模型转换为物理数据库，即具体的数据库管理系统中支持的关系数据模型——表。本书使用的是 Access 数据库管理系统，所以在 Access 中创建"学生成绩管理数据库"数据库，在该数据库中创建学生表、学院表、课程表、成绩表。同时还要对表设置完整性约束，创建索引等。

5. 数据库实施阶段

在 Access 中创建表后，向表中添加数据。再选择其他数据库开发工具或语言设计数据库应用程序。数据库应用程序的设计应该与数据设计并行进行。

6. 数据库运行和维护阶段

最终完成数据库的设计后，交付用户，进行售后服务，并继续对数据库进行维护、调整。

3.9.2　图书管理数据库系统设计

按照数据库设计的 6 个阶段，其设计步骤如下。

1. 需求分析阶段

图书管理数据库是一个用来管理图书的数据库，该数据库包含作者信息、图书信息、出版社信息、图书类型等信息。作者信息应该包括作者编号、姓名、性别、出生日期、地址等特征。图书信息应该包括图书编号、图书名、本书作者信息、单价、图书类型等特征。出版社信息应该包括出版社编号、出版社名称、地址等特征。图书类型信息应该包括图书类型编号、类型名等特征。

2. 概念结构设计阶段

首先，根据需求分析得出，该系统应该包括作者、图书、出版社、图书类型 4 个实体。作者实体有作者编号、姓名、性别、出生日期、地址等属性，作者编号为主属性。图书实体有图书编号、图书名、该书作者编号、出版社编号、单价、图书类型等属性，图书编号为主属性。出版社实体有出版社编号、出版社名称、地址等属性。图书类型实体有图书类型编号、类型名等属性，图书类型编号为主属性。然后画出局部 E-R 图，即每个实体的 E-R图，如图 3-6 所示。

再根据全局设计概念模式，将局部 E-R 图综合成一个完整的全局 E-R 图。作者实体和图书实体之间有联系，图书实体与出版社实体之间有联系，图书实体和图书类型实体之间有联系，如图 3-7 所示。

3. 逻辑结构设计阶段

将图 3-6 中的 E-R 图转换为关系模型并规范命名如下。

作者（<u>作者编号</u>，姓名，性别，出生日期，地址）

图书（<u>图书编号</u>，图书名，作者编号，出版社编号，单价，图书类型编号）

出版社（<u>出版社编号</u>，出版社名称，地址）

图书类型（<u>图书类型编号</u>，图书类型名称）

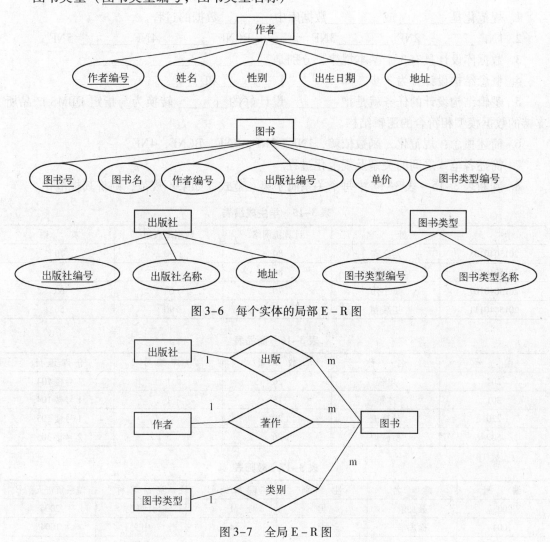

图 3-6　每个实体的局部 E-R 图

图 3-7　全局 E-R 图

4. 物理结构设计阶段

将逻辑结构设计的关系模型转换为物理数据库，即具体的数据库管理系统中支持的关系数据模型——表。本书使用的是 Access 数据库管理系统，所以在 Access 中创建图书管理数据库，在该数据库中创建作者表、图书表、出版社表、图书类型表。同时还要对表设置完整性约束，创建索引等。

5. 数据库实施阶段

在 Access 中创建表后，向表中添加数据。再选择其他数据库开发工具或语言设计数据库应用程序。数据库应用程序的设计应该与数据设计并行进行。

6. 数据库运行和维护阶段

最终完成数据库的设计后，交付用户，进行售后服务，并继续对数据库进行维护、调整。

3.10 习题

1. 规范化是_____或_____数据库中_____数据的过程。
2. 1NF_____2NF_____3NF_____BCNF_____4NF_____5NF。
3. 数据库设计具有3个基本规律，分别是_____、_____、_____。
4. 概念结构设计分为3步，即_____、_____和_____。
5. 逻辑结构设计的任务就是把_____设计好的_____转换为与指定DBMS产品所支持的数据模型相符合的逻辑结构。
6. 简述概念：规范化，函数依赖，1NF，2NF，3NF，BCNF，4NF。
7. 简述各范式之间的关系及规范化过程。
8. 判断表3-15～表3-17中每个关系属于第几范式。如果不规范，则将其规范化。

表3-15 学生成绩表

学　号	姓　　名	计算机网络	数据库应用	英　语
2015040105	刘会宾	80	90	70
2015040106	秦峻峰	86		85
2015040107	樊小伟	70	65	60
2015040111	王顺利		90	50

表3-16 商品表

编　号	名　　称	数　量	仓库编号	仓库地址
204	电视	20	1	1号楼104
301	冰箱	15	1	1号楼104
220	计算机	20	2	1号楼105
509	微波炉	26	5	2号楼305

表3-17 教师表

编　号	姓　名	性　别	院系编号	院系名称	院系负责人编号
2003	聂义乐	男	1	计算机	2006
1004	徐志华	女	4	中文	1004
1020	王跃州	女	6	体育	1029
2168	占超	女	9	艺术	1143

9. 按照规范化设置的方法，通常将数据库设计分为哪几个阶段？
10. 数据库物理结构设计包括哪些设计？
11. 试用自底向上法设计一个超市管理系统的E-R图。超市管理系统包括商品实体、职工实体、生产厂家实体、销售实体。其中，商品实体具有商品编号、商品名称、数量、单价、生产厂家编号属性；职工实体具有职工编号、姓名、性别、出生日期、职务属性；生产厂家实体具有厂家编号、厂家名称、地址、联系方式、负责人属性；销售实体具有销售编号、销售时间、职工编号、商品编号、数量属性。
12. 自己试完成一个完整的数据库设计。

第4章 Access 基础

Access 是微软公司开发的一款关系型数据库管理系统，是一个把数据库引擎的图形用户界面和软件开发工具结合在一起的数据库管理系统。它是微软的 Office 办公系列软件中的一个成员，易学易用。本章主要介绍 Access 的基础知识，包括 Access 的发展简介、功能概述、安装与配置操作等。

4.1 Access 发展简介

Microsoft Office Access 是由微软发布的关系数据库管理系统。它结合了 Microsoft Jet Database Engine 和图形用户界面两项特点，是 Microsoft Office 的系统程序之一。Microsoft Office Access 是微软把数据库引擎的图形用户界面和软件开发工具结合在一起的一个数据库管理系统。它是微软 Office 的一个成员，在包括专业版和更高版本的 Office 版本里面被单独出售。

Microsoft Access 1.0 版本在 1992 年 11 月发布，其发展历史见表4-1。

表 4-1 Access 发展历史

年　　份	版　　本	Office 套件版本
1992 年	Access 1.1	
1993 年	Access 2.0	Office 4.3 Pro
1995 年	Access for Windows 95	Office 95 Professional
1997 年	Access 97	Office 97
1999 年	Access 2000	Office 2000
2001 年	Access 2002	Office XP
2003 年	Access 2003	Office 2003
2007 年	Microsoft Office Access 2007	Office 2007
2010 年	Microsoft Office Access 2010	Office 2010
2012 年	Microsoft Office Access 2013	Office 2013
2015 年	Microsoft Office Access 2016	Office 2016

本书以 Access 2013 版本为例，以后章节，如果不特殊说明，Access 指的就是 Access 2013。

4.2 Access 的特点和功能

Access 的中文全称是微软办公软件——关系数据库管理系统，是一款小型的关系型数据库管理系统，主要用于数据分析和开发软件。随着社会的飞速发展，大量用户都面临着许多数据处理的问题。例如需要处理的数据量大，需要处理的问题多，但使用大型数据库管理系统软件成本高，还需要专业人员操作，而往往又不能满足用户的需求。因此，选择一款简单易用，并能由用户自行设计，自行操作，满足自己需求的数据库管理系统软件，成为个人用户特别是许多非计算机专业的普通用户的需求。Access 正是一个很好的选择，它非常适合非计算机专业的普通用户开发自己所需的各种数据库应用系统。

4.2.1　Access 的主要特点

Access 虽然是一款小型的、便捷的数据库管理系统软件，但它特点鲜明，界面友好，易学易用。

1. 强大的数据分析能力

Access 有强大的数据处理与统计分析能力，利用 Access 的查询功能，可以方便地进行各类汇总或平均等统计，并可灵活设置统计的条件。例如在统计分析大量记录，记录在几万条、十几万条以上时，速度快且操作方便，这一点是 Excel 无法与之相比的。

2. 强大的软件开发功能

Access 用来开发软件，比如生产管理、销售管理及库存管理等各类企业管理软件，其最大的优点是：易学，易用，成本低。

3. 完备的数据库窗口

Access 数据库窗口由 3 部分组成：功能区、Backstage 视图和导航窗格。功能区相关功能的选项卡和功能按钮分门别类放置，用户方便操作。Backstage 视图是功能区的"文件"选项卡上显示的命令集合，是基于文件操作的功能区域。导航窗格是组织归类数据库对象，并且是打开或更改数据库对象设计的区域。

4. 应用主题实现了专业设计

使用主题工具可以快速设置、修改数据库外观，以制作出美观的窗体界面、表格和报表。

5. 更高的安全性

提供了经过改进的安全模型，该模型有助于简化将安全性应用于数据库以及打开已启用安全性的数据库过程，其中包括新的加密技术和对第三方加密产品的支持。

6. 强大的网络功能

Access Services 提供了创建可在 Web 上使用的数据库平台。使用 Access 和 SharePoint 可设计、发布 Web 数据库。用户可以在 Web 浏览器中使用 Web 数据库，增强了信息共享和协同工作的能力。为此，Access 提供了两种数据库类型的开发工具：一种是标准的桌面数据库类型；一种是 Web 数据库类型，使用 Web 数据库可以轻松方便地开发出网络数据库。

7. 强化的职能特性

Access 的职能特性表现在各个方面，其中表达式生成器表现更为突出，用户不需要花费时间来考虑有关的语法和参数问题，在输入时，表达式的智能特性为用户提供了需要的所有信息。

8. 方便的宏设计

Access 提供的宏设计器，可以更加高效地工作，减少编码错误，并轻松地组合更复杂的逻辑以创建功能强大的应用程序。重新设计并整合宏操作，通过操作目录窗口把宏分类组织，使得运行宏操作更加方便。

4.2.2　Access 2013 的主要功能

Access 2013 除了具有上述的特点，还具有强大的功能。与以前版本相比，增强了一些原有的功能，增加了一些新功能，也替换或删除了一些冗余的功能。

1. 构建应用程序

Access 使用 SharePoint 服务器或 Office 365 网站作为主机，能够生成一个完整的基于浏览器的数据库应用程序。本质上，Access 应用程序使用 SQL Server 来提供更佳的性能和数据完整性。

2. 表模板

Access 使用预先设计的表模板将表快速添加到应用程序。

3. 外部数据

Access 可从 Access 桌面数据库、Excel 文件、ODBC 数据源、文本文件和 SharePoint 列表导入数据，拓宽了 Access 的数据源渠道。

4. 自动创建界面以及导航

Access 应用程序无须用户构建视图、切换面板和其他用户界面元素。表名称显示在窗口的左边缘，每个表的视图显示在顶部，使得操作更加直观、方便、快捷。

5. 处处存在的操作栏

Access 的每个内置视图均具备一个操作栏，其中包含用于添加、编辑、保存和删除项目的按钮。用户可以添加更多按钮到此操作栏以运行所构建的自定义宏，或者删除自己不使用的按钮。

6. 易于修改的视图

Access 应用程序允许用户无须先调整布局，即可将控件放到所需的位置。用户只需拖放控件即可，其他控件会自动移开以留出空间。

7. 属性设置标注

Access 的用户无须在属性表中搜索特定设置，这些设置都方便地位于每个分区或控件旁边的标注内。

8. 处理相关控件

Access 的相关项目控件，提供了快速列出和汇总相关表或查询数据的方法。Access 的自动完成控件可从相关表中查找数据。它是一个组合框，其工作原理更像一个即时搜索框。

9. 钻取链接按钮

钻取链接按钮可让用户快速查看相关项目的详细信息。Access 应用程序处理后台逻辑以确保显示正确的数据。

10. 新的部署选项

Access 经过改进，能够更好地控制修改应用程序的权限。创建者可更改数据，但无法更改设计；读者只可读取现有数据。同时，在打包和分发应用程序时，应用程序可另存为包文件，然后添加到用户自己的企业目录或 Office 应用商店。

4.3　Access 的安装与配置

Access 是 Office 办公系列软件中的一个成员，因此 Access 可以在安装Office 软件时，与 Word 或 Excel 等其他成员一起安装，也可以单独安装。安装操作非常简单。

由于 Access 是一个小型的数据库管理系统，因此对计算机硬件和操作系统要求都不高。现在的计算机硬件都能满足 Access 的需求。操作系统，不论是 Windows XP，还是 Windows 7.0/Windows 8.0，甚至 Windows 10，都能安装运行。本书的操作系统是 Windows 7.0。

由于本书篇幅有限，这里不做详细介绍。

4.4　Access 的启动与退出

成功安装 Access 后，使用时需要启动 Access，不用时需要关闭 Access。

4.4.1　Access 的启动

启动 Access 的 3 种方式如下。

1. 通过操作系统"开始"菜单启动

用户可以通过选择操作系统"开始"菜单上的"Access 2013"选项启动，如图 4-1 所示。

2. 通过桌面快捷方式启动

用户也可以通过双击操作系统"桌面"上的"Access 2013"图标启动。

3. 通过已经存在的 Access 数据库文件启动

用户也可以通过双击已经存在的 Access 数据库文件启动。

应用前两种启动方式，启动后进入 Access 的启动界面，如图 4-2 所示。

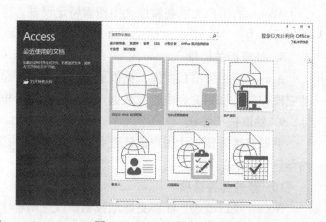

图 4-1　"开始"菜单上的"Access 2013"选项　　　图 4-2　Access 的启动界面

如果用户通过已经存在的 Access 数据库文件启动，则直接进入该数据库界面。

4.4.2　Access 的退出

当不使用 Access 时，需要退出，否则 Access 将一直处于启动运行状态，这样将消耗不必要的计算机内存等资源，也容易出现数据的丢失等现象。单击 Access 右上角的"关闭" ✖ 按钮，或者选择菜单"文件"→"关闭"命令，即可退出 Access，如图 4-3 所示。

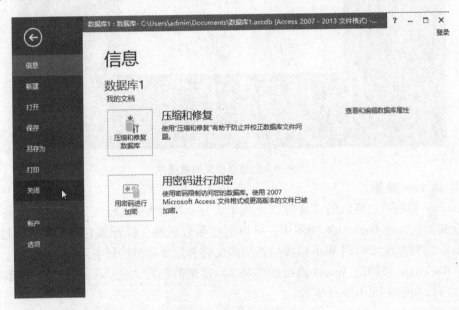

图 4-3　退出 Access

4.5　Access 数据库管理系统的操作

下面通过创建一个 Access 数据库，简单介绍 Access 数据库管理系统的操作设置以及界面的组成等。

4.5.1　Access 的用户界面

双击桌面上的 Access 图标启动 Access，进入如图 4-2 所示的 Access 启动界面。在启动界面中，有一些图标选项。这里选择"空白桌面数据库"选项，系统将出现一个提示框。用户可以设置数据库文件名及路径等。Access 数据库文件的默认扩展名是"accdb"，如图 4-4 所示。

单击"创建"按钮，即新建一个空白的桌面数据库，并进入 Access 数据库工作窗口，如图 4-5 所示。Access 的工作窗口主要由 4 部分组成。

1. 功能区

功能区是一个包含多组命令按钮且横跨程序窗口顶部的带状选项卡区域。它由多个选项卡组成，每个选项卡上有一些列按钮组。当用户选择不同的菜单选项，功能区会显示不同的按钮组。用户也可以根据自己的需要，设置选项卡的种类。

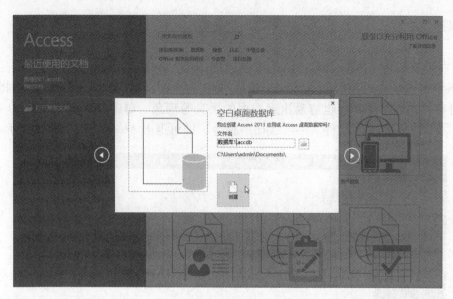

图 4-4　创建空白桌面数据库

2. Backstage 视图

Backstage 视图是功能区的"文件"选项卡上显示的命令集合。它包含应用于整个数据库的命令和信息。在 Backstage 视图中，可以创建新数据库、打开现有数据库、通过 Share-Point Server 将数据库发布到 Web 以及执行很多文件和数据库维护任务。

注：Backstage 视图是 Access 高级操作时显示出来的部分，在 Access 初始和一般状态下不显示，所以在图 4-5 中没有显示。

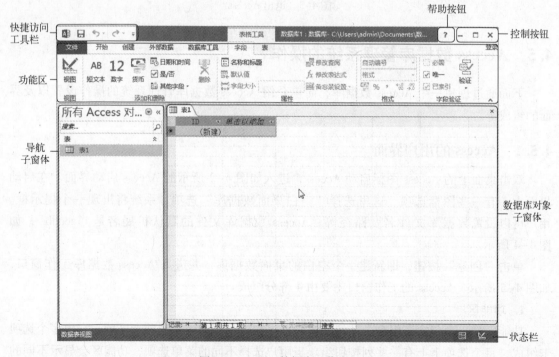

图 4-5　Access 数据库工作窗口

3. 导航子窗体

导航子窗体是位于 Access 工作主窗体左侧的子窗体。可用于组织归类数据库对象，并且是打开或更改数据库对象设计的主要方式。在导航子窗体中，数据库按类别和组进行组织。可以从多种组织选项中进行选择，还可以在导航子窗体中创建自己的自定义组织方案。默认情况下，新数据库使用"对象类型"类别，该类别包含对应于各种数据库对象的组。导航子窗体可以最小化，也可以被隐藏，但是不可以在导航子窗体前面打开数据库对象来将其遮挡。

4. 数据库对象子窗体

数据库对象子窗体中显示正在操作的数据库对象。默认情况下显示表数据。由于创建的是一个空白的数据库，所以导航子窗体只有一个初始的空表，数据库对象子窗体里的表数据也是空的。

4.5.2 选项的设置

以上的 Access 用户界面采用的是系统默认状态，用户可以根据需要进行一些个性化的设置。可以选择菜单"文件"→"选项"命令，打开"Access 选项"对话框进行设置，如图 4-6 所示。

1. "常规"选项卡

在"常规"选项卡中，用户可以设置数据库默认文件格式，默认数据库文件夹等，如图 4-6 所示。

2. "数据表"选项卡

在"数据表"选项卡中，用户可以设置数据表的网格显示方式、字体等，如图 4-7 所示。

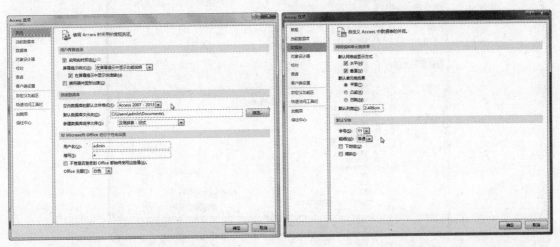

图 4-6 "Access 选项"对话框   图 4-7 "数据表"选项卡

3. "对象设计器"选项卡

在"对象设计器"选项卡中，用户可以设置默认字段的类型、大小，自动创建索引，字号、字体等，如图 4-8 所示。

4．"自定义功能区"选项卡

"功能区"中的按钮组可以通过"自定义功能区"选项卡中的选项来添加或删除等，甚至可以新建选项卡，如图 4-9 所示。

图 4-8　"对象设计器"对话框　　　　　图 4-9　"自定义功能区"选项卡

5．"快捷访问工具栏"选项卡

"快捷访问工具栏"中的按钮组可以通过"快捷访问工具栏"选项卡中的选项来添加或删除等，如图 4-10 所示。

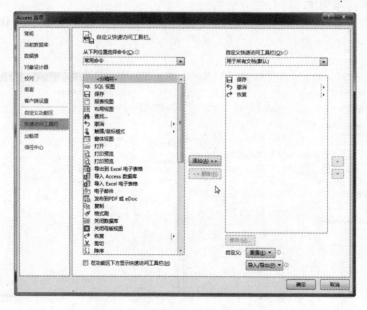

图 4-10　"快捷访问工具栏"选项卡

4.5.3　帮助系统

Office 系列软件都提供了详细的帮助系统，Access 也不例外。善于使用帮助系统是熟练使用Access以及解决问题的好办法。

Access 提供了 3 种帮助系统：Access 帮助、联机帮助（Office Online）和上下文帮助。

1. Access 帮助

如图 4-5 所示，在工作窗口的右上角有一个"帮助"按钮 ❓，单击该按钮或者按〈F1〉键，即可打开"Access 帮助"窗口，如图 4-11 所示。

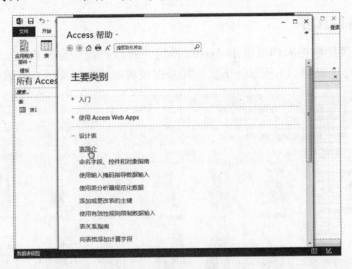

图 4-11 "Access 帮助"窗口

用户可以通过选择"主要类别"中的选项，一级一级地阅读帮助。因此，此类帮助又称为目录帮助。

2. 联机帮助

联机帮助，也称为在线帮助，即通过网络进行搜索联机帮助。用户可以在搜索文本框中输入搜索内容，通过网络进行查询搜索，如图 4-12 所示。

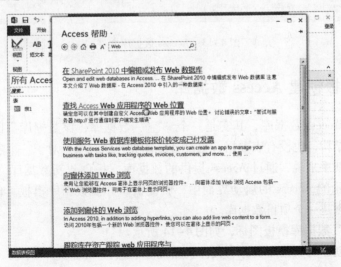

图 4-12 搜索联机帮助

3. 上下文帮助

上下文帮助主要出现在表和宏的设计视图。在操作过程中，通常会在设计视图上显示当前状态的帮助信息。

另外，Access 自身还带有若干示例数据库，可以帮助用户掌握 Access 的相关概念和操作。

4.5.4 数据库的保存

操作完毕，关闭数据库即可退出 Access 系统。通过查找相应文件夹，可以看到刚才新建的数据库文件，如图 4-13 所示。下次直接双击该数据库名称即可打开该数据库。

图 4-13　Access 数据库文件

4.6　通过模板创建 Access 数据库

以上创建的 Access 数据库，其实是一个"空"数据库，该数据库里面只有一个"空"表，该表没有表结构，也没有表数据，更没有窗体等其他对象。对于一个急于创建一个属于自己的数据库的新手来说，通过 Access 提供的数据库模板创建新数据库，是一个不错的选择。在图 4-2 显示的 Access 的启动界面中，就提供了许多数据库模板。现在就以"项目"数据库模板为例创建一个项目数据库。

双击"项目"数据库模板图标，如图 4-14 所示。

系统将提示创建的数据库名称、文件夹路径等信息，如图 4-15 所示。单击"创建"按钮即可。

系统将提示正在准备要使用的模板，如图 4-16 所示。

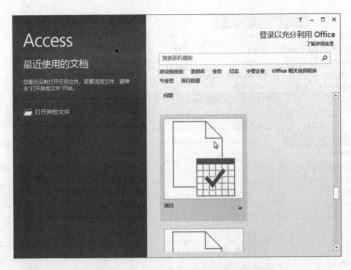

图 4-14 "项目"数据库模板图标

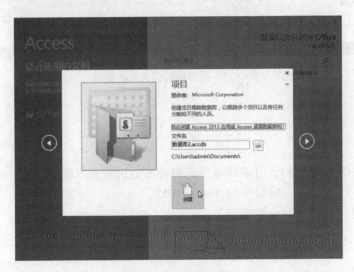

图 4-15 创建数据库

图 4-16 准备要使用的模板

模板准备结束，系统就已经按照模板创建了一个完整的数据库。该数据库里包含了若干表，除了表中没有数据记录之外，这些表都拥有完整的表结构和窗体等，如图 4-17 所示。不同的数据库对象以不同的图标表示。如果模板不能满足用户的全部需求，用户可以对模板中的表和窗体等对象进行修改。

用户只需向表中填写数据，双击窗体图标即可对数据库进行数据的添加、删除、修改、查询以及统计等操作。

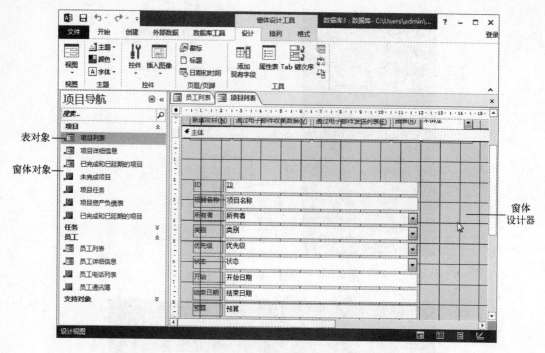

图 4-17 按照模板创建的数据库

4.7 习题

1. 练习安装 Access 2013，并熟练系统的启动和退出等基本操作。
2. 通过"Access 帮助"窗口学习 Access 2013。
3. 练习创建自己的 Access 数据库。

第5章 数据库和表

数据库是 Access 最基本、最重要的对象，Access 其他的操作都是围绕着数据库展开的。Access 数据库其实就是一个"容器"，是一个容器对象，里面"存放"了许多数据库子对象，其中最重要的子对象就是表。

本章主要介绍 Access 的数据库和表的创建、修改、删除以及表数据的各种操作。

5.1 数据库的概念和结构

现代数据库的结构，是包含数据以及对数据进行各种基本操作的对象集合。Access 将所有对象都存放在同一个扩展名为 accdb 的文件中，如图 5-1 所示。而有的数据库管理系统，例如 SQL Server 等，一个数据库有多个不同的文件，不同的对象或数据存放在不同的文件中。只有一个文件的好处是方便数据库文件的管理。

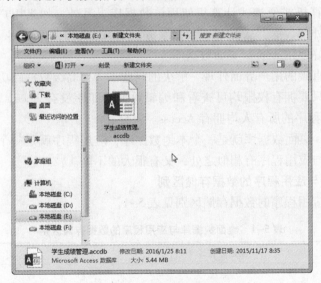

图 5-1 Access 数据库文件

5.1.1 数据库的概念

Access 中，将数据库文件称为物理数据库，也可以将数据库文件称为数据库对象，它是关于某个特定主题的信息集合，具有管理本数据库中所有信息的功能。在数据库对象中，用户可以将自己不同的数据分别存在独立的存储空间中，这些空间被称为数据表，简称表。用户可以使用查询从数据表中检索需要的数据，也可以使用联机窗体查看、删除或修改数据库中的数据。同样也可以使用报表以特定的版面打印数据，还可以通过 Web 形式实现数据交换。

5.1.2 Access 桌面数据库与应用程序

第 4 章介绍了如何使用 Access 提供的数据库模板来创建数据库。如果仔细观察可以发现，所有的模板图标分为两类：一类带有地球图标，例如"项目管理""自定义 Web 应用程序"及"资产追踪"等；一类不带，例如"项目""空白桌面数据库"及"联系人"等。其中，没有地球图标的模板是 Access 桌面数据库模板，如图 5-2 所示。带有地球图标的模板是 Access 应用程序模板，如图 5-3 所示。

图 5-2　Access 桌面数据库模板

图 5-3　Access 应用程序模板

如果用户希望完全控制数据库并希望得到完全控制数据库用户体验的外观，Access 桌面数据库最合适。在桌面数据库中，每个人都可以连接到存储 Access 数据库的计算机，并且可以在网络桌面计算机或便携式计算机使用该数据库。另外，如果用户需要，例如 VBA，复杂报表，链接到外部数据，从 XML、数据服务、HTML 文档或 Outlook 文件夹导入数据等高级功能时，也最好使用 Access 桌面数据库。

如果用户喜欢直观的用户界面外观，解决的问题不需要高级数据库功能，Access 应用程序最合适。任何人只要拥有权限均可查看和编辑数据，即使没有 Access 也可以。需要创建或修改 Access 应用程序的所有人均拥有 Access。

简言之，Access 桌面数据库就是一个本地数据库，应用程序就是一个 Web 程序。因此，Access 桌面数据库与应用程序有相似之处，又有很大的不同。

1. 桌面数据库与应用程序的数据存储区别

桌面数据库与应用程序的数据存储区别见表 5-1。

表 5-1　桌面数据库与应用程序的数据存储区别

任　　务	桌面数据库	应 用 程 序
从 Excel、Word 或其他源复制并粘贴	是	是
数据的导入来源	Excel，Access ODBC 数据库，如 SQL Server，文本或逗号分隔值（CSV）文件，SharePoint 列表	Excel，Access ODBC 数据库，如 SQL Server，文本或逗号分隔值（CSV）文件，SharePoint 列表，XML，Data Services，HTML 文档，Outlook 文件夹
使用导入向导将数据附加到表格中	是	否
链接到以下位置中的数据	Excel，Access ODBC 数据库，如 SQL Server，文本或逗号分隔值（CSV）文件，SharePoint 列表，HTML 文档，Outlook 文件夹	SharePoint 列表（只读）

2. 桌面数据库与应用程序的数据结构区别

桌面数据库与应用程序的数据结构区别见表 5-2。

表 5-2　桌面数据库与应用程序的数据结构区别

区　域	桌面数据库	应用程序
表格	提供表格模板，并可隐藏表格	提供表格模板，并可隐藏表格
表格之间的关系	可以在关系窗口中查看	如果创建查找数据类型，则建立关系。可通过选择查阅字段并单击"修改查阅"图标查看有关关系的信息
查询	动作查询，交叉表查询	无动作查询。数据宏用于执行更新、附加和删除
窗体、视图	窗体向导	在 Access 应用程序中称为"视图"，交互式视图设计器，可以显示缩略图
表单布局	逐像素控件、拆分窗体、子窗体、选项卡控件、模式对话框	与网格对齐，控件可以重新排列并修改到一定程度，可自定义的操作栏
数据输入控件	其他 Web、导航和图表控件	所有基本控件，包括级联控件（仅限 Office 365）、相关项目、自动完成
查找数据	可通过用户界面和自定义设计访问的选项	弹出窗口视图，筛选器列表，对数据表视图排序或筛选
报表	可以根据需要创建 Access 报表	包含简单的摘要和分组视图。对于传统的 Access 报表，请使用单独的 Access 桌面数据库，然后将其连接到用于存储从 Access 应用程序获取数据的 Microsoft Azure SQL 数据库
宏	可使用宏或 VBA 自动执行用户界面和数据操作	可使用提供的宏自动执行用户界面和数据操作
ActiveX 控件和数据对象	是	否
电子邮件通知	是，通过使用宏	否。可以通过将桌面数据库链接到 Microsoft Azure SQL 数据库来创建

3. 桌面数据库与应用程序的工具区别

桌面数据库与应用程序的工具区别见表 5-3。

表 5-3　桌面数据库与应用程序的工具区别

工　具	桌面数据库	应用程序
表分析器向导，用于标识冗余数据	是	否
压缩和修复	是	否
数据库文档管理器	是	否
分析性能	是	否
数据和结构的备份和还原过程	通过保存数据库文件备份数据或数据和结构	虽然数据库存储在 Microsoft Azure 中，但是还是建议定期执行本地备份。通过将 Access 应用程序保存为应用程序包来备份、移动或部署该应用程序。仅打包应用程序的结构，或应用程序和数据

对于一名数据库的初学者，Access 桌面数据库是首选，因此本书只介绍 Access 桌面数据库。如果没有特殊说明，Access 数据库指的就是 Access 桌面数据库，数据库中的对象指

的也是 Access 桌面数据库对象。

5.1.3 数据库的结构

Access 数据库对象共有 6 类不同的子对象，分别是表、查询、窗体、报表、宏和模块。不同的对象在数据库中起着不同的作用。在 Access 数据库工作窗口的功能区中，可以看到这 6 类对象，如图 5-4 所示。

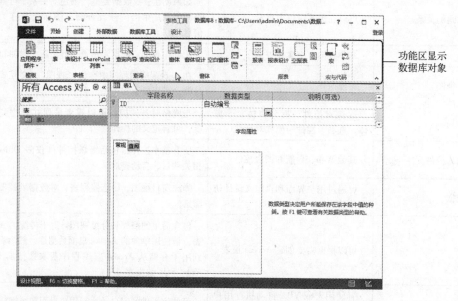

图 5-4　Access 数据库对象

1. 表

表是数据库的核心和基础，是数据库中用来存储数据的对象。表存放了数据库中全部的数据。Access 允许一个数据库包含多个表，通过在表之间建立关系，可以将不同表中的数据联系起来，供用户使用。在表中，数据以行和列的形式保存。表中的列称为字段（或属性），是 Access 数据最基本的载体，说明了一条记录在某一方面的属性。表中的行称为记录，一条记录就是一条完整的信息。

2. 查询

作为数据库子对象的查询，这里的查询就不再指的是"查询"操作了，而是类似于 SQL Server 的视图。用户通过查询对象，可以按照一定的条件或准则从一个或多个表中筛选出需要的字段和记录，并将它们集中起来，形成动态数据集，这个动态数据集将显示在虚拟数据表中，以供用户浏览、打印和编辑。需要注意的是，如果用户对这个动态数据集中的数据进行了修改，在满足一定条件的情况下，Access 会自动将修改内容反映到相应的表中。

查询对象必须基于数据表对象而建立，虽然查询结果集是以二维表的形式显示，但它们不是基本表。查询本身并不包含任何数据，它只是记录查询的筛选准则与操作方式。每执行一次查询操作，其结果显示的总是查询那一时刻数据表的存储情况。也就是说，查询结果是一个类似于数据表的动态表。

虽然查询是个动态表，但它可以作为窗体、报表和数据访问页的记录源。

3. 窗体

窗体是用户同数据库建立联系的一种界面，是 Access 数据库对象中最具灵活性的对象，其数据源可以是表或查询。用户可以将数据库中的表链接到窗体中，利用窗体作为输入记录的界面，或将表中的记录提取到窗体上供用户浏览和编辑处理。也可以在窗体中使用宏，把 Access 的各个对象方便地联系起来，还可以在窗体中插入各种命令按钮，编写事件过程代码以实现对数据库应用的程序控制。

Access 窗体的类型比较多，概括来讲，主要分为 3 类。

- 数据型窗体：主要用于实现用户对数据库中相关数据的操作，也是数据库应用系统中使用最多的一类窗体。
- 控制型窗体：在窗体上设置菜单和命令按钮，用来完成各种控制功能的转移。
- 提示型窗体：显示文字、图片等信息，主要用于数据库应用系统的主界面。

4. 报表

报表是用打印格式展示数据的一种有效方式。在 Access 中，如果要打印输出数据或与数据相关的图表，可以使用报表对象。利用报表可以将需要的数据从数据库中提取出来，并在进行分析和计算的基础上，将数据以格式化的方式发送到打印机。

多数报表都被绑定到数据库中的一个或多个表和查询中。报表的记录源来自于基础表和查询中的字段，且报表无须包含每个基础表或查询中的所有字段，可以按需要控制显示字段及其显示方式。利用报表不仅可以创建计算字段，而且还可以对记录进行分组、统计和汇总计算。除此之外，报表上所有内容的大小和外观都可以人为控制，使用起来非常灵活。

5. 宏

宏是指一个或多个操作的集合，类似于批处理，其中每个操作都可以实现特定的功能。需要多个指令连续执行的任务能够通过一条指令自动完成，这条指令就被称为宏。宏可以是包含一个操作序列的宏，也可以是由若干个宏组成的宏组。Access 中，一个宏的执行与否还可以通过条件表达式予以控制，即可以根据给定的条件决定在哪些情况下运行宏。

利用宏可以简化操作，使大量重复性的操作得以自动完成，从而使管理和维护 Access 数据库更加方便和简单。

6. 模块

模块对象是将 VBA（Visual Basic for Applications）的声明和过程作为一个单元进行保存的集合，即程序的集合。设置模块对象的过程也就是使用 VBA 编写程序的过程。尽管 Access 是面向对象的数据库管理系统，但其针对对象进行程序设计时，必须使用结构化程序设计的方法。每一个模块有若干个过程组成，而每一个过程都应该是一个子程序过程（Sub）或是一个函数过程（Function）。

这里需要特别指出的是，尽管微软在推出 Access 之初就将产品定位于不用编程的数据库管理系统，但实际上，只要用户试图在 Access 的基础上进行二次开发以实现一个数据库应用系统，用 VBA 编写适当的程序是必不可少的。总而言之，开发 Access 数据库应用系统时，必须需要使用 VBA 模块对象。

创建数据库，特别是创建桌面数据库，在第 4 章已经介绍过了，这里不再赘述。

5.2 表的概念和结构

表，也称数据表，是 Access 数据库最基本、最重要的对象。

5.2.1 表的概念

表是用来存储有关特定数据的数据库对象。其他数据库对象在很大程度上都依赖于表。因此，在创建一个数据库后，通常接下来的工作就是创建表。创建表，首先要先创建表结构，然后再输入数据。

5.2.2 表的结构

表结构包括了数据表由哪些字段构成，这些字段的数据类型和格式是怎样的内容。表其实就是关系结构中的关系表。字段也称为属性或列。每个字段包含有关表使用者的一个方面的数据。字段值通常也称为一个事实。一个行或一个实例通常也称为一条记录，每个记录包含一个实例表使用者。

Access 数据库的表，都必须有一个名字，以标识该表，称为表名。表名在某一个数据库实例中必须唯一。表名由字母、汉字、数字、空格及其他非保留字符组成。不能以空格开头。保留字符包括：圆点(.)、惊叹号(!)、方括号([ ])、重音符号(′)和 ASCII 码值在 0 ~ 31 的控制符。记录的顺序可以是任意的，一般是按照插入的先后顺序存储的，除非有索引。字段的顺序也可以是任意的。任何字段也都必须有一个名字，称为字段名称（或列名、属性名）。在一个表中，字段名称必须唯一，而且必须指明数据类型。

在设计表时，还需要注意一些设取值规范。表取值规范见表 5-4。

表 5-4　表取值规范

属 性	最 大 值	属 性	最 大 值
表名的字符个数	64	表中索引个数	32
字段名的字符个数	64	索引中的字段个数	10
表中字段个数	255	有效性消息的字符个数	255
打开表的个数	2048	有效性规则的字符个数	2048
表的大小	2GB	表或字段说明的字符个数	255
文本字段的字符个数	255	字段属性设置的字符个数	255

5.2.3 数据类型

在设计表结构时，需要定义表中字段所使用的数据类型。Access 桌面数据库常用的数据类型有：短文本、长文本、数字、日期/时间、货币、自动编号、是/否、OLE 对象、超链接、附件、计算与查询向导等。这些数据类型也称为系统数据类型。其中短文本、长文本等都属于字符型数据类型，数字、货币等都属于数值型数据类型。

Access 桌面数据库常用的数据类型见表 5-5。

表 5-5　Access 桌面数据库常用的数据类型

数据类型名	用　　法	大　　小	说　　明
短文本	字母数字数据	最多 25 个字符	就是以前版本的文本数据类型，由文本、数字和其他显示符号组成，例如名称或标题等，用户可以设定字符长度
长文本	大量字母数字数据	最多 1 GB，但显示长文本的控件限制为显示前 64000 个字符	就是以前版本的备注数据类型，用于存储长文本和数字组合，例如句子或短句，用户不能设定字符长度
数字	数字数据	1、2、4、8 或 16 字节	用于存储需要进行算数运算的数据类型。数字数据类型又细分为字节型、整型、长整型、单精度型、双精度型、同步复制 ID、小数。不同的类型它们的字段长度和数据精度不同
日期/时间	日期和时间	8 字节	日期/时间数据类型又细分为常规日期、长日期、中日期、短日期、长时间、中时间、短时间
货币	货币数据，使用 4 位小数的精度进行存储	8 字节	
自动编号	Access 为每条新记录生成的唯一值	4 字节（同步复制 ID 为 16 字节）。	自动编号是一种特殊的数据类型，用于在添加记录时自动插入的唯一顺序或随机编号。自动编号数据类型一旦指定，就会永远地与记录连接。如果删除表中含有自动编号字段的一条记录后，Access 不会对表中的自动编号字段进行重新编号，当添加一条新记录时，被删除的编号也不会被重新使用。用户不能修改自动编号字段的值
是/否	布尔（真/假）数据；Access 存储数值零（0）表示假，-1 表示真。	1 字节	常用来表示逻辑判断的结果
OLE 对象	另一个基于 Windows 的应用程序中的图片、图形或其他 ActiveX 对象	最大为 2 GB	
超链接	Internet、Intranet、局域网（LAN）或本地计算机上的文档或文件的链接地址	最多 8192 个字符（超链接数据类型的每个部分最多可包含 2048 个字符）	
附件	可以附加图片、文档、电子表格或图表等文件；每个"附件"字段可以为每条记录包含无限数量的附件，最大为数据库文件存储的最大值	最大为 2 GB	
计算	可以创建使用一个或多个字段中数据的表达式。可以指定表达式产生的不同结果数据类型	取决于"结果类型"属性的数据类型。"短文本"数据类型结果最多可以包含 243 个字符。"长文本""数字""是/否"和"日期/时间"与它们各自的数据类型一致	计算式必须引用本表里的其他字段，可以使用表达式生成器来创建计算字段

数据类型名	用　　法	大　　小	说　　明
查询向导	用于为用户提供一个字段内容列表	取决于查阅字段的数据类型	"设计"视图的"数据类型"列中的"查阅向导"条目实际上并不属于数据类型。选择此条目时将启动一个向导，帮助定义简单或复杂查阅字段。简单查阅字段使用另一个表或值列表的内容来验证每行中单个值的内容。复杂查阅字段允许在每行中存储相同数据类型的多个值

需要注意的是，在 Access 表中，不区分中文和西文字符，即一个西文字符或一个中文字符都占一个字符长度。

Access 应用程序中的数据类型与桌面数据库文件中的数据类型相似，但还是有一些差异，因为数据实际上是存储在 SQL Server 中（或存储在 Microsoft Azure SQL 数据库中）。表 5-6 显示了 Access 应用可以使用的数据类型以及这些数据类型分别适合哪类数据，同时还列出了这些数据类型所对应的 SQL Server 2012 数据类型。

表 5-6　Access 应用程序数据库常用的数据类型

数据类型名	子类型属性设置	说　　明	相应的 SQL Server 2012 数据类型
自动编号	N/A	Access 为每条新记录生成的唯一值	int
短文本	N/A	字母数字数据，1～4000 个字符（默认字符限制为 255 个字符）	nvarchar（长度为 1～4000）
长文本	N/A	字母数字数据，最多 $2^{30}-1$ 字节	nvarchar（MAX）
数字	整数（没有小数位）	数字数据	int
数字	浮点数（可变小数位）	数字数据	double
数字	定点数（6 个小数位）	数字数据	decimal（28,6）
日期/时间	日期	日期	date
日期/时间	时间	时间	time（3）
日期/时间	日期加时间	日期和时间	datetime2（3）
货币	N/A	货币数据	decimal（28,6）
是/否	N/A	布尔（是/否）数据	bit（默认为 false）
超链接	N/A	指向 Internet 或 Intranet 上的文档或文件的链接地址	nvarchar（MAX）
图像	N/A	图片数据	二进制图像数据 varbinary（max），最大为 $2^{31}-1$ 字节
计算	N/A	使用表中的一个或多个字段中的数据创建的表达式的结果	取决于表达式的结果
查阅	值列表	使用值列表的内容来验证字段的内容	nvarchar（220）
查阅	其他表或查询	使用另一个表或查询中的 ID 字段来验证字段的内容	int

5.3 创建表

创建表的实质就是定义表结构。在 Access 桌面数据库中，创建表可以通过设计视图和数据表视图创建，也可以使用 SQL 语句创建。SQL 语句将在第 6 章详细介绍。下面就以第 3 章设计的学生成绩管理数据库为例，创建表。

5.3.1 设计视图创建表

首先创建一个名为"学生成绩管理"的空白数据库，并进入该数据库的工作窗口，如图 5-5 所示。

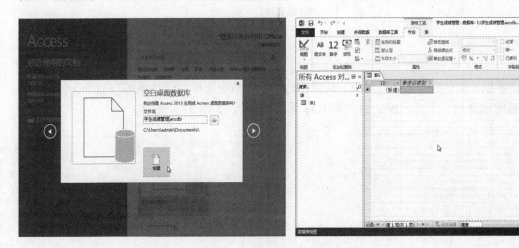

图 5-5　创建数据库并进入工作窗口

学生成绩管理数据库有学生表、学院表、课程表和成绩表 4 个表。表结构见表 5-7 ~ 表 5-10。

表 5-7　学生表

字 段 名	数据类型	格　式	是否主键	默 认 值	验 证 规 则	索　引
学号	短文本		主键			有（无重复）
姓名	短文本					
性别	短文本			"男"	［性别］= "男" Or ［性别］= "女"	
出生日期	日期/时间	短日期				
学院编号	短文本					

表 5-8　学院表

字 段 名	数据类型	格　式	是否主键	默 认 值	验 证 规 则	索　引
学院编号	短文本		主键			有（无重复）
学院名称	短文本					

表 5-9　课程表

字　段　名	数据类型	格　　式	是否主键	默　认　值	验　证　规　则	索　　引
课程号	短文本		主键			有（无重复）
课程名	短文本					
学分	数字	常规数字			［学分］>=1 And ［学分］<=6	

表 5-10　成绩表

字　段　名	数据类型	格　　式	是否主键	默　认　值	验　证　规　则	索　　引
学号	短文本		主键（组合）			
课程号	短文本		主键（组合）			
分数	数字	常规数字			［分数］>=0 And ［分数］<=100	

　　右击导航子窗体的"表 1"对象，从弹出的快捷菜单中选择"设计视图"命令，如图 5-6 所示。系统将弹出一个提示框，命名表名称为"学生"，如图 5-7 所示。

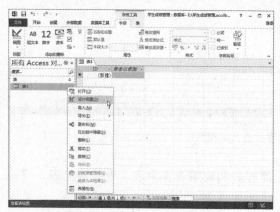

图 5-6　选择"设计视图"选项　　　　　　图 5-7　命名表名称

　　表一经命名，即进入表结构设计视图，如图 5-8 所示。表结构设计视图分为上下两部分，上半部分是字段基本设计部分，用户可以创建字段名称、数据类型及该字段的说明；下半部分又分为"常规"页及"查阅"页两部分，用户可以通过设置，进一步设置字段属性。

　　"查阅"页主要用来设置字段在窗体中显示的控件类型。在"常规"页中，Access 提供了许多设置字段的属性。这些属性非常重要，包括前面介绍的数据类型的用法和大小等概念，它们的作用等同于关系模型的三类完整性约束。

1. 字段大小

　　字段大小规定了字段中最多存放的字符个数或数值范围，主要用于文本或数字型字段。系统默认定义的字段大小是规定放置的最多字符个数。如果某条记录中该字段的字符个数没有达到最多时，系统只保存输入的字符。所以文本型字段是一个非定长字段。数值型字段的大小和精度由不同的类型决定。

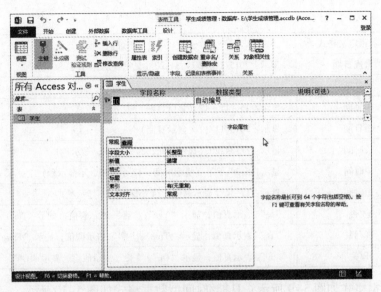

图5-8 表结构设计视图

当字段大小设置好后，即可进行数据的输入。如果字段大小要进行修改，如文本型字段的大小要减小，就有可能会造成原来输入的数据发生丢失。因此，除非必要，一般不要将表中的文本型字段的长度减小。

2. 格式

格式规定了数据的显示格式，格式设置仅影响显示和打印格式，不影响表中实际存储的数据。对于数字型、货币型、日期/时间型和是/否型字段，Access提供了预定义的格式设置，可以选择适合的数据格式进行显示。预定义格式见表5-11。

表5-11 预定义格式

字段数据类型	预定义格式	说 明
数字型	常规数字	按照用户的输入显示，"小数位数"属性无效
	货币	显示货币符号，使用分节符，"小数位数"属性有效
	欧元	显示欧元货币符号，"小数位数"属性有效
	固定	显示数值不使用分节符，"小数位数"属性有效
	标准	显示数值使用分节符，"小数位数"属性有效
	百分比	数值使用百分数显示，"小数位数"属性有效
	科学记数	数值用科学计数法显示，"小数位数"属性有效
货币型	常规数字	按照用户的输入显示，如小数位数超过4位，只保留4位，第5位四舍五入，"小数位数"属性无效
	货币	显示货币符号，使用分节符，"小数位数"属性有效
	欧元	显示欧元货币符号，"小数位数"属性有效
	固定	不显示货币符号，显示数值不使用分节符，"小数位数"属性有效
	标准	不显示货币符号，显示数值使用分节符，"小数位数"属性有效
	百分比	不显示货币符号，数值使用百分数显示，"小数位数"属性有效
	科学记数	不显示货币符号，数值用科学计数法显示，"小数位数"属性有效

字段数据类型	预定义格式	说　　明
日期/时间型	常规日期	显示：2015/11/12 17:34:20（显示日期、时间）
	长日期	显示：2015 年 11 月 12 日（显示日期）
	中日期	显示：15－11－12（显示日期）
	短日期	显示：2015/11/12（显示日期）
	长时间	显示：17:34:20（显示时间，24 小时制，显示秒）
	中时间	显示：5:34 下午（显示时间，12 小时制，不显示秒）
	短时间	显示：17:34（显示时间，24 小时制，不显示秒）
是/否型	是/否	"是"表示真值，显示"Yes"；"否"表示假值，显示"No"
	真/假	"真"表示真值，显示"True"；"假"表示假值，显示"False"
	开/关	"开"表示真值，显示"On"；"关"表示假值，显示"Off"

数字型数据格式如图 5-9 所示，日期/时间型数据格式如图 5-10 所示。

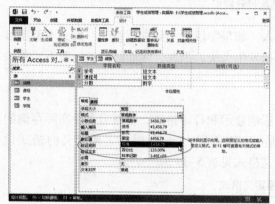

图 5-9　数字型数据格式　　　　　图 5-10　日期/时间型数据格式

是/否型数据格式如图 5-11 所示。

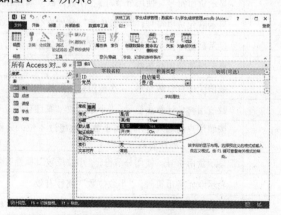

图 5-11　是/否型数据格式

需要注意的是，在是/否型数据"查询"页的显示格式中，系统默认的数据表视图下显示的均为复选框，如图 5-12 所示。在输入数据时选中表示真，未选中表示假，如图 5-13

所示。是/否型字段在数据表视图下的显示方式也可改为文本框和组合框方式。

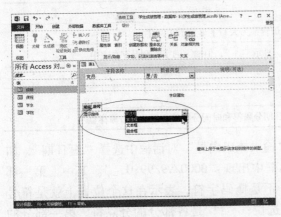

图5-12 "查询"页的显示控件

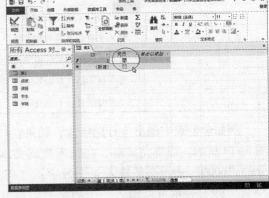

图5-13 输入数据时的复选框

3. 输入掩码

为了减少数据输入时的错误，Access提供了输入掩码属性，对输入的个数和字符进行控制。只有文本型、日期/时间型、数字型和货币型字段有输入掩码属性。字段的输入掩码属性可以通过"输入掩码向导"对话框来进行设置。

掩码分为3部分，具体如下。

1）第一部分是必需的，它包括掩码字符或字符串（字符系列）和字面数据（包括括号、句号和连字符）。

2）第二部分是可选的，是指嵌入式掩码字符和它们在字段中的存储方式。如果第二部分设置为0，则这些字符与数据存储在一起。如果设置为1，则仅显示而不存储这些字符。将第二部分设置为1，可以节省数据库存储空间。

3）第三部分也是可选的，指明作为占位符的单个字符或空格。默认情况下，Access使用下画线"_"。如果希望使用其他字符，在掩码的第三部分输入。

掩码字符及功能说明见表5-12。

表5-12 掩码字符及功能说明

掩 码 字 符	功 能 说 明
0	必须输入一个数字（0~9）
9	可以输入一个数字（0~9）
#	可以输入0~9的数字、空格、加号、减号。如果跳过，则默认输入一个空格
L	必须输入一个字母
?	可以输入一个字母
A	必须输入一个字母或数字
a	可以输入一个字母或数字
&	必须输入一个字符（包括空格）
C	可以输入字符（包括空格）
<	将"<"符号右侧的所有字母转换为小写字母显示并保存

75

掩 码 字 符	功 能 说 明
>	将">"符号右侧的所有字母转换为大写字母显示并保存
密码（Password）	输入字符时不显示输入字符，显示"＊"，但输入的字符会保存在表中
\	逐字显示紧随其后的字符
" "	逐字显示括在双引号中的字符
. , : -	小数分隔符、千位分隔符、日期分隔符和时间分隔符。这些符号原样显示

例如学生表中的出生日期字段，如果在"输入掩码向导"对话框中选择"短日期"，如图 5-14 所示。设置完成后，在输入掩码文本框中出现"0000/99/99;0;_"。其中，第一部分的"0000"表示必须输入 4 个数字；"/"不是掩码字符，表示在这个位置上就是符号"/"。"99"表示可以输入一个数字，表示可选位；";"是各部分的分隔符。第一部分的"0"表示掩码字符将与数据一起存储。第三部分的"_"将作为占位符字符。如图 5-15 所示。当用户输入数据时，即使输入的是"20151111"，系统也将显示"2015/11/11"，并存储。

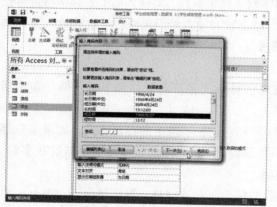

图 5-14　选择"短日期"

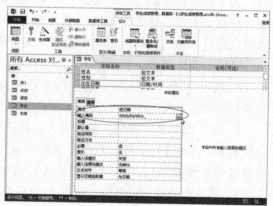

图 5-15　输入数据时的复选框

4. 标题

标题是字段的显示名称，在数据表视图中，它是字段列标题处显示的内容；在窗体、报表中，是字段标签显示的内容。如果在字段属性中未设置标题，则字段标题即为字段名称。

例如字段名称是以英文单词来命名的，为了在显示时方便我国用户的使用，可以将字段标题设置为汉字。这样在显示数据记录时，以定义的汉字标题显示字段名称。

5. 默认值

有些字段，例如学生表的性别字段，数据取值不是"男"就是"女"，因此用户可以将该字段设置默认值。字段的默认值即为在新增记录时尚未输入数据，就会出现在字段中的值。表中大多数记录都使用的值。如果性别字段默认值是"男"，以后性别字段就算不输入数据，系统也默认该记录的性别字段数据为"男"。

6. 验证规则

验证规则就是用来限制字段输入值的表达式，通常使用表达式生成器设置。

例如学生表的性别字段，数据取值只能"男"或"女"，其他值都是非法的。因此，可以使用表达式生成器设置验证规则。单击验证规则的编辑按钮，打开"表达式生成器"对话框。在生成器的编辑窗口中输入表达式：［性别］="男" Or［性别］="女"。表达式通常是一个逻辑表达式，字段名用"［］"括起来，如图5-16所示。设置完毕，当用户输入数据违反了验证规则，则系统提示出错，如图5-17所示。

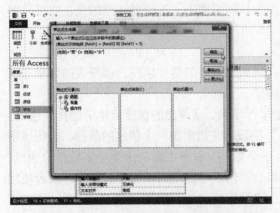

图5-16 "表达式生成器"对话框

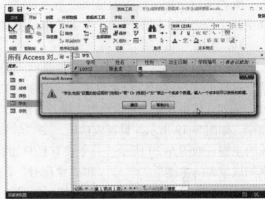

图5-17 系统提示出错

验证规则非常重要，设计表结构时许多情况下都要设置。例如成绩表的分数字段，分数必须满足表达式：［分数］>=0 AND［分数］<=100等。

7. 验证文本

当字段设置了验证规则属性，一旦违反规则，系统会以默认提示文本提示出错信息。如果用户想要更详细的提示，可以自行设置提示文本，这就是验证文本属性。

例如学生表的性别字段的验证文本属性，设置为"输入的数据违反了规则，请重新输入！"。当用户输入数据违反了验证规则，则系统弹出提示框，提示设置的出错文本信息，如图5-18所示。

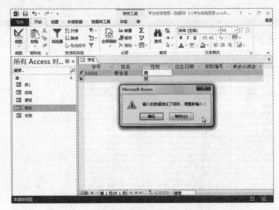

图5-18 系统提示设置的出错文本信息

8. 必需

如果用户要求某些字段的信息是必须要获取的，则可将该字段的必需属性设置为"是"，这样在数据输入时，系统将要求必须输入该字段的值，否则系统不允许进行后面的操作。这样将保证重要的信息不会漏填。

必需属性与允许空字符串属性不太一样，而且必需属性的优先级要高于允许空字符串属性。即如果必需属性设置为"是"，即使允许空字符串属性也设置为"是"，但在输入数据时，仍然必需输入数据。也就是说，此时系统虽然允许该字段是空字符串，但由于必需属性设置为"是"，所以必须要首先满足必需属性的设置。

9. 允许空字符串

允许空字符串属性指的是字段是否允许长度为 0 的字符串。这里要注意的是，空字符串和空格字符串是不同的概念，空字符串的值是"Null"。

10. 主键

每个表通常都有一个字段的取值是唯一的，例如学生表的学号字段，课程表的课程号字段。这样的字段就可以设置为主键，也称为关键字。

例如，学生表的学号设置为主键，右击"学号"字段，从弹出的快捷菜单中选择"主键"命令，如图 5-19 所示。设置成功后，在"学号"字段名左边出现一个钥匙的图标，表明该字段为主键，如图 5-20 所示。一个表有且只能有一个主键。如果主键是由多个字段组合而成，例如成绩表的主键是"学号"和"课程号"的组合，用户可以使用鼠标一起选择，或者使用〈Shift〉键和〈Ctrl〉键组合设置。使用〈Shift〉键是连续选择，使用〈Ctrl〉键可以任意选择，如图 5-21 所示。

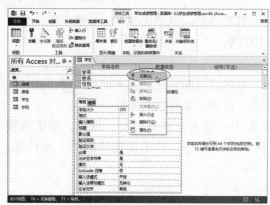

图 5-19　设置主键"学号"　　　　　　　　　图 5-20　主键图标

图 5-21　多字段主键

设置主键，相当于给关系定义了实体完整性约束，即主键取值必须是唯一的，不能重复，也不能取空值。如果是组合字段设置为主键，则组合字段取值必须是唯一的。它的优先级高于允许空字符串属性和必需属性。

11. 索引

索引有助于快速查找记录和排序记录。创建索引，可以提高记录的查找和排序的速度。用于对数据表中的数据按照字段的值排序记录，方便数据的查找。字段的索引属性分为 3 类：无、有（有重复）和有（无重复）。当设置主键后，系统自动会以该字段为索引列，创建索引，属性取值为：有（无重复）。

关于索引，将在后面的章节详细介绍。

12. Unicode 压缩

当 Unicode 压缩属性值为"是"时，表示字段中数据可以存储和显示多种语言的文本。使用 Unicode 压缩，还可以自动压缩字段中的数据，使得数据库文件变小。

13. 输入法模式

输入法模式可以设置为随意、开启、关闭和其他特殊的输入法状态。当设置为"开启"时，数据输入切换到该字段时，即焦点移至该字段时，系统会自动打开中文输入法。

14. 输入法语句模式

输入法语句模式可以设置为常、复数、讲述和无转化。当数据输入切换到该字段时，即焦点移至该字段时，系统会自动打开相应的输入法语句模式。

15. 文本对齐

文本对齐属性是对字段数据在控件中显示的位置进行设置。文本对齐属性的取值可以是：常规、左、居中、右、分散。

详细了解了这些属性的设置，然后按照表 5-7 的结构，创建学生表。"学号"字段需要设置为主键。"性别"字段的默认值是"男"，即用户不输入数据时的默认值。需要在"性别"字段的"常规"页的"默认值"框中输入"男"，即设置默认值为"男"。"性别"字段的取值只能是"男"或"女"。需要在"性别"字段的"常规"页的"验证规则"框中编辑。打开"表达式生成器"对话框，用户在其中输入该字段的设置表达式，"［性别］＝"男" Or ［性别］＝"女""，以设置该字段的取值范围。

学生表创建完毕，存盘退出即可。

5.3.2 数据表视图创建表

数据表视图是按行和列显示表中数据的视图，在该视图下，可以对字段进行编辑、添加、删除和数据查询等操作。也是创建表常用的视图。选择"功能区"的"创建"菜单，就会出现"创建"菜单下的 3 个命令：表、表设计和 Share Point 列表。选择"表设计"命令就是使用设计视图创建表。选择"表"命令就是使用数据表视图创建表。

在数据表视图中，单击"单击以添加"按钮添加字段。首先选择该字段的数据类型，然后再输入字段名称，如图 5-22 所示。当用户设置字段时，功能区的菜单选项自动变更为"字段"菜单选项，同时命令按钮也会自动变更为"字段"菜单下的命令按钮。这些命令按钮可以实现设计视图创建表的所有功能，如图 5-23 所示。

课程表创建完毕，存盘退出即可。

两种创建表的方法功能都相同。相比之下，设计视图方法更符合大多数数据库使用者的习惯，更方便，更直观。

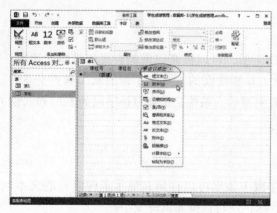

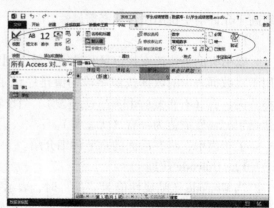

图 5-22　添加字段　　　　　　　　　图 5-23　"字段"菜单及命令按钮

5.3.3　通过导入数据创建数据表

　　数据共享是加快信息流通，提高工作效率的要求。Access 提供的导入和导出功能是通过数据共享来实现的。在 Access 中，可以通过导入存储在其他位置的信息来创建表。Access 允许导入 Access 数据库、Excel、ODBC 数据库及文本文件等类型文件。选中一个表对象，右击，在弹出的快捷菜单中选择"导入"命令的子选项，即可导入相应类型的文件数据，如图 5-24 所示。

　　然后选择"将源数据导入当前数据库的新表中"单选按钮，并选择源数据文件，即可通过从其他文件导入的数据创建新表，如图 5-25 所示。

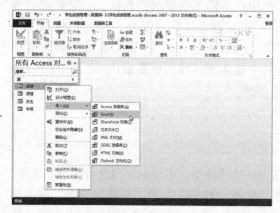
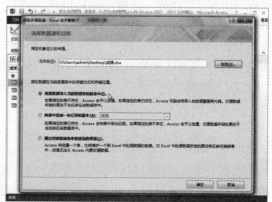

图 5-24　选择"导入"命令的子选项　　　　图 5-25　选择源数据文件

　　按照上述方法操作，可以创建学院表和成绩表。

5.3.4　索引与关系

　　通常，一个数据库中含有多个表，这些表之间存在联系。为了把不同表的数据组合在一起，必须建立表间的关系。在建立表间关系时，首先要对表间有联系的字段建立主键和索引。

1. 索引

　　索引是关系数据库的一个基本概念。用户使用表最常用的操作就是查询数据。在数据量非常大时，搜索满足条件的数据可能需要很长的时间。为了提高数据检索的能力，数据库引入了索引的概念。索引如同书籍的目录，有了索引，用户可以快速找到表中的特定数据。

索引是按索引字段或索引字段集的值，使表中的记录有序排列的方法。索引包含从表中一个或多个字段生成的键，以及映射到指定数据的存储位置的指针。索引还可以强制表中的记录行具有唯一性，从而确保数据的完整性。

索引主要有以下作用。

● 快速存取、查询数据。

● 保证数据的一致性。

● 实现表与表之间的参照完整性。

但索引也有自身的缺点，具体如下。

● 索引和维护索引需要耗费时间。

● 索引需要占用物理存储空间。

● 当对表中的数据记录进行添加、修改和删除时，索引也要动态维护。

因此，没有必要对表中的所有字段建立索引，而应该根据实际需要建立索引。通常对经常要搜索的字段、要排序的字段或者要在查询中连接到其他表中的字段建立索引。

在 Access 中，一旦创建索引，在查询时，首先在索引中找到该数据的位置，即可在数据表中访问到相应的记录。Access 可建立单个字段索引或多个字段索引。多字段索引能够区分开第一个字段值相同的记录。当第一个字段出现有重复值，则会自动对第二个索引字段进行排序，以此类推。

（1）设置单字段索引

如果需要单字段索引，直接设置该字段的索引属性为"有（有重复）"和"有（无重复）"就可以了。

（2）设置多字段索引

如果需要多字段索引，需要单击功能区的"索引"按钮，如图 5-26 所示。打开"索引"对话框，如图 5-27 所示。在此对话框中，用户可以设置多字段索引，还可以设置索引类型，以及索引的排序次序。一个表可以设置多个索引，但只能有一个是主键索引（PrimaryKey）。

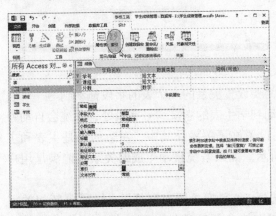

图 5-26 "索引"按钮

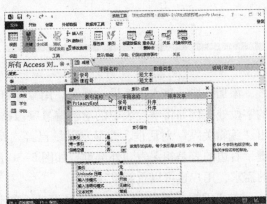

图 5-27 "索引"对话框

需要注意的是，在表设计器视图下，通过字段属性设置单字段索引时，不能对索引的次序进行设置，只能是默认的"升序"。

2. 关系

在设计数据库时，在绘制 E - R 图的时，就已经将各个实体之间的联系标记出来。在 Access 数据库中，想要管理和使用好表中的数据，为了实现 E - R 图的联系，就应建立表与表之间的关系。这样才能将不同的表关联起来，为后面的数据查询、窗体和报表等建立数据基础。

关系，也称为外部约束关系，即三类完整性约束中的参照完整性约束，通常是参照两个表之间的公共字段建立起来的。例如，在 E - R 图中，学生实体和学院实体有 n:1 的联系，因此它们之间有关系。在 Access 的学生成绩管理数据库中，学生表中有学院编号字段，学院表中也有学院编号字段。这两个字段位于不同的表，但名称一样，表达含义一样，连数据类型也一样。因此这两个表之间可以通过学院编号字段建立关系。在 E - R 图中，实体之间的联系有一对一、一对多和多对多 3 种。在 Access 中，也可以将关系设置为一对一和一对多的关系。如果某个字段在一个表中是主键，在另一个表中也是主键，则它们是一对一的关系。如果某个字段在一个表中是主键，在另一个表中不是主键，称为外部键，则它们是一对多的关系。如果某个字段在两个表中都不是主键，则它们的关系将显示为"未定"。其中主键所在的表称为主表或主键表。外部键所在的表称为相关表或外部表，又或从表。

在 Access 中，通过关系数据库工具进行设置。单击功能区的"数据库工具"菜单下的"关系"按钮，如图 5-28 所示。打开"显示表"对话框。用户将需要设置关系的表添加到关系设计视图中，如图 5-29 所示。

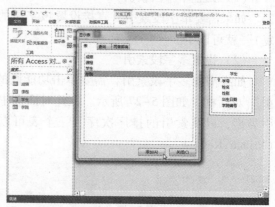

图 5-28 "关系"按钮　　　　　　　　　　图 5-29 "显示表"对话框

添加完毕，进入关系设计视图。用鼠标将需要设置关系的一个表的字段拖动到另一个表的字段处，例如将学院表中的学院编号字段拖动到学生表的学院编号字段处，系统会自动弹出"编辑关系"对话框，并显示系统已经自动设置好了关系。其中，左边的表是主表和主键，右边的表是相关表和外部键，如图 5-30 所示。如果系统自动生成的关系不能满足用户的需求，用户也可以重新设置。

在"编辑关系"窗口下方，还有 3 个复选框："实施参照完整性""级联更新相关字段"和"级联删除相关记录"。只有选中了"实施参照完整性"复选框，才能选择其他两项。

图 5-30 "编辑关系"对话框

如果 3 个选项都未选中，在主键表和外部键表中添加、修改和删除相关联的字段数据时都不受限制。

如果只选中"实施参照完整性"复选框，涉及的表需要满足参照完整性约束，即外部键取值要参照主键的取值，也就是外部键的取值范围不能超出主键的取值范围。在主键表中，添加记录不受限制。修改和删除涉及关联数据时，则不允许修改和删除。在外部键表中，添加或修改涉及关联数据时，则关联字段的值必须在主表中存在。删除数据时，则不受影响。通常该选项都要选中，本书的例子数据库在设置关系时，都选中了"实施参照完整性"复选框。

如果同时选中"实施参照完整性""级联更新相关字段"和"级联删除相关记录"3 个复选框，在主键表中添加数据不受影响。修改数据时，若关联字段在外部键表中有匹配数据，则匹配数据自动修改。删除数据时，匹配数据也被同时删除。在外部键表中，添加或修改数据时，关联字段的值必须在主键表中存在，删除时不受限制。

单击"创建"按钮，即创建一个关系。在关系设计视图中，只要设置有关联的表之间都有一个连线连接，连线两头还有标记，其中"1"表示"一"，其中"∞"表示"多"，如图 5-31 所示。存盘时需要注意，只有将涉及该关系的表都处于关闭状态，关系才能存盘退出。

如果需要修改关系，还是单击"数据库工具"菜单下的"关系"按钮，进入关系设计视图。然后右击关系连线，在弹出的快捷菜单中选择"编辑关系"命令即可编辑修改关系。如果删除关系，选择"删除"命令，如图 5-32 所示。

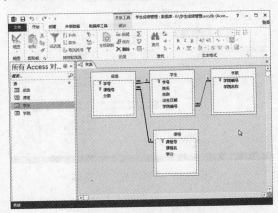

图 5-31　关系设计视图

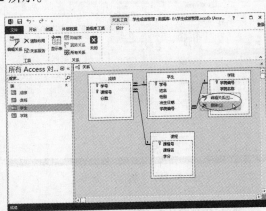

图 5-32　修改和删除关系

5.4 修改表

修改表包括修改表结构、修改表属性和重命名表名等操作。

5.4.1 修改表结构

如果用户认为需要修改表结构，右击导航子窗体中需要修改的表名，在弹出的快捷菜单中选择"设计视图"命令，即可进入该表的设计视图界面。如同创建新表一样，用户可以添加新字段、删除原有字段和修改原有字段的设置等。

5.4.2 修改表属性

如果用户认为需要修改表属性，右击导航子窗体中需要修改的表名，在弹出的快捷菜单中选择"表属性"命令，如图 5-33 所示，即可打开该表的表属性对话框，如图 5-34 所示。

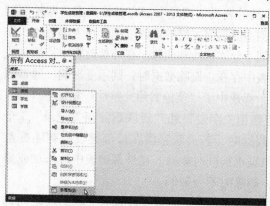

图 5-33 "表属性"选项

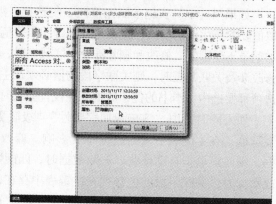

图 5-34 表属性对话框

在表的设计视图界面中，也可以右击，从弹出的快捷菜单中选择"属性"命令，如图 5-35 所示。在表对象子窗体中，弹出一个"属性表"子窗体，如图 5-36 所示。

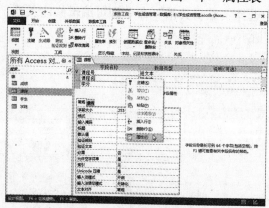

图 5-35 "属性"命令

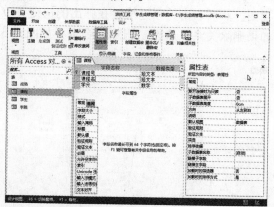

图 5-36 "属性表"子窗体

通过以上操作，用户可以修改表属性。

5.4.3 重命名表名

如果用户认为需要将表重命名，右击导航子窗体中需要重命名的表，在弹出的快捷菜单中选择"重命名"命令，即可给该表重新命名，如图 5-37 所示。

图 5-37 "重命名"选项

5.4.4 复制表

最快捷创建新表的操作就是复制表。首先选中要复制的表，右击，在弹出的菜单快捷中选择"复制"命令，如图 5-38 所示。然后在表对象下方的空白处选择"粘贴"选项，系统弹出"粘贴表方式"对话框。用户可以重新命名复制表的表名，还可以选择粘贴方式："仅结构""结构和数据"和"将数据追加到已有的表"，对表进行复制，如图 5-39 所示。复制完成，在表对象中生成一个与原表一模一样的新表，如图 5-40 所示。

图 5-38 复制表

图 5-39 选择粘贴方式

图 5-40 成功复制表

5.5 表数据操作

表创建或修改完毕，它只是一个空表，即只有表结构，没有表数据。创建表的目的是让表存储用户所需数据，供用户使用。因此随后的工作就是向表中添加、修改和删除数据。在添加、修改和删除数据时，一定要满足在创建表时设置的各种属性和关系等，否则会操作失败。

5.5.1 添加表数据

表数据的添加有 3 种方式：第一种是在数据表视图状态下直接添加数据，第二种是批量导入数据，第三种是通过 SQL 语句（SQL 语句添加表数据将在第 6 章介绍）。

1. 在数据表视图中添加数据

数据的添加通常是在数据表视图中进行的。数据的添加是按记录行，一行一行输入的，即输入完一条记录再输入下一条记录。

数据表视图有两种打开方式，一种是双击表名称，另一种方式是选中表，右击，从弹出的快捷菜单中选择"打开"命令，如图 5-41 所示，而且可以同时打开多个表。

用户通过数据表视图添加数据，数据的添加是从第一个记录的第一个字段开始的，每输入一个字段数据，按〈Enter〉键或〈Tab〉键转到下一个字段，也可以单击进入下一个字段。当一条记录添加完毕，按〈Enter〉键或〈Tab〉键转到下一条记录。当开始添加一条新记录时，表下方均会自动添加一条新记录，且记录选择器上会显示一个星号 ✳，表示该记录为一条新记录。在添加数据时，该记录左侧会出现一个笔形符号 ✐，表示该记录为正在添加或修改的记录，如图 5-42 所示。

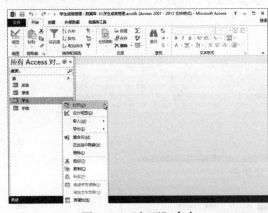
图 5-41 "打开"命令

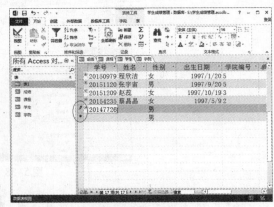
图 5-42 添加数据

对于"是/否"型字段，如果字段在数据表中显示的是复选框形式时，显示有对勾"√"，则表示选中，即逻辑值真（True）；不选表示逻辑假（False），如图 5-43 所示。

如果表中有字段是 OLE 对象数据类型，添加数据需要通过插入对象的方式来实现。选中要添加 OLE 对象的字段，右击，从弹出的快捷菜单中选择"插入对象"命令，如图 5-44 所示。系统弹出对象类型对话框，如图 5-45 所示。

插入对象有两种方式："新建"和"由文件创建"。如果选择"新建"单选按钮，则右侧的

"对象类型"列表框中列有 Access 允许插入的所有对象类型的应用程序列表。选中某一对象，单击"确定"按钮，即可新建相关对象。若选择"由文件创建"单选按钮，则需要单击"浏览"按钮，打开"浏览"对话框，在对话框中定位需要插入的 OLE 对象文件，如图 5-46 所示。

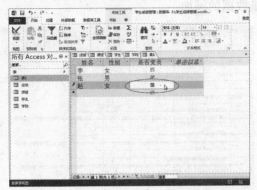

图 5-43　添加"是/否"型字段数据

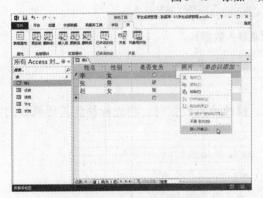

图 5-44　"插入对象"命令

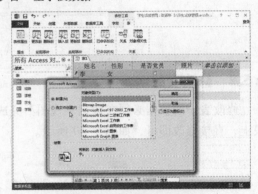

图 5-45　对象类型对话框

在数据表中插入 OLE 对象，如果该对象是"新建"的，则新建的对象一定是嵌入在数据表中。如果对象是"由文件创建"的，则该文件可以嵌入到数据库中，也可采用链接的方式，对象文件仍然保存在原来的位置，而数据库中只保存该文件的访问路径，如图 5-47 所示。如果插入的 OLE 对象太大，一般使用"链接"式。如果使用嵌入式，则将使数据库文件变得很大由于应用较少，所以这里不再介绍。但使用链接式，则必须保证对象文件的位置大小，否则再打开数据表时会造成数据的错误，相关对象访问不到。

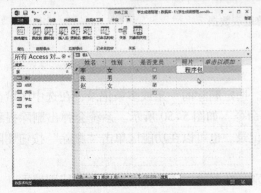

图 5-46　插入对象

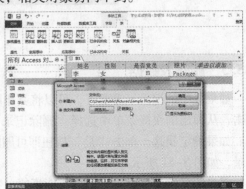

图 5-47　选择链接方式

2. 批量导入数据

在5.3.3节介绍了通过导入数据创建数据表。如果选择"向表中追加一份记录的副本"单选按钮，则将从其他数据源中批量导入数据到指定的表中，如图5-48所示。这种方式特别适合已经存在的大批量数据的添加。

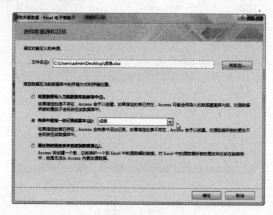

图5-48 批量导入数据

5.5.2 修改表数据

修改表中的数据必须在数据表视图下完成。修改原有数据时，将光标移到需要修改的字段上，直接修改即可，如图5-49所示。

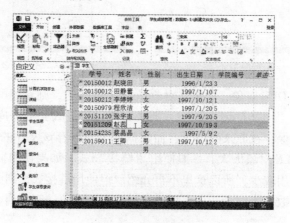

图5-49 修改表数据

5.5.3 删除表数据

如果表中的记录不需要了，可以将其删除。选定删除的一条或多条记录，在选中区域上右击，从弹出的快捷菜单中选择"删除记录"命令，如图5-50所示。系统会弹出删除提示框。如果确定删除，单击"是"按钮即可删除记录。也可以在功能区单击"删除"按钮删除记录，如图5-51所示。

需要注意的是，删除记录后不能恢复，特别是在删除表中的所有数据时要特别慎重。

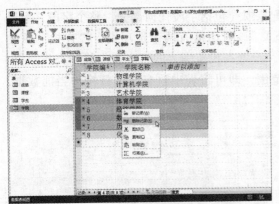

图 5-50　删除记录

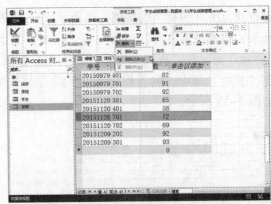

图 5-51　"删除"按钮

5.5.4　数据的查找和替换

Access 可以帮助用户在整个数据表中或某行、某列中查找数据，并可将找到的数据替换为指定的数据，也可将找到的数据删除。数据的查找与替换操作通常都是在数据表视图下进行的。

打开要进行数据查找的数据表视图，单击字段名称与记录的交叉处，即选中表中所有数据。单击某条记录的最左边方框，即选中该记录行。单击某条记录的最上方字段名称，即选中该字段。

最简单的查找方式，就是通过数据表视图下方的工具条进行查询，如图 5-52 所示。

单击工具条上的"第一条"按钮 可以直接跳到表的第一条记录。单击"上一条"按钮 可以直接跳到当前记录的前一条记录。单击"下一条"按钮 可以直接跳到当前记录的后一条记录。单击"最后一条"按钮 可以直接跳到表的最后一条记录。单击"下一条空白记录"按钮 可以直接跳到当前记录的后一条记录后面的空白记录。单击"未筛选"按钮  可以操作筛选。 <span></span> 文本框可以输入查找条件，进行有条件地查找。

如果需要设置复杂的查找，可以在空白处右击，从弹出的快捷菜单选择"查找"命令，如图 5-53 所示。系统弹出"查找和替换"对话框，如图 5-54 所示。在此对话框中可以设

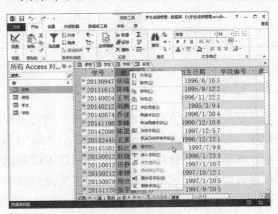

图 5-52　数据表视图下方的工具条　　　图 5-53　选择"查找"选项

89

置查找范围（包括当前文档，当前字段）、匹配范围（包括字段任何部分，整个字段，字段开头）以及搜索方向（包括全部，向上，向下）。该对话框有两个选项页："查找"页和"替换"页。在"查找"页中，输入相应数据，设置查找范围，即可在表中找到查找数据。在"替换"页中，输入相应数据，设置替换范围，即可将表中原有数据替换为当前数据，如图 5-55 所示。

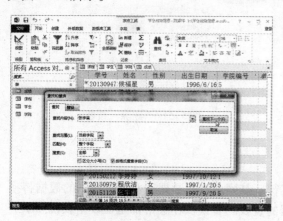

图 5-54　查找数据

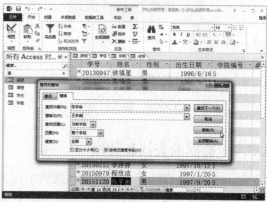

图 5-55　替换数据

无论是查找还是替换，都可以使用通配符。Access 通配符的使用见表 5-13。

表 5-13　Access 通配符及其功能

通配符	功　能	示　例
*	匹配任意字符串，可以是 0 个或任意多个字符	张 *：可以找到张，张某，张某某等
#	匹配一个数字符号	20#5：可以找到 2005，2015 等，找不到 20A5
?	匹配任何一个字符	ad? pt：可以找到 adapt，adopt 等，找不到 adpt，adoopt
[ ]	匹配括号内任何一个字符	w[ae]ll：可以找到 wall，well 找不到 wnll
!	匹配任何不再括号内的字符	t[！nm]ll：可以找到 tall，tell 等，找不到 tmll，tnll
—	匹配指定范围内的任何一个字符，必须以递增排序来指定区域（a-z 或 A-Z）	b[a-e]d：可以找到 bad，bed 等，找不到 bud

5.5.5　记录排序

用户在使用数据表时，通常希望表中的记录按照一个字段，或多个字段，或表达式的值进行排序。如果表已经创建了主键和索引，表记录就将按设置主键和索引时的设置，排序输出显示。本节所说的排序指的是没有创建主键和索引字段的排序方式。

排序可以按升序或降序排列。排序的规则如下。

● 西文字符按 ASCII 码值顺序排序，英文字符不区分大小写。

● 中文按拼音字母的顺序排序。

● 数值按数字的大小排序。

- 日期和时间按日期的先后顺序排序，日期在前的小，日期在后的大。

排序时要注意以下问题。

- 对文本型字段，如果值中有数字符号，排序时将其视为字符，将按 ASCII 码值进行排序。
- 按升序排列字段时，如果字段的值为空值，则空值的记录排列到数据表的最前面。
- 数据类型为备注、超链接或 OLE 对象的字段不能进行排序。
- 排序后，排序的次序与表一起保存。

1. 单字段排序

如果是按单字段进行排序，可以在数据表视图中，选中要排序的字段名称，单击字段名称右边的按钮 ，在下拉菜单中选择排序方式，如图 5-56 所示。也可以单击功能区的"升序"或"降序"按钮排序，如图 5-57 所示。

图 5-56 数据表视图中排序　　　　　　图 5-57 功能区排序命令按钮

2. 多字段排序

用户在排序时，有时需要对多个字段进行排序输出显示。此时，先一次选择多个字段，然后单击"升序"或"降序"按钮，如图 5-58 所示。

图 5-58 多字段排序

在 Access 中，如果是多字段排序，排序的顺序是有先后的，首先根据第一个字段进行排序，当第一个字段的值相同时，再按第二个字段进行排序，依次类推。顺序是先对最左边的字段排序，然后依次从左向右进行排序，保存数据表时排序方案也同时被保存。

5.5.6 记录筛选

使用数据表视图进行多字段排序，操作简单，但所有的字段必须是相邻的，而且所有的字段只能按照同一种次序排序。因此，Access 还提供了"高级筛选/排序"方式排序。"高级筛选/排序"其实是 Access 提供的筛选功能的一种。

当用户希望在大量的数据中，只查找或排序出自己需要的数据，则此时采用筛选方式来实现是最佳的选择。Access 提供的筛选方式有：使用筛选器筛选、按窗体筛选和高级筛选。经过筛选后的数据表，只显示满足条件的记录，不满足条件的记录将被隐藏起来。被作为筛选的字段名称右上方会标记一个 ▽ 符号。

1. 使用筛选器筛选

在数据表中，如果需要筛选出符合某些特定条件的记录，例如，在学生表中将男生的记录筛选出来。单击性别字段名称右边的按钮 ▽，在下拉菜单中选择"文本筛选器"中的"男"复选框。在使用按内容筛选时，系统还提供了若干选项，选项会根据筛选字段的数据类型自动出现相对应的筛选选项。例如性别字段是文本型数据，所以有 8 个选项：等于、不等于、开头是、开头不是、包含、不包含、结尾是、结尾不是，如图 5-59 所示。筛选后只显示男生信息，如图 5-60 所示。如果取消筛选，单击功能区的命令按钮 ▽ 即可。

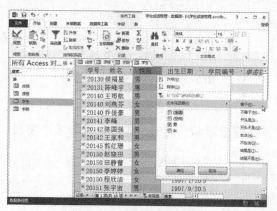

图 5-59　按选定内容筛选

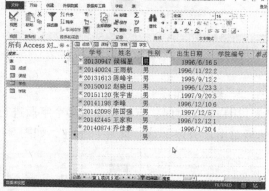

图 5-60　筛选后显示内容

用户也可以自定义筛选条件。当选择其他筛选选项时，系统弹出"自定义筛选"对话框。例如，筛选姓"张"的学生信息。选择"文本筛选器"中的"开头是"选项，系统弹出"自定义筛选"对话框。在对话框中输入"张"（在对框中的文本框中不需要输入引号），如图 5-61 所示，单击"确定"按钮，则只显示姓张的学生信息。

2. 按窗体筛选

按窗体筛选时，系统会先将数据表变成一条记录，且每个字段都是一个下拉列表，用户可以在下拉列表中选取一个值作为筛选内容。如果当某个字段选取的值是两个以上时，还可以通过窗体底部的"或"来实现。在同一个表单下不同字段的条件值的关系是"与"的关系。

在使用窗体进行筛选时，包括两大部分：在窗体视图下设置筛选的条件，应用筛选后可查看筛选后的效果。

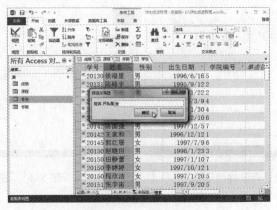

图 5-61　自定义筛选

单击功能区的命令按钮，选择下拉菜单的"按窗体筛选"选项，如图 5-62 所示。例如，筛选 3 号学院的女生信息。选择性别字段下拉列表中的"女"，选择学院编号下拉列表中的"3"，如图 5-63 所示。

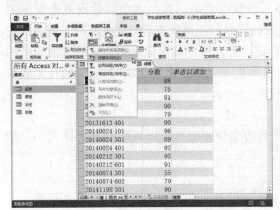

图 5-62　选择"按窗体筛选"选项

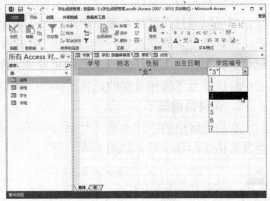

图 5-63　窗体筛选

然后单击按钮，筛选出符合条件的记录，如图 5-64 所示。再次单击按钮，即可取消筛选。

3. 高级筛选

前面两种筛选条件相对都比较单一，如果要进行复杂条件的筛选，则需要通过高级筛选来实现。例如，筛选在 1996 年出生的 4 号学院的男生。单击功能区的命令按钮，选择下拉菜单的"高级筛选/排序"选项，进入"高级筛选/排序"编辑窗口。设置字段：性别、出生日期和学院编号。设置它们的排序是升序还是降序。最重要的就是输入筛选条件。一行之内的是"AND（与）"条件，即这些条件都必须同时满足。如果是"OR（或）"条件，则需要输入在以下行中，如图 5-65 所示。然后单击按钮，筛选出符合条件的记录。

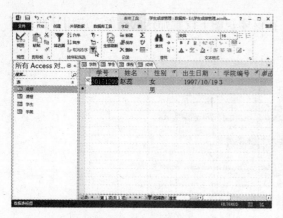
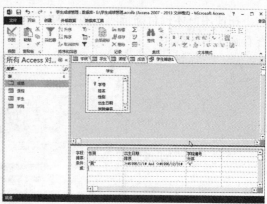

图 5-64　筛选出符合条件的记录　　　　　　图 5-65　设置高级筛选

5.6　表外观的设置

为了美化输出显示，可以对表的外观进行设置。

1. 显示关联记录

在创建表时，就已经设置了表之间的关系。设置关系后，各个表中的数据就会发生关联，即可以通过在数据表视图中查看一个表记录的同时，还可以查看与之关联的不同表的记录。在每个记录的左边有一个囲标记，单击该标记，可以展开与该记录相关联的其他表中的记录。例如，学生表与成绩表之间有关系，单击学生表学号字段左边的囲标记，展开了成绩表中与该学号字段相关联的记录，如图 5-66 所示。

2. 调整数据显示

在功能区中的"文本格式"区中，有一系列的命令按钮，可以调整表的字体大小、颜色及表格线的显示等，如图 5-67 所示。

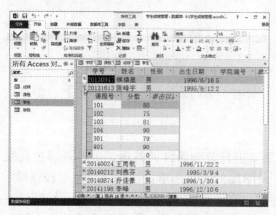
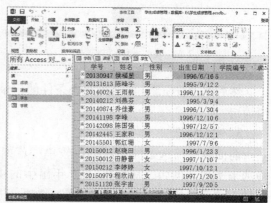

图 5-66　关联记录显示　　　　　　图 5-67　文本格式区中的命令按钮

3. 改变字段次序

初始状态下，数据表中字段显示次序，是按创建表结构时的次序显示的。用户可以通过修改表结构，改变字段显示次序。也可以在数据表视图中，改变字段显示次序。选中要改变次序的字段名称，按下鼠标右键不松开，拖动该字段到指定位置后松开鼠标，即可改变字段的显示次序。

这里需要注意的是，这种方式只改变数据表中字段的显示次序，不改变表结构中字段的次序。

4. 隐藏字段和显示字段

有时表的列比较多，由于不能在屏幕上完全显示，特别是一些重要的字段，需要拖动滚动条来调整，进而影响操作。这时就可以将那些不是重要的字段隐藏起来。选中要隐藏的字段，右击，从弹出的快捷菜单中选择"隐藏字段"命令，即可隐藏。反之，选择"取消隐藏字段"命令，即可显示出来，如图 5-68 所示。

5. 冻结字段

在列比较多的表中，还可以使用冻结字段。选中要冻结的字段，右击，从弹出的快捷菜单中选择"冻结字段"命令。这时，再拖动滚动条时，这个冻结列是不动的。反之，选择"取消所有冻结字段"选项，即可解冻，如图 5-69 所示。

图 5-68　隐藏/显示字段

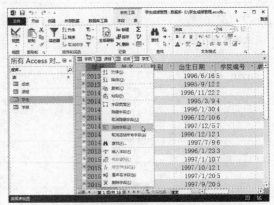

图 5-69　冻结/解冻字段

5.7　表数据的导入/导出及链接

Access 中存储了大量的数据供用户使用，这些数据除了可以在 Access 系统中使用，还可以在其他系统中使用。

在许多程序中，使用"另存为"命令可以将文档另存为其他格式，以便在其他程序中打开此文档。但是在 Access 中，"另存为"命令的使用方式有所不同。用户可以将 Access 对象另存为其他 Access 对象，也可以将 Access 数据库另存为早期版本的 Access 数据库，如图 5-70 所示。但不能将 Access 数据库另存为诸如电子表格文件之类的文件。同样，也不能将电子表格文件另存为 Access 文件（*.accdb），而应在 Access 中使用"外部数据"选项卡上的命令在其他文件格式之间导入或导出数据。可在 Access 中导入、链接或导出的格式见表 5-14。

表 5-14　Access 中导入、链接或导出的格式

程序或格式	是否允许导入	是否允许链接	是否允许导出
Microsoft Office Excel	是	是	是

程序或格式	是否允许导入	是否允许链接	是否允许导出
Microsoft Office Access	是	是	是
ODBC 数据库（如 SQL Server）	是	是	是
文本文件（带分隔符或固定宽度）	是	是	是
XML 文件	是	否	是
PDF 或 XPS 文件	否	否	是
电子邮件（文件附件）	否	否	是
Microsoft Office Word	否，但可以将 Word 文件另存为文本文件，然后导入此文本文件	否，但可以将 Word 文件另存为文本文件，然后链接到此文本文件	是（可以导出为 Word 合并或格式文本）
SharePoint 列表	是	是	是
数据服务（请参阅"注释"）	否	是	否
HTML 文档	是	是	是
Outlook 文件夹	是	是	否，但可以导出为文本文件，然后将此文本文件导入 Outlook
dBase 文件	是	是	是

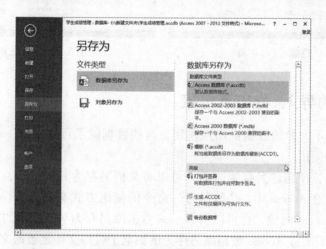

图 5-70 "另存为"命令

Access 是微软的 Office 办公系列软件中的一个成员，因此，Access 的数据与其他 Office 办公系列软件之间是可以互相导入/导出的。除此之外，Access 还可以和其他类型的数据库系统或文件交互数据。

当用户打开数据表时，系统会出现"外部数据"菜单。在"外部数据"选项功能区中出现一些关于数据导入/导出及链接的选项按钮。该功能区分为"导入并链接"和"导出"两部分，如图 5-71 所示。用户可以根据需要单击相应按钮进行表数据的导入/导出以及链接操作。

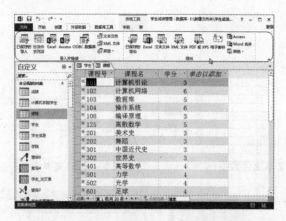

图 5-71 "外部数据"选项功能区

5.7.1 导入或链接其他格式的数据

导入或链接数据的一般过程如下。

1）打开要导入或链接数据的数据库。

2）在"外部数据"选项卡上，单击要导入或链接的数据类型。

3）在大多数情况下，Access 都会启动"获取外部数据"向导。该向导可能会要求用户提供以下列出的部分或所有信息：

- 指定数据源（在磁盘上的位置）。
- 选择是导入还是链接数据。
- 如果要导入数据，请选择是将数据追加到现有表中，还是创建一个新表。
- 明确指定要导入或链接的文档数据。
- 指示第一行是否包含列标题或是否应将其视为数据。
- 指定每一列的数据类型。
- 选择是仅导入结构，还是同时导入结构和数据。
- 如果要导入数据，请指定用户是希望 Access 为新表添加新主键，还是使用现有键。
- 为新表指定一个名称。
- 在该向导的最后一页上，Access 通常会询问用户是否要保存导入或链接操作的详细信息。如果用户觉得需要定期执行相同操作，则选中"保存导入步骤"复选框，填写相应信息，并单击"关闭"按钮。然后，用户可以单击"外部数据"选项卡上的"已保存的导入"按钮重新运行此操作。

完成该向导之后，Access 会通知用户在导入过程中发生的任何问题。在某些情况下，Access 可能会新建一个名为"导入错误"的表，该表包含 Access 无法成功导入的所有数据。用户可以检查该表中的数据，以尝试找出未正确导入数据的原因。

例如，现在需要将文本文件数据导入到 Access 数据库中。文本文件数据如图 5-72 所示。单击"导入并链接"→"文本文件"按钮，如图 5-73 所示。

系统出现"获取外部数据－文本文件"对话框，选择该文本文件，如图5-74所示。单击"确定"按钮，弹出"导入文本向导"对话框，如图5-75所示。

图5-72　文本文件数据　　　　　　　　　　图5-73　"文本文件"按钮

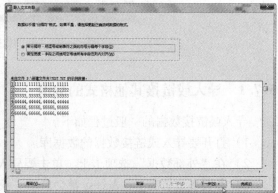

图5-74　"获取外部数据"对话框　　　　　图5-75　"导入文本向导"对话框

根据向导提示，选中"带分隔符"单选按钮，单击"下一步"按钮，选择分隔符类型为"逗号"，如图5-76所示。单击"下一步"按钮，定义字段名称，如图5-77所示。

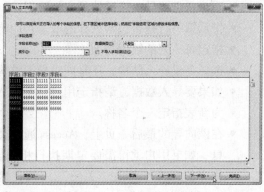

图5-76　选择分隔符类型　　　　　　　　　图5-77　定义字段名称

单击"下一步"按钮，定义数据表主键，如图5-78所示。单击"下一步"按钮最后为表定义表名，如图5-79所示。

单击"完成"按钮，完成文本文件数据的导入操作。打开表，如图5-80所示。

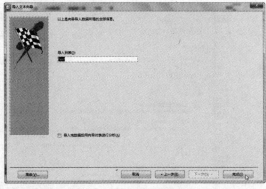

图 5-78　定义数据表主键　　　　　　　　　　图 5-79　定义表名称

图 5-80　导入数据的表

5.7.2　将数据导出为其他格式

将数据导出为其他格式的一般过程如下。

1）打开要从中导出数据的数据库。

2）在导航窗格中，选择要从中导出数据的对象。用户可以从表、查询、窗体或报表对象中导出数据，但并非所有导出选项都适用于所有对象类型。

3）在"外部数据"选项卡上，单击要导出到的目标数据类型。

4）在该向导的最后一页上，Access 通常会询问用户是否要保存导出操作的详细信息。如果需要定期执行相同操作，则选中"保存导出步骤"复选框，填写相应信息，并单击"关闭"按钮。也可以单击"外部数据"选项卡上的"已保存的导出"按钮，重新运行此操作。

例如，现在需要将表数据导出到 Excel 文件中。用户单击导出"Excel"命令按钮，弹出"导出"对话框，如图 5-81 所示。按照提示按钮操作即可将表数据导出到 Excel 文件中。打开导出数据的 Excel 文件，可以看到如图 5-82 所示的数据。

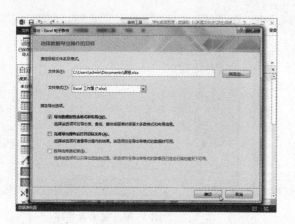

图 5-81 "导出 - Excel 电子表格"对话框　　　　图 5-82　导出数据的 Excel 文件

5.8　删除表

如果数据库不再需要某个表了，则将其删除。选中需要删除的表，按〈Delete〉键，或右击，从弹出的快捷菜单中选择"删除"命令删除。系统弹出删除表提示框，提示用户是否确认删除该表，如图 5-83 所示。单击"是"按钮确认删除操作。

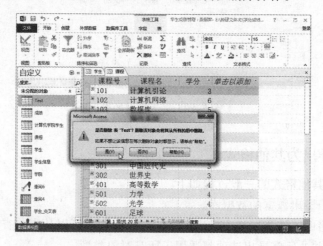

图 5-83　删除表

这里需要注意的是，删除表与删除表中所有数据不是一个概念。删除表中所有数据，只是删除表数据，不影响表结构。删除表，则是将表结构和表数据一起删除，而且表被删除后，不能被还原，所以删除表操作一定要慎重。

5.9　数据库的安全性设置

数据库的安全性和可靠性是数据库系统性能的重要因素之一，当数据库创建完成后，还必须考虑如何对数据库文件进行管理和安全性维护。

5.9.1 数据库的压缩

在使用 Access 数据库的过程中，经常会进行删除数据或对象的操作。当删除一个记录时，由于 Access 自身结构的特点，Access 系统并不能自动地把记录所占据的存储空间释放出来，从而造成计算机硬盘空间使用效率的降低。

压缩 Access 数据库文件将重新组织文件在硬盘上的存储，释放那些由于删除记录所造成的空置的硬盘空间。因此，压缩可以优化 Access 数据库的性能。

如果需要压缩某个数据库，首先要打开该数据库。然后选择系统菜单"文件"→"信息"命令，如图 5-84 所示。如果选择"压缩和修复"命令，即可压缩数据库。

还有一种不需要执行压缩操作即可压缩数据库的设置，这就是自动压缩。自动压缩可以提高管理数据库的效率。用户要进入"Access 选项"对话框，选择"当前数据库"选项。在该选项右边选中"关闭时压缩"复选框，如图 5-85 所示。当关闭数据库时，Access 自动压缩数据库。

图 5-84　压缩数据库

图 5-85　设置自动压缩数据库

5.9.2 数据库的修复

数据库在使用过程中，可能会由于某种情况导致损坏，例如正在操作时突然停电等。这时就需要对该数据库进行修复。修复 Access 数据库文件和压缩数据库文件是同时完成的，因此，使用压缩数据库的方法可以同时修复数据库文件的一般性错误。

5.9.3 数据库的备份和恢复

对创建的数据库进行备份，也是一种保证数据库系统的数据不因意外情况遭到破坏的一种重要手段。

1. 数据库的备份

备份数据库，首先要打开要备份的数据库文件。然后选择系统菜单"文件"→"另存为"→"备份数据库"命令，如图 5-86 所示。最后选择下方的"另存为"选项，弹出

"另存为"对话框,如图5-87所示。单击"保存"按钮即可将数据库文件备份。

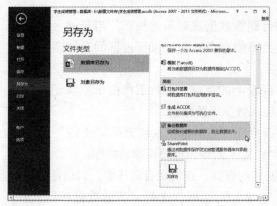

图5-86 "备份数据库"选项

图5-87 "另存为"选项

2. 数据库的恢复

当数据库系统的数据遭到破坏后,可以使用还原方法恢复数据库。Access本身并没有提供直接的还原数据库的操作或命令,所以Access数据库的恢复其实就是使用数据库的备份文件。

5.9.4 数据库的加密

有时用户不想让自己的数据库被别人窃取、使用或修改,这时可以对数据库文件设置密码,进行加密设置。

1. 设置密码

给数据库设置密码,首先要打开需要加密的数据库文件。然后选择系统菜单"文件"→"信息"→"用密码进行加密"命令,如图5-88所示。

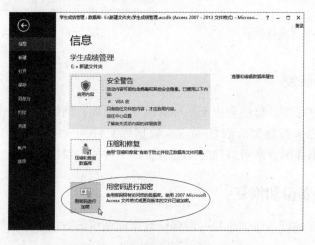

图5-88 "用密码进行加密"选项

对数据库加密时,Access要求这个数据库必须是以独占方式打开的。如果不是,系统则提示出错,如图5-89所示。

图 5-89　提示信息

设置为独占方式打开数据库，需要在打开数据库时，将打开方式设置为"以独占方式打开"或"以独占只读方式打开"，如图 5-90 所示。以独占只读方式打开后，用户即可对数据库设置密码。此时系统弹出"设置数据库密码"对话框，用户将密码输入两次后，单击"确定"按钮即可，如图 5-91 所示。

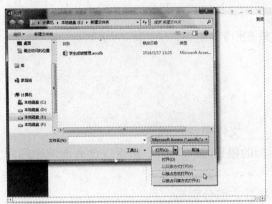

图 5-90　设置为"以独占方式打开"

图 5-91　"设置数据库密码"对话框

下次再打开该数据库时，系统会提示用户输入密码，如图 5-92 所示。只有密码正确才能使用该数据库。

2. 撤销密码

如果用户不需要密码了，则可以撤销密码。但前提是必须先输入正确的密码，进入加密的数据库。然后再选择"解密数据库"选项，如图 5-93 所示。系统弹出"撤销数据库密码"对话框，用户还要再输入正确的密码，单击"确定"按钮即可，如图 5-94 所示。下次打开该数据库时就不需要密码了。

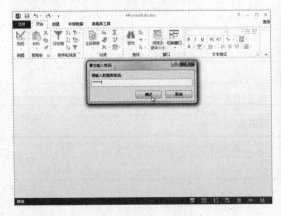

图 5-92　输入密码

图 5-93　"设置数据库密码"对话框

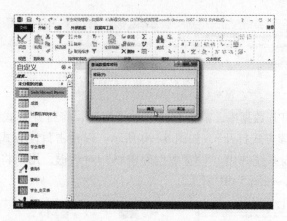

图 5-94　撤销密码

5.10　习题

1. Access 将所有对象都存放在同一个_____文件中。

2. Access 提供的数据库模板，带有地球图标的模板是_____模板，没有地球图标的模板是_____模板。

3. Access 数据库对象共有 6 类不同的子对象，它们分别是_____、_____、_____、_____、_____和_____。

4. _____是用来存储有关特定数据的数据库对象。

5. 表其实就是关系结构中的_____，字段也称为_____或_____。一个行或一个实例通常也称为_____。

6. 根据 3.9.2 节设计的图书管理数据库，新建图书管理数据库，使用表设计视图创建以下各表，表结构见表 5-15 ~ 表 5-18。

表 5-15　作者表

字段名	数据类型	格式	是否主键	默认值	验证规则	索引
作者编号	短文本		主键			有（无重复）
姓名	短文本					
性别	短文本			"男"	［性别］="男" Or ［性别］="女"	
出生日期	日期/时间	短日期				
地址	短文本					

表 5-16　图书表

字段名	数据类型	格式	是否主键	默认值	验证规则	索引
图书编号	短文本		主键			有（无重复）
图书名称	短文本					
作者编号	短文本					
出版社编号	短文本					

字段名	数据类型	格式	是否主键	默认值	验证规则	索引
单价	数字	单精度型				
图书类型编号	短文本					

表 5-17　出版社表

字段名	数据类型	格式	是否主键	默认值	验证规则	索引
出版社编号	短文本		主键			有（无重复）
出版社名称	短文本					
地址	短文本					

表 5-18　图书类型表

字段名	数据类型	格式	是否主键	默认值	验证规则	索引
图书编号	短文本		主键			有（无重复）
课程号	短文本					
图书类型编号	短文本					

7. 在图书管理数据库中，练习表的数据操作。

第6章 SQL结构化查询语言

Access 除了提供各种功能强大图形界面工具操作之外，还可以使用 SQL 语言，进行数据库和表的操作。

本章主要介绍 SQL 语言以及使用 SQL 语言进行操作的方法和步骤。

6.1 SQL 语言基本概念

SQL（Structured Query Language）即结构化查询语言，是关系数据库的标准语言，是一个通用的、功能极强的关系数据库语言。目前，绝大多数流行的关系型数据库管理系统，如 Access、SQL Server、Oracle 及 Sybase 等都采用了 SQL 语言标准。

6.1.1 SQL 语言简介

SQL 语言是 1974 年由 Boyce 和 Chamberlin 提出的，首先在 IBM 公司的 System R 上实现。由于 SQL 语言功能丰富，语言简捷而倍受用户及计算机界的欢迎。各大数据库厂家纷纷推出各自的 SQL 软件或与 SQL 的接口的软件。有人把确立 SQL 为关系数据库标准及其后的发展称为是一场革命。SQL 语言已经成为国际标准，对数据库以外的领域也产生了很大的影响。

1986 年，美国国家标准化组织（ANSI）采用 SQL 作为关系数据库管理系统的标准语言（ANSI X3.135 – 1986），后被国际标准化组织（ISO）采纳为国际标准，称为 SQL – 86。1989 年，美国 ANSI 采纳在 ANSI X3.135 – 1989 报告中定义的关系数据库管理系统的 SQL 标准语言，也被国际标准化组织采纳，称为 SQL – 89。后来又接连推出 SQL – 92 和 SQL – 99。美国国家标准化组织和国际标准化组织，在 2003 年共同推出 SQL 2003 标准。

SQL 支持数据操作，用于描述数据的动态特性。SQL 包括 4 个主要功能：数据定义语言（Data Definition Language）、数据查询语言（Data Query Language）、数据操纵语言（Data Manipulation Language）和数据控制语言（Data Control Language）。

SQL 语言就如它的名字一样，其主要功能并不是用于编写流程控制语句，而是用于关系数据库操作的语言。SQL 功能极强，但由于设计巧妙，语言十分简洁，接近英语口语，完成核心功能只用了 9 个语句，见表 6-1。

表 6-1 SQL 的核心语句

功　能	语　句
数据定义	CREATE, ALTER, DROP
数据操纵	INSERT, UPDATE, DELETE
数据查询	SELECT
数据控制	GRANT, REVOKE

数据定义语句主要对各类对象进行创建、修改及删除操作。数据操纵语句主要对各类对象进行插入、修改及删除数据操作。数据查询语句主要用于对各类对象进行查询和输出操作。

6.1.2 SQL 语言的语法约定

使用 SQL 时，必须使用正确的语法。语法是一组规则，根据需要、按照约定的规则将语言元素正确地组织在一起。SQL 语言参考的语法格式使用的约定以及说明，见表 6-2。

表 6-2　SQL 语言参考的语法格式约定

约　定	用　途
字母大写	SQL 关键字
斜体	用户提供的 SQL 语法的参数
粗体	数据库名、表名、字段名、索引名、存储过程、实用工具、数据类型名以及必须按所显示的原样输入的文本
下画线_	指示当语句中省略了包含带下画线的值的子句时应用的默认值
竖线 |	分隔括号或大括号中的语法项。只能选择其中一项
方括号〔 〕	可选语法项。不要输入方括号
大括号 ⎨⎬	必选语法项。不要输入大括号
,...n	指示前面的项可以重复 n 次。每一项由逗号分隔
⊔...n	指示前面的项可以重复 n 次。每一项由空格分隔（⊔代表空格符号）
;	可选的 SQL 语句终止符。不要输入方括号
＜标签＞::=	语法块的名称。此约定用于对可在语句中的多个位置使用的过长语法段或语法单元进行分组和标记。可使用的语法块的每个位置由尖括号内的标签指示：＜label＞

6.1.3 常量和变量

SQL 语言最常用到的就是常量和变量，无论是常量还是变量，都有数据类型。

1. 数据类型

在 Access 中，每个字段、局部变量、表达式和参数都具有一个相关的数据类型。Access 提供了系统数据类型和用户定义数据类型。第 5 章介绍的数据类型都是系统数据类型。用户定义数据类型是用户根据自己的需求，定义的一种新的数据类型，但用户定义数据类型必须建立在系统数据类型之上。用户可以在表的设计视图中，通过设置某字段下方"查阅"页的选项，设置用户定义数据类型。由于用户定义数据类型使用不多，本书就不再详细介绍。

2. 常量

常量指在程序运行过程中值不变的量。常量又称为文字值或标量值，表示一个特定数据值的符号。常量的使用格式取决于它所表示的值的数据类型。

常量也分为系统常量和用户自定义常量。系统常量如逻辑值 True（真值）、False（假值）和 Null（空值）。用户自定义常量根据常量值的不同类型，分为字符常量、数值常量、日期/时间常量和逻辑常量等。

（1）字符常量

字符串常量由字母、汉字和数字等符号构成的字符串，用字符定界符标示。Access 的字符定界符可以是单引号（' '），也可以是双引号（" "）。

例如，"男"，"王家和"，"87265"，"Happy birthday!"是字符串常量。

（2）数值常量

数值常量就是数值数据，包括整数和实数。

例如，4，-5，9.124，1.32E6是数值常量。

（3）日期常量

日期常量用来表示日期型数据。日期常量用日期/时间定界符（# #）表示。在年、月、日之间可采用"-"或"/"作为分隔符。

例如，#2015-10-1#，#99/02/28#是日期常量。

（4）逻辑常量

逻辑常量有两个：True 或 -1（真值）、False 或 0（假值），系统不区分字母大小写。

3. 变量

变量是指在程序运行过程中值可以改变的量，用于临时存放数据。变量具有名字及其数据类型两个属性，变量名用于标识该变量，数据类型用于确定该变量存放值的格式及允许的运算。Access 的变量，按照数据库角度，可以分为数据库变量和普通变量。数据库变量就是数据库名、表名和字段名所代表的变量。普通变量就是一般的变量。变量名必须是一个合法的标识符。通常，变量名必须以字母、汉字开头，后跟一个或多个字母、汉字或数字等。变量名不能是 Access 的保留字，例如 SELECT、CREATE 等。

6.1.4 运算符

运算符是一种符号，用来指定要在一个或多个表达式中执行的操作。Access 所使用的运算符类别包括：算数运算符、连接运算符、比较运算符、逻辑运算符和特殊运算符。

算数运算符见表6-3。

表6-3 算数运算符

运算符	用　途	示　例
+	加，取操作数的和	5+6，结果：11
-	减，取操作数的差	100-20，结果：80
*	乘，取操作数的积	20*2，结果：40
/	除，取操作数的商	40/25，结果：1.6
\	整除，将两个数都舍入为整数，用第一个数除以第二个数，然后将结果截断为一个整数	40.5/25.5，结果：1
Mod	取模，用第一个数除以第二个数，然后只返回余数	9 Mod 4，结果：1
^	幂运算，求操作数的指数幂次方	10^3，结果：1000

连接运算符见表6-4。

表6-4 连接运算符

运算符	用　途	示　例
&	将两个字符串合并为一个字符串，运算符两端可以是字符型数据，也可以不是。如果不是，则系统自动将其转换为字符型数据	'您'+"好"，结果：您好
+	将两个字符串合并为一个字符串并传播 Null 值（如果有一个值为 Null，则整个表达式的计算值为 Null），运算符两端必须是字符型数据，否则系统出错	'您好'+Null，结果：Null（什么也不显示）

关系运算符又称为比较运算符，见表6-5。

表6-5　关系运算符

运算符	用　途	示　例
<	如果第一个值小于第二个值，则返回 True；否则，返回 False	5 < 6，结果：-1
<=	如果第一个值小于或等于第二个值，则返回 True；否则，返回 False	6 < = 2，结果：0
>	如果第一个值大于第二个值，则返回 True；否则，返回 False	9 > 10，结果：0
>=	如果第一个值大于或等于第二个值，则返回 True；否则，返回 False	9 > = 8，结果：-1
=	如果第一个值等于第二个值，则返回 True；否则，返回 False	5 = 6，结果：0
< >	如果第一个值不等于第二个值，则返回 True；否则，返回 False	2 < > 7，结果：-1

逻辑运算符见表6-6。

表6-6　逻辑运算符

运算符	用　途	示　例
And	当表达式1和表达式2均为 True 时，返回 True；否则，返回 False	-1 And 0，结果：0
Or	当表达式1或表达式2为 True 时，返回 True；否则，返回 False	-1 Or 1，结果：-1
Eqv	当表达式1和表达式2同时为 True 或同时为 False 时，返回 True；否则，返回 False	-1 Eqv -1，结果：-1
Not	当表达式不为 True 时，返回 True；否则，返回 False	Not 0，结果：-1
Xor	当表达式1为 True 或表达式2为 True（但两者不能同时为 True）时返回 True；否则，返回 False	-1 Xor -1，结果：0

特殊运算符见表6-7。

表6-7　特殊运算符

运算符	用　途	示　例
Is Null 或 Is Not Null	确定一个值是为 Null 还是不为 Null	'ABCD' Is Null，结果：0
Like "样式"	使用通配符"?"、"*"、"#"来匹配字符串值	课程名 Like '计算 *'，结果：一般用在数据查询中，查询字段数据以"计算"开头的数据，后面的字符无所谓
Between 表达式1 And 表达式2	确定数值或日期值是否在某个范围内	分数 Between 0 And 100，结果：一般用在数据查询中，查询字段数据在 0 ~ 100 的数据
In（表达式1，表达式2...）	确定某个值是否在一组值内	学院名称 In("物理学院","艺术学院")，结果：一般用在数据查询中，查询字段数据在这个列表中

6.1.5　函数

函数用于完成某种特定的功能。Access 将函数分为系统函数和用户定义函数。系统函数由 Access 系统提供，这些函数都在创建的数据库中已经存在。本书只介绍系统函数。

Access 常用的系统函数有数学函数、文本函数、日期时间函数、转换函数、域函数、数据库函数、统计函数、错误函数、文件输入/输出函数、文件管理函数、检查函数和消息函数等。

1. 数学函数

常用的数学函数功能和示例见表6-8。

表6-8 常用的数学函数功能和示例

函　数	功能描述	示　例	返　回　值
Abs（数值表达式）	绝对值函数，返回指定数值表达式的绝对值	Abs(－5)	5
Cos（数值表达式）	余弦函数，返回指定表达式的余弦值	Cos(5)	.283662185463226
Exp（数值表达式）	指数函数，返回指定表达式的以 e 为基的指数	Exp(1)	2.71828182845905
Fix（数值表达式）	取整函数，返回表达式的整数部分。如果表达式为负值，Fix 返回大于或等于表达式的第一个负整数	Fix(－56.78)	－56
Int（数值表达式）	取整函数，返回表达式的整数部分。如果表达式为负值，Int 返回小于或等于表达式的第一个负整数	Int(－56.78)	－57
Log（数值表达式）	自然对数函数，返回指定表达式的自然对数值	Log(10)	2.30258509299405
Rnd（数值表达式）	随机数函数，返回一个包含随机数字	Rnd(1)	.705547511577606
Round（数值表达式）	四舍五入函数，返回一个四舍五入到指定的小数位数的数字	Round（456.789，2）	456.79
Sgn（数值表达式）	符号函数，返回表达式的符号。数值表达式为正号，返回 +1。为负号，返回 -1。如果是 0，则返回 0	Sgn（－6）	－1
Sin（数值表达式）	正弦函数，返回指定表达式的正弦值	Sin(10)	－.54402111088937
Sqr（数值表达式）	平方根函数，返回指定数字的平方根	Sqr(16)	4

2. 文本函数

常用的文本函数功能和示例见表6-9。

表6-9 常用的文本函数功能和示例

函　数	功能描述	示　例	返　回　值
Format（表达式［，格式］［，一周的第一天］［，一年的第一周］）	返回表达式类型的值，其中包含根据格式表达式中所包含的指令设置格式的表达式。"表达式"为必选项。"格式""一周的第一天""一年的第一周"	Format（#10/1/2015#，"ww"）	40
InStr（［起始位置，］字符表达式1，字符表达式2［，比较类型］）	指定一个字符串在另一个字符串中首次出现的位置	Instr（1，"计算机原理"，"机"）	3
LCase（字符串表达式）	返回已经转换为小写的字符串数据类型的值	LCase("abCdEFg")	"abcdefg"
Len（字符串表达式）	返回包含字符串中的字符数或存储变量所需的字节数	Len("abc数据库")	6
LTrim（字符串表达式）	返回没有前导空格字符串表达式	LTrim("数据库")	"数据库"

函　数	功　能　描　述	示　　例	返　回　值
RTrim（字符串表达式）	返回没有尾部空格字符串表达式	RTrim（"数据库　"）	"数据库"
Trim（字符串表达式）	返回没有前导和尾部空格字符串表达式	RTrim（"　数据库　"）	"数据库"
Mid（字符串表达式，起始位置［，数值］）	返回包含字符串中指定数量的字符	Mid（"数据库原理及应用",4,2）	"原理"
Replace（字符串表达式，被搜索的字符串，替换字符串［，起始位置］［，替换次数］［，比较类型］）	返回指定子字符串已经被另一子字符串替换了指定次数	Replace（"中国历史","中国","世界"）	"世界历史"
Right（字符串表达式，数值）	返回包含从字符串右侧算起指定数量的字符	Right（"北京是中国的首都",2）	"首都"
Space（数值表达式）	返回一个包含指定空格数的值	Space（3）	"　"
String（数字，字符串表达式）	返回一个包含指定长度的重复字符串	String（3,"＊"）	"＊＊＊"
StrReverse（字符串表达式）	返回一个字符串，该字符串中的字符顺序与指定字符串中的字符顺序相反	StrReverse（"123456"）	"654321"
UCase（字符串表达式）	返回一个包含指定字符串已转换为大写形式的值	UCase（"abCDeFg"）	"ABCDEFG"

3. 日期和时间数据类型函数

常用的日期和时间函数功能和示例见表6-10。

表6-10　常用的日期和时间函数功能和示例

函　数	功　能　描　述	示　　例	返　回　值
Date()	返回当前系统日期	Date()	2015/11/24
DateAdd（时间间隔，数值，日期型数据）	返回指定时间间隔的日期。时间间隔参数：yyyy是年，q是季度，m是月，y是某年的某天，d是天，w是工作日，ww是周，h是小时，n是分，s是秒	DateAdd（"yyyy",5,Date()）	2020/11/24
DateDiff（时间间隔，日期型数据1，日期型数据2［，一周的第一天］［，一年的第一周］）	返回指定两个指定的日期之间的时间间隔数	DateDiff（"ww",Date(),#1/1/2015#）	-47
DatePart（时间间隔，日期型数据［，一周的第一天］［，一年的第一周］）	返回给定日期的指定部分	DatePart（"m",Date()）	11
DateSerial（年，月，日）	返回一个指定年、月和日的值	DateSerial（2015, 11, 11）	2015/11/11
DateValue（日期型数据）	返回变量型（日期型）	DateValue（Date()）	2015/11/24
Day（日期型数据）	返回指定1~31的整数，表示一个月的第几天	Day（Date()）	24

函　　数	功　能　描　述	示　　例	返　回　值
Hour（时间型数据）	返回 0～23（包括 0 和 23）的整数（表示一天中某个小时）	Hour(#8:50:30#)	8
Minute（时间型数据）	返回 0～59（包括 0 和 59）的整数，表示小时的分钟数	Hour(#8:50:30#)	50
Month（日期型数据）	返回 1～12（包括 1 和 12）的整数，表示一年中的某一月份	Month(Date())	11
Now()	返回计算机的系统日期和时间，指定当前的日期和时间	Now()	2015/11/24　8:13:34
Weekday（日期型数据[，一个星期的第一天的数值]）	返回表示星期几的整数	Weekday(Date())	3
WeekdayName（数值[，缩写星期名称值][，一个星期的第一天的数值]）	返回指示一个星期中的指定一天	WeekdayName（5，Date())	周四
Year（日期型数据）	返回表示年份的整数	Year(Date())	2015

4. 转换函数

常用的转换函数功能和示例见表 6-11。

表 6-11　常用的转换函数功能和示例

函　　数	功　能　描　述	示　　例	返　回　值
Asc（字符串表达式）	返回对应于字符串中第一个字母的字符代码	Asc("World")	87
Chr（数值表达式）	返回指定的字符代码关联的字符	Chr（86）	V
Day（日期型数据）	返回表示一个月第几天 1～31 的整数	Day(#February 12, 2015#)	12
FormatDateTime（日期型数据[，日期/时间格式]）	返回设置为日期或时间格式的表达式。日期/时间格式参数：0 是显示日期和/或时间，1 是使用在计算机的区域设置中指定的长日期格式来显示日期，2 是使用在计算机的区域设置中指定的短日期格式来显示日期，3 是使用在计算机的区域设置中指定的时间格式来显示时间，4 是使用 24 小时格式来显示时间	FormatDateTime(Date(),1)	2015 年 11 月 24 日
FormatNumber（数值表达式[，指示显示小数点右边多少位][，指示小数值是否显示前导零][，指示是否将负值放在括号中][，指示是否使用在计算机区域设置中指定的组分隔符将数字分组]）	返回格式化为数字的表达式	FormatNumber（34.5 * 78.9,1)	2, 722.1

函　　数	功　能　描　述	示　　例	返　回　值
FormatPercent（数值表达式［，指示显示小数点右边多少位］［，指示小数值是否显示前导零］［，指示是否将负值放在括号中］［，指示是否使用在计算机区域设置中指定的组分隔符将数字分组］）	返回格式化为带尾随%字符的百分比表达式	FormatPercent（34.5 * 78.9,1）	272，205.0%
Hex（数值表达式）	返回表示数字的十六进制值	Hex(12345)	3039
Oct（数值表达式）	返回表示数字的八进制值	Oct(12345)	30071
Str（数值表达式）	返回数字的字符串表示形式	Str(666)	"666"
Val（字符串表达式）	返回作为适当类型的数值的字符串中包含的数字	Val("888")	888

5. 统计函数

统计函数，又称为聚合函数。常用的统计函数功能和示例见表6-12。

表6-12　常用的统计函数功能和示例

函　　数	功　能　描　述	示　　例	返　回　值
Sum	统计表达式或字段值的和	Sum（分数）	分数字段值的和
Avg	统计表达式或字段值的平均值	Avg（分数）	分数字段值的平均值
Min	统计表达式或字段值的最小值	Min（分数）	分数字段值的最小值
Max	统计表达式或字段值的最大值	Max（分数）	分数字段值的最大值
Count	统计表达式或字段值的个数	Count（姓名）	姓名字段的个数
StDev	统计表达式或字段值的标准偏差	StDev（分数）	分数字段值的偏差
Var	统计表达式或字段值的方差	Var（分数）	分数字段值的方差

Access还提供许多系统函数，特别是应用在对表的操作以及程序设计中，后面的章节会介绍到相关内容。

6.1.6　表达式

通过运算符可以将变量、常量及函数等连接在一起构成表达式。表达式通常根据运算符的不同，将表达式分为算术运算表达式、字符运算表达式、关系运算表达式和逻辑运算表达式。

1. 算术运算表达式

算术运算表达式是由算术运算符和数值型常量、数值型变量，或者返回值为数值型数据的函数组成的，它的运算结果为数值型数据。

例如，

$-5^2, 99 \text{ Mod } 6, 9 + 5/2, \text{Year}(\#2015 - 11 - 11\#) * 3$

2. 字符运算表达式

字符串运算表达式是由字符运算符和字符型常量、字符型变量，或者返回值为字符型数据的函数组成，它的运算结果为字符型数据。

例如，

"abc" & "def","北" + "京",123 & "456","今天是" & Date( )

3. 关系运算表达式

关系运算表达式是由关系运算符、特殊运算符和字符表达式、算术表达式组成，它的运算结果为逻辑值。关系运算是运算符两边同类型的元素进行比较，关系成立，则表达式的值为 −1（真，即 True），否则为 0（假，即 False）。

Access 的关系运算适用于数值、字符、日期和逻辑型数据比较大小，还允许部分不同类型的数据进行比较运算。

在关系运算时，遵循以下原则。

- 数值型数据按照数值大小比较。
- 字符型数据按照字符的 ASCII 码比较，但字母不区分大小写。汉字默认按拼音顺序进行比较。
- 日期型数据，日期在前的小，在后的大。
- 逻辑型数据，逻辑值 False（0）大于 True（−1）。

Like 在模式符中支持通配符。在模式符中可以使用通配符 "?" 表示一个字符，" * " 表示零个或多个字符，通配符 "#" 表示一个数字。"［］" 可为 Like 左侧该位置的字符或数字限定一个范围。"［！］" 表示不在这个范围。在 Like 前使用 Not，表示条件相反。

例如，

21 * 7 > 100,"m" < > "M",True > False,
"数据" In("大数据","数学","数据库")
Date( ) Between #2015 − 1 − 1# And #2015 − 12 − 31#
"ab" Like "abcde"

4. 逻辑运算表达式

逻辑运算表达式可有逻辑运算符和逻辑型常量、逻辑型变量、返回逻辑型数据的函数和关系运算符组成，其结果仍然是逻辑值。逻辑运算表达式和关系运算表达式一样，表达式的值为 −1（真，即 True）或 0（假，即 False）。

例如，

Not 5 + 10 = 15,"H" > "h" And 1 − 4 * 6 > 20,"H" > "h" Or 1 − 4 * 6 > 20

5. 运算符优先级

当一个复杂的表达式有多种运算符时，运算符优先级决定运算符的先后顺序。Access 所使用运算符的优先级见表 6−13。

表 6−13　Access 运算符的优先级

优 先 级	所包含运算符
1	函数
1	算术运算符

优 先 级	所包含运算符
2	字符运算符
3	关系运算符
4	逻辑运算符

6.1.7 SQL 语句的使用

在 Access 中，查询使用 SQL 语句。单击功能区的"查询设计"按钮，如图 6-1 所示。在弹出的"显示表"对话框中选择需要添加的查询表（不选择也可以），如图 6-2 所示。

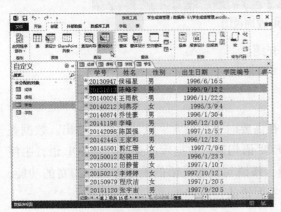

图 6-1 "查询设计"按钮 图 6-2 "显示表"对话框

进入查询视图。右击，从弹出的快捷菜单中选择"SQL 视图"命令，如图 6-3 所示。或者单击功能区的"SQL 视图"→"SQL SQL 视图"按钮，如图 6-4 所示。

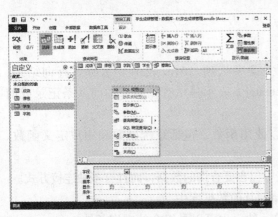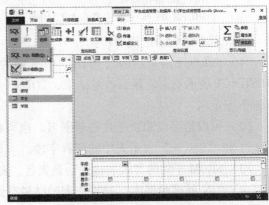

图 6-3 "SQL 视图"选项 图 6-4 "SQL SQL 视图"选项

进入 SQL 查询视图后，可以输入 SQL 语句，如图 6-5 所示。然后单击"运行"按钮即可。

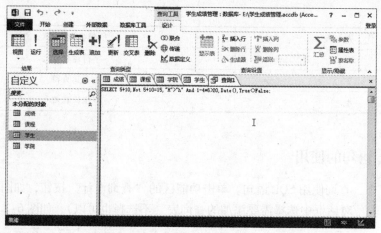

图 6-5　SQL 查询视图

SQL 查询视图的详细操作，将在后面章节介绍。

6.2　数据查询语言

使用数据库的主要目的是存储数据，以便在需要时进行检索、统计或组织输出。数据查询是数据库的核心操作。SQL 语言提供了 SELECT 语句进行数据库的查询，是 SQL 语言中使用频率最高的语句，可以说是 SQL 语言的灵魂。该语句具有灵活的使用方式和丰富的功能，用户可以借助它实现各种各样的查询需求。其主要语法格式如下：

SELECT ［谓词］{ ＊|表名 . ＊|［表名 . ］字段 1［AS 别名 1］［,［表名 . ］字段 2［AS 别名 2］
［, ... ］］}
FROM 表表达式［, ... ］［IN 外部数据库］
［WHERE 查询条件 ］
［GROUP BY 分组表达式 ］
［HAVING 查询条件 ］
［ORDER BY 排序表达式［ ASC|DESC ］］

SELECT 语句语法说明：

1）SELECT 语句后的"谓词"中有多种关键字选项。ALL 表示显示所有查询结果，DISTINCT 表示不重复显示查询结果，TOP < operator > 表示显示查询结果的前 n 条记录或前 n% 条记录。

2）可以给字段和表达式命名别名。也可以使用函数，包括系统函数和用户定义函数。"＊"和"表 . ＊"表示表中的所有字段。

3）FROM 子句的"表表达式"是表名，表中包含要查询的数据，而且有多种连接方式。

4）"IN 外部数据库"是将查询的结果存储到其他数据库中。

5）WHERE 子句的"查询条件"可以是单一的，也可以是组合的查询条件。

6）GROUP BY 子句的"分组表达式"是分组条件表达式，对记录进行分组。

7）HAVING 子句的"查询条件"是条件表达式，选择满足条件的分组结果。

8）ORDER BY 子句的"排序表达式"是查询结果的排序表达式。ASC 是升序，DESC 是降序，默认是 ASC。

9）整个 SELECT 语句的含义是，从 FROM 子句指定的表中读取记录。

如果有 WHERE 子句，根据 WHERE 子句的条件表达式，选择符合条件的记录。

如果有 GROUP BY 子句，根据 GROUP BY 子句的条件表达式，对记录进行分组。

如果有 HAVING 子句，根据 HAVING 子句的条件表达式，选择满足条件的分组结果。

如果有 ORDER BY 子句，根据 ORDER BY 子句的条件表达式，将按指定列的取值排序。最后根据 SELECT 语句指定列，输出最终的结果。

如果有 INTO 子句，则将查询结果存储到指定的表中。

10）SELECT 语句中的子句顺序非常重要。可以省略可选子句，但这些子句在使用时必须按适当的顺序出现。SELECT 语句的处理顺序依次是：

FROM、WHERE、GROUP BY、HAVING、SELECT、ORDER BY。

11）SELECT 语句通过对数据库的数据查询操作，完全可以实现关系模型的 3 种基本关系运算：投影、选择和连接。

12）Access 忽略 SQL 语句中的换行符。为了提高 SQL 语句的可读性，通常让每一个字句使用一行。每个 SQL 语句都以分号（;）结束。分号可以出现在最后一个字句的末尾或者单独出现在 SQL 语句末尾处的一行。

6.2.1 投影字段

投影字段指的是通过限定返回结果的字段组成结果表。

1. 投影指定字段

投影指定字段指的是投影一个表中的部分字段，各字段名之间用逗号隔开。

【例 6-1】查询学生表中学号、姓名和性别。

```
SELECT 学号,姓名,性别
FROM 学生;
```

查询结果显示所有学生的学号、姓名和性别。

【例 6-2】查询课程表中课程名和学分。

```
SELECT 课程名,学分
FROM 课程;
```

查询结果显示所有课程的课程名和学分。

【例 6-3】查询出版社表中所有出版社的名称和地址。

```
SELECT 出版社名称,地址
FROM 出版社;
```

查询结果显示所有出版社的名称和地址。

2. 投影所有字段

投影所有字段指的是投影一个表中的全部字段。可以将所有字段名都列出，各字段之间用逗号隔开，也可以使用符号"＊"。

【例 6-4】查询出版社表出版社所有信息。

```
SELECT ＊
```

FROM 出版社；

或

SELECT 出版社编号,出版社名称,地址
FROM 出版社；

查询结果显示所有出版社的所有信息。

说明：本例的两段 SQL 语句从结果看是等价的。如果将所有字段名都列出，则字段的输出顺序可以由用户指定；如果使用符号" * "，则字段的输出顺序按创建时的顺序输出。使用符号" * "比列出所有字段名书写简单，但维护性、可读性不强。一般，符号" * "用在快速查询中。

3. 定义列别名

查询结果默认输出的字段名都是建表时的字段名。但有时用户希望查询结果显示自己指定的字段名，这就是定义表字段的别名。SELECT 语句使用 AS 关键字来定义别名。

【例 6-5】 查询作者的编号和姓名信息，将作者编号字段名用"AuthorID"显示，姓名字段名用"Name"显示。

SELECT 作者编号 AS 'AuthorID',姓名 AS 'Name'
FROM 作者；

查询结果如图 6-6 所示。查询结果显示的字段名不是建表时的字段名，而是定义的别名。别名上可以加引号（单引号、双引号都可以），也可以不加引号。

【例 6-6】 查询图书的图书名和单价，将图书名字段名用"BookName"显示，单价字段名用"Price"显示。

SELECT 图书名 AS BookName,单价 AS Price
FROM 图书；

查询结果如图 6-7 所示。

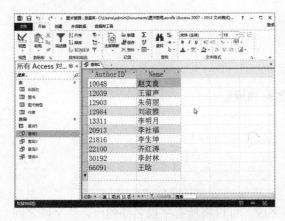

图 6-6　查询结果显示别名

图 6-7　查询结果显示不加引号的别名

4. 替换结果中数据

在对表进行查询时，有时希望对所查询的某些字段使用表达式进行计算。SELECT 语句

支持表达式的使用。

【例6-7】 查询成绩表，将每个分数加10。

> SELECT ＊,分数＋10 AS'所有分数加10分'
> FROM 成绩;

查询结果如图6-8所示。结果多显示了一个计算结果字段。

【例6-8】 查询课程表，将学分低于3学分的课程学分加1。

> SELECT 课程名,学分＋1 AS 新学分
> FROM 课程
> WHERE 学分＜3;

查询结果如图6-9所示。结果是在表数据查询结果进行加1。

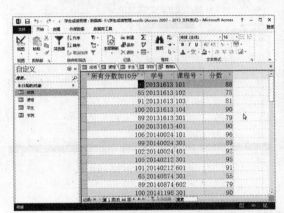

图6-8　替换结果中数据

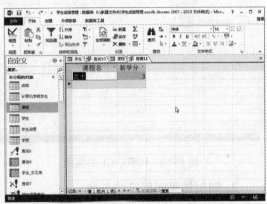

图6-9　条件替换

注意： 在SELECT语句中执行的是查询操作，尽管是替换，但替换只是替换查询的结果，不会改变表中的数据。

6.2.2　选择行

选择行指的是通过限定返回结果的行组成结果表。选择行可以和投影字段一起使用。

1. 消除结果中的重复行

在对表进行查询时，有时查询结果有许多重复行。SELECT语句使用DISTINCT关键字消除结果中的重复行。DISTINCT关键字对后面的所有字段消除重复行。一个SELECT语句中DISTINCT只能出现一次，而且必须放在所有字段名之前。

【例6-9】 查询学生表，使用DISTINCT显示性别。

> SELECT DISTINCT 性别
> FROM 学生;

查询结果如图6-10所示。查询结果只显示两行记录：男、女。

2. 限制结果返回行数

如果SELECT语句返回结果有很多行，可以使用TOP关键字限定返回行数。其语法格式如下：

TOP n［PERCENT］

其中n表示返回结果的前n行，n PERCENT表示返回结果的前n%行。n可以是常数，也可以是常量、变量或数值表达式。

【例6-10】查询前50%的学生学号和姓名。

    SELECT TOP 50 PERCENT 学号,姓名
    FROM 学生;

查询结果如图6-11所示。查询结果只显示前50%的学生记录。

图6-10　DISTINCT 的使用　　　　　　图6-11　TOP 的使用

3. 限制结果返回行的条件

在限定返回结果的行操作时，最重要的就是通过条件限制，SELECT语句中WHERE子句是最常用、最重要的条件子句。在WHERE子句中指出查询的条件，系统找出符合条件的结果。

SQL提供了各种运算符和关键字来定义查询条件。

（1）表达式比较

在WHERE子句中对表达式进行比较时，可以使用比较运算符和逻辑运算符。

【例6-11】查询学分在4或4学分以上的课程名和学分。

    SELECT 课程名,学分
    FROM 课程
    WHERE 学分 >=4;

查询结果如图6-12所示。查询结果只显示学分大于或等于4学分的课程名和学分。

【例6-12】查询年龄是18岁的女生的姓名、性别和出生日期。

    SELECT 姓名,性别,出生日期
    FROM 学生
    WHEREDatediff（"yyyy",出生日期,DATE（ ））=18 And 性别="女";

查询结果如图6-13所示。WHERE子句中可以使用函数。

（2）特殊运算限制

在查询数据时，如果条件较多，需要使用多个Or运算符，这样就使代码显得冗长。SQL提供了In运算来取代多个Or运算符。

图 6-12　4 或 4 学分以上的课程信息　　　　图 6-13　年龄是 18 岁的女生的信息

【例 6-13】查询地址是北京和上海的作者姓名和地址。

```
SELECT 姓名,地址
FROM 作者
WHERE 地址 In('北京 ','上海 ');
```

查询结果如图 6-14 所示。

【例 6-14】也可以使用 OR 运算符,查询结果相同。

```
SELECT 姓名,地址
FROM 作者
WHERE 地址 ='北京 'OR 地址 ='上海 ';
```

在查询数据时,有时需要限定范围。SQL 提供了 Between 运算限制范围,可以取代多个关系运算符和逻辑运算符(即等同于使用 >= 、<= 和 And 限制的范围)。

【例 6-15】查询在 20 世纪 70 年代出生的作者姓名和出生日期。

```
SELECT 姓名,出生日期
FROM 作者
WHERE 出生日期 Between #1970/1/1# And #1979/12/31#;
```

查询结果如图 6-15 所示。本例查询使用了 Between…And 来限定作者的出生日期范围。

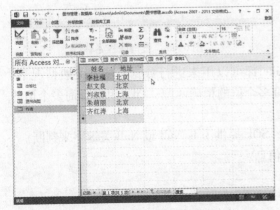
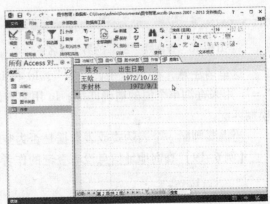

图 6-14　查询地址是北京和上海的作者姓名和地址　　　图 6-15　查询 20 世纪 70 年代出生的作者信息

【例6-16】也可以使用比较运算符，查询结果相同。

    SELECT 姓名,出生日期
    FROM 作者
    WHERE 出生日期 >= #1970/1/1# And 出生日期 <= #1979/12/31#;

在查询数据时，有时并不知道查询范围或者准确的信息，只知道查询的模式或者大概的信息。SQL 提供了 Like 运算来限定模式匹配查询。Like 运算只能用于匹配字符串数据。

【例6-17】查询姓"王"的男生姓名。

    SELECT 姓名
    FROM 学生
    WHERE 姓名 Like "王 * " And 性别 = "男";

查询结果如图 6-16 所示。本例查询使用了 Like 来限定学生姓名的匹配模式，结果输出了姓王的男生信息，包括名字是两个字和三个字的。

【例6-18】查询课程名称中，第 3 个字是"数"字，且课程名为 4 个字的课程名。

    SELECT 课程名
    FROM 课程
    WHERE 课程名 Like'?? 数 *'AND Len(课程名) =4；

查询结果如图 6-17 所示。本例查询也使用了 Like 来限定课程名的匹配模式。使用 Like'?? 数 *'，结果将显示前两个字无所谓，第 3 个字必须是"数"字，包括了课程名是 3 个字和 3 个字以上的课程。所以用 Len 求字符数函数可以准确得到课程名是 4 个字。

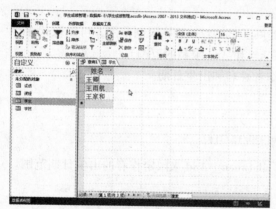

图 6-16　查询姓"王"的男生姓名　　　　　　图 6-17　查询课程名称

这里请注意，在 SQL 中，" ="、In 和 Like 都可以用来进行数据匹配。一般情况下，" ="用来查询单个值的精确匹配；In 用来查询多个值的精确匹配；Like 用来查询多个值的模糊匹配。

当需要判断一个表达式或表数据是否为空，SQL 提供了 Is Null 或 Null 关键字来判断。

【例6-19】查询地址信息没有登记的作者信息。

    SELECT *
    FROM 作者
    WHERE 地址 Is Null;

查询结果如图 6-18 所示。本例查询使用了 Is Null 来判断地址字段取值是否为空。空值不是数值 0，也不是空格字符串，而是取值为 Null（没有输入数据）或未知。

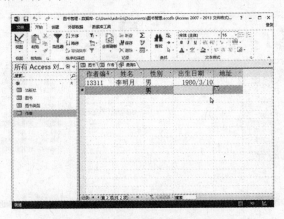

图 6-18　地址信息没有登记的作者信息

6.2.3　连接

进行数据库设计时，由于规范化、数据的一致性及完整性等要求，每个表中的数据都是有限的，但一个数据库中的各个表又不是孤立的，存在一定关系，这时就不得不将多个表连接在一起，进行组合查询数据。在一些特殊情况下，一个表还可以与自身连接。

连接指的是通过限定返回结果，对多个表数据查询，并将多个表的数据组成结果表，即用一个 SELECT 语句可以完成从多个表中查询的数据。连接对结果没有特别的限制，具有很大的灵活性。

SQL 语言提供了两种连接语法方式：传统连接方式和 JOIN 连接方式。

1. 传统连接方式

传统连接方式是在 FROM 字句中，将连接表名列出，在 WHERE 字句中编写连接条件和其他选择条件，语法简单。

【例 6-20】查询所有男生的姓名、性别和所在学院的名称。

```
SELECT 姓名,性别,学院名称
FROM 学生,学院
WHERE 学生. 学院编号 = 学院. 学院编号
And 性别 = "男";
```

查询结果如图 6-19 所示。本例连接查询在 FROM 子句中将所有连接表写出，WHERE 子句中写出连接条件和查询条件。

【例 6-21】查询计算机学院的学生选修课程信息。

```
SELECT 姓名,学院名称,课程名,分数
FROM 学生,学院,课程,成绩
WHERE 学生. 学号 = 成绩. 学号
And 课程. 课程号 = 成绩. 课程号
And 学生. 学院编号 = 学院. 学院编号
And 学院名称 = "计算机学院";
```

查询结果如图 6-20 所示。连接查询时，如果多表中有重名属性列，必须在字段名前标注表名。如果没有重名属性列，表名可以省略。

图 6-19　男生所在学院的名称

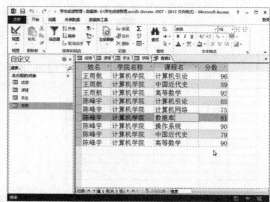

图 6-20　计算机学院的学生选修课程信息

【例 6-22】查询所有学生选修课程的信息。

SELECT 姓名,课程名
FROM 学生,课程;

查询结果如图 6-21 所示。连接查询时，没有 WHERE 子句，即没有查询条件，所以查询结果是笛卡儿积。

【例 6-23】查询所有作者出版的图书信息。

SELECT 姓名,图书名
FROM 作者,图书
WHERE 作者.作者编号 = 图书.作者编号;

查询结果如图 6-22 所示。

图 6-21　没有 WHERE 子句

图 6-22　所有作者出版的图书信息

【例 6-24】查询所有北京的作者出版的计算机类图书信息。

SELECT 姓名,地址,图书名
FROM 作者,图书,图书类型

WHERE 作者．作者编号 = 图书．作者编号 AND 图书．图书类型编号 = 图书类型．图书类型编号

AND 地址 ='北京'

AND 图书类型名称 ='计算机';

查询结果如图 6-23 所示。

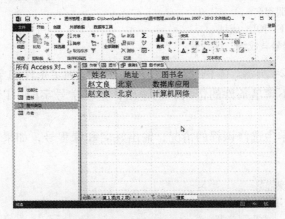

图 6-23　所有北京的作者出版的计算机类图书信息

2. JOIN 连接方式

SQL 语言，还提供了另一种连接语法格式，并可将连接又分为内连接、外连接和交叉连接。其语法格式如下。

SELECT 查询列表

FROM 表名 1 [INNER | { LEFT | RIGHT }] [< join_hint >] JOIN

表名 2 [JOIN 表名 3…]

ON 连接条件

WHERE 查询条件

说明：

1）使用 SQL 连接方式时，必须将连接的所有表或视图名放在 FROM 后，用 JOIN…ON 连接起来，连接条件放在 ON 后，而选择条件则放在 WHERE 后。

2）INNER 表示内连接，是系统默认的连接方式。

3）外连接又分为左外连接（LEFT）和右外连接（RIGHT）。左外连接的结果集中除了包括满足条件的行外，还包括左表所有的行。右外连接的结果集中除了包括满足条件的行外，还包括右表所有的行。

4）< join_hint > 表示外连接提示。

（1）内连接

内连接，又称为普通连接。内连接的结果是只有满足连接条件的记录才会出现在查询结果中。

【例 6-25】用内连接查询物理学院的学生姓名和学院名称。

SELECT 姓名,学院名称

FROM 学生 INNER JOIN 学院

ON 学生．学院编号 = 学院．学院编号

WHERE 学院名称 = "物理学院";

（2）外连接

【例6-26】查询学生选修课程的情况，输出学号和课程名，如果有课程没有学生选修，也输出。

```
SELECT 学号,课程名
FROM 课程 LEFT JOIN 成绩
ON 课程．课程号 = 成绩．课程号;
```

查询结果如图6-24所示。本例使用了左外连接，将满足条件的学生的学号和课程名输出。如果课程表中有不满足条件的记录，也输出，但在学号字段中以 Null 值输出，表示此门课程没有学生选修。

【例6-27】查询学生选修课程的情况，输出姓名和课程号，如果有学生没有选修课程，也输出。

```
SELECT 姓名,课程号
FROM 成绩 RIGHT JOIN 学生
ON 成绩．学号 = 学生．学号;
```

查询结果如图6-25所示。本例使用了右外连接，将满足条件的学生的姓名和课程号输出。如果学生表中有不满足条件的记录，也输出，但在姓名字段中以 NULL 值输出，表示此学生没有选修任何课程。

图6-24　左外连接

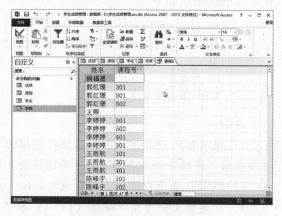

图6-25　右外连接

6.2.4　数据汇总

在对表数据进行查询时，经常需要对结果进行汇总计算。SQL 语言提供了统计函数对数据进行计算。

【例6-28】统计计算机学院的男生人数。

```
SELECT Count(性别) AS 计算机学院男生人数
FROM 学院,学生
WHERE 学院．学院编号 = 学生．学院编号
AND 学院名称 = "计算机学院"
```

AND 性别 = "男";

查询结果如图 6-26 所示。

【例 6-29】统计选修了 401 号课程的学生人数，以及这门课的总分、平均分、最高分和最低分。

```
SELECT Count(分数) AS '选修人数 ',Sum(分数) AS '总分 ',Avg(分数) AS '平均分 ',
Max(分数) AS '最高分 ',Min(分数) AS '最低分 '
FROM 成绩
WHERE 课程号 = "401";
```

查询结果如图 6-27 所示。

图 6-26　统计人数　　　　　图 6-27　统计成绩

6.2.5　排序

默认情况下，查询结果是按照表记录物理顺序或索引顺序输出的。但在实际应用中经常要对查询结果排序输出。SQL 语言提供了 ORDER BY 子句对查询结果排序。在 ORDER BY 后可以包含多种元素，可以是字段名，可以是字段别名，也可以是字段在字段列表中出现的位置。关键字 ASC 表示将结果按升序排序，关键字 DESC 表示将结果按降序排序。排序关键字可以省略，默认按升序排序。

【例 6-30】查询课程信息，并按学分从高到低排序输出

```
SELECT *
FROM 课程
ORDER BY 学分 Desc;
```

查询结果如图 6-28 所示。

【例 6-31】查询计算机学院学生信息，并按年龄从高到低排序输出。

```
SELECT 姓名,学院名称,出生日期
FROM 学生,学院
WHERE 学生 . 学院编号 = 学院 . 学院编号
AND 学院名称 = "计算机学院"
ORDER BY 出生日期;
```

查询结果如图 6-29 所示。年龄从高到低排序其实是按照出生日期值的升序排序的。

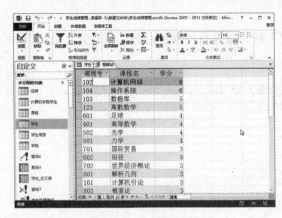

图 6-28　降序排序

图 6-29　单字段排序

【例 6-32】查询学生成绩信息，并按课程号的降序和分数的升序输出。

```
SELECT 姓名,课程名,成绩.课程号,分数
FROM 学生,课程,成绩
WHERE 学生.学号 = 成绩.学号
AND 课程.课程号 = 成绩.课程号
ORDER BY 成绩.课程号 DESC,分数 ASC;
```

查询结果如图 6-30 所示。如果 ORDER BY 后有多列需要排序，按照从左向右的顺序依次排序。本例先按课程号值降序排序输出，如果 CourseID 值相同，再按分数值的升序排序。

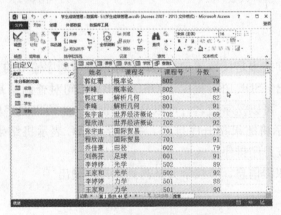

图 6-30　多字段排序输出

6.2.6　分组

使用统计函数可以统计数据，但有时需要统计不同类别的数据。SQL 语言提供了 GROUP BY 子句对查询结果分组。使用 GROUP BY 子句时，GROUP BY 后的字段名必须出现在 SELECT 后的查询列表中，或者出现在统计函数中，否则不允许分组。如果 GROUP BY 后的字段名有多个，则表示多次分组。HAVING 表示将分组结果再选择。

如果使用 GROUP BY 子句时没有使用统计函数，GROUP BY 子句就失去了分组的意义，

作用等同于使用 DISTINCT 关键字。

【例6-33】统计每门课程的总分和平均分，并按平均分从高到低排序输出。

```
SELECT 课程号,Sum(分数) AS '总分 ',Avg(分数) AS '平均分 '
FROM 成绩
GROUP BY 课程号
ORDER BYAvg(分数) DESC;
```

查询结果如图6-31所示。本例查询使用了 GROUP BY 子句，按照课程号值对数据分组，课程号值相同的记录被分为一组，再分别进行统计总分和平均分，最后按平均分的降序输出结果。

【例6-34】统计每个学院学生的男女生人数。

```
SELECT 学院名称,性别,Count( * ) AS '人数 '
FROM 学生,学院
WHERE 学生 . 学院编号 =学院 . 学院编号
GROUP BY 学院名称,性别;
```

查询结果如图6-32所示。本例查询使用了 GROUP BY 子句，按照学院名称值和性别值对数据分组，结果输出每个学院学生的男女生人数。

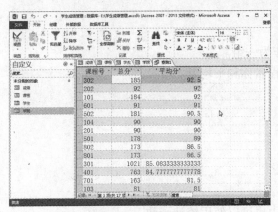

图6-31　一次分组统计　　　　　图6-32　多次分组输出

比较以下语句：

```
SELECT 学院名称,性别,Count( * ) AS '人数 '
FROM 学生,学院
WHERE 学生 . 学院编号 =学院 . 学院编号
GROUP BY 性别,学院名称;
```

查询结果如图6-33所示。学院名称和性别分组的位置互换，输出记录的先后顺序也发生了变化。

【例6-35】统计各个地方的男作者人数。

```
SELECT 地址,性别,Count( * ) AS '人数 '
FROM 作者
GROUP BY 地址,性别
```

HAVING 性别 = "男";

查询结果如图 6-34 所示。HAVING 子句是将分组统计后的结果再选择。如果将 HAV-ING 子句替换为 WHERE 字句，查询结果相同。

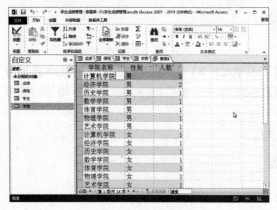

图 6-33　调整分组顺序

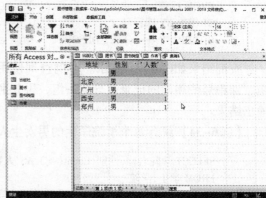

图 6-34　分组统计后再选择

SELECT 地址,性别,Count(*) AS '人数 '
FROM 作者
WHERE 性别 = "男"
GROUP BY 地址,性别;

这里需要注意的是，分组时将 Null 值也作为一组。

【例 6-36】查询平均分在 90 分以上的课程名称和平均分。

SELECT 课程名,AVG(分数) AS '平均分 '
FROM 学生,课程,成绩
WHERE 学生 . 学号 = 成绩 . 学号
And 课程 . 课程号 = 成绩 . 课程号
GROUP BY 课程名
HAVINGAvg(分数) >=90;

查询结果如图 6-35 所示。HAVING 子句中也可以使用统计函数。

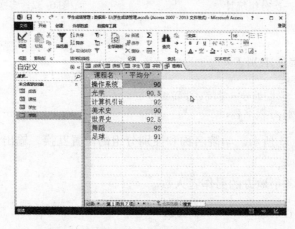

图 6-35　分组统计后选择使用统计函数

6.2.7 子查询

在实际应用中，经常有一些 SELECT 语句需要使用其他 SELECT 语句的查询结果，此时需要子查询。

子查询就是嵌套在另一个查询（SELECT）语句中的查询（SELECT）语句，因此，子查询也称为嵌套查询。外部的 SELECT 语句称为外围查询（父查询），内部的 SELECT 语句称为子查询。子查询的结果将作为外围查询的参数，这种关系就好像是函数调用嵌套，将嵌套函数的返回值作为调用函数的参数。

虽然子查询和连接可能都要查询多个表，但子查询和连接不一样。因为它们的语法格式不一样，使用子查询最符合自然的表达查询方式，书写更容易。子查询是一个更为复杂的查询，因为子查询的外围查询可以是多种 SQL 语句，而且实现子查询有多种途径。使用子查询获得的结果完全可以使用多个 SQL 语句分开来执行。可以将多个简单的查询语句连接在一起，构成一个复杂的查询。子查询与连接相比，有一个显著的优点：子查询可以计算一个变化的聚合函数值，并返回到外围查询进行比较，而连接做不到。但多数情况子查询和连接是等价的。

使用子查询时要注意以下几点。

- 子查询需要用括号( )括起来。
- 子查询可以嵌套。
- 子查询返回结果的数据类型必须匹配外围查询 WHERE 语句的数据类型。
- 子查询不能使用 ORDER BY 子句。

子查询具有两种不同的处理方式：无关子查询和相关子查询。

1. 无关子查询

无关子查询指的是在外围查询之前执行，然后返回数据供外围查询使用，它和外围查询的联系仅此而已。在编写嵌套子查询的 SQL 语句时，如果被嵌套的查询中不包含对于外围查询的任何引用，就可以使用无关子查询。最常用的无关子查询方式是 IN（或 NOT IN）子句。其语法格式如下。

```
SELECT 查询列表
FROM 表名
WHERE 查询条件 [NOT] IN
(SELECT 查询列表
FROM 表名
WHERE 查询条件)
```

说明： 由关键字 IN 引入的子查询的 SELECT 的查询列表中只允许有一项内容，即只能是一个字段名或表达式。如果是 IN，条件满足时返回结果，否则不返回结果；如果是 NOT IN，则相反，条件不满足时返回结果。

【例 6-37】查询年龄最小的学生姓名和出生日期。

```
SELECT 姓名,出生日期
FROM 学生
WHERE 出生日期 IN
(
SELECT Min(出生日期)
```

131

```
FROM 学生
);
```

查询结果如图 6-36 所示。本例查询使用了 IN 无关子查询。先执行子查询，求得年龄最小的出生日期值，然后返回结果供外围查询使用，最后结果输出学生姓名和出生日期。这里 IN 也可以用逻辑运算符 " = " 替换，替换的前提是子查询返回的结果集必须是唯一值。

【例 6-38】查询选修了计算机网络课程的学生姓名。

```
SELECT 姓名
FROM 学生
WHERE 学生 . 学号 IN
(
SELECT 学号
FROM 成绩
WHERE 课程号 IN
(
SELECT 课程号
FROM 课程
WHERE 课程名 = "计算机网络"
)
);
```

查询结果如图 6-37 所示。本例查询使用了 IN 无关子查询嵌套。先执行最里面的子查询语句，求得计算机网络课程的课程号。然后返回结果供外围查询使用，求得选修了这门课的学生学号。最后返回结果供最外围查询使用，结果输出学生的姓名。

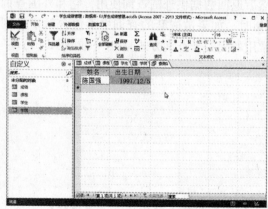

图 6-36　IN 无关子查询　　　　　　　　　　图 6-37　IN 嵌套子查询

无关子查询有时也可以使用连接等价替换。【例 6-38】等同于以下连接：

```
SELECT 姓名
FROM 学生,课程,成绩
WHERE 学生 . 学号 = 成绩 . 学号 And 课程 . 课程号 = 成绩 . 课程号 And 课程名 = "计算机网络";
```

无关子查询除了可以使用 IN 子句，还经常使用关系运算符与逻辑运算符 (= , AND, SOME, ANY, ALL)。

【例6-39】查询比物理学院的学生年龄都大的其他学院的学生。

```
SELECT 姓名,学院名称
FROM 学生,学院
WHERE 学生.学院编号 = 学院.学院编号
And 学院名称 < > "物理学院"
And 出生日期 < ALL
(
SELECT 出生日期
FROM 学生,学院
WHERE 学生.学院编号 = 学院.学院编号
And 学院名称 = "物理学院"
);
```

查询结果如图6-38所示。本例查询使用了关系运算符"<"与逻辑运算符"ALL"。先执行子查询语句,求得物理学院所有学生的出生日期。然后返回结果供外围查询使用,ALL表示结果集的所有数据,只有全部满足才输出。即只有当不是物理学院的学生出生日期大于了结果集中所有的数据,结果才输出。

如果将【例6-39】中ALL改为SOME(或ANY),比较以下语句:

```
SELECT 姓名,学院名称
FROM 学生,学院
WHERE 学生.学院编号 = 学院.学院编号
And 学院名称 < > "物理学院"
And 出生日期 < SOME
(
SELECT 出生日期
FROM 学生,学院
WHERE 学生.学院编号 = 学院.学院编号
And 学院名称 = "物理学院"
);
```

查询结果如图6-39所示。SOME(或ANY)表示结果集中的任一数据,如果有一个满足关系表达式就输出。即当不是物理学院的学生出生日期大于结果集中的任一数据,结果就输出。

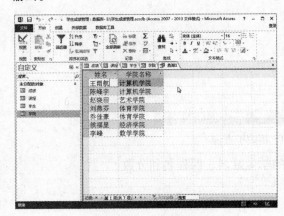

图6-38　ALL子查询

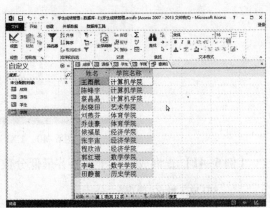

图6-39　SOME子查询

关系运算符用在子查询时，如果不用逻辑运算符 ALL、SOME、ANY，只用"＝"，子查询的结果集必须是一个值，否则系统会提示出错。

2. 相关子查询

相关子查询在执行时，需要使用到外围查询的数据。外围查询首先选择数据提供给子查询，然后子查询对数据进行比较，执行结束后再将它的查询结果返回到它的外围查询中。如果有结果返回，则外围查询输出。相关子查询通常使用关系运算符与逻辑运算符（EXISTS，AND，SOME，ANY，ALL）。

【例 6-40】 查找所有选修课程的学生姓名。

```
SELECT DISTINCT 姓名
FROM 学生
WHERE EXISTS
(
SELECT *
FROM 成绩
WHERE 学生 . 学号 = 成绩 . 学号
);
```

查询结果如图 6-40 所示。本例查询使用了 EXISTS 相关子查询。使用 EXISTS 关键字引入子查询可以将该子查询作为存在性测试，即测试是否存在满足子查询准则的数据。如果子查询返回的结果是空集，则判断为不存在，即 EXISTS 失败，NOT EXISTS 成功。如果子查询返回至少一行记录，则判断为存在，即 EXISTS 成功，NOT EXISTS 失败。关键字 EXISTS 一般直接跟在外围查询的 WHERE 关键字后面。它的前面没有字段名、常量或者表达式。子查询的 SELECT 列表一般由"＊"组成。关键字 EXISTS 一般与相关子查询一起使用，在使用时，对外表中的每一行子查询都要运行一遍，该行的值也要在子查询的 WHERE 子句中被使用。这样，通过 EXISTS 子句就能将外层表中的各行数据依次与子查询处理的内层表中的数据进行存在性比较，得到所需的结果。

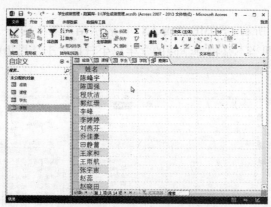

图 6-40　EXISTS 相关子查询

【例 6-41】 查询成绩高于刘燕芬最低分数的学生姓名、课程名和分数。

```
SELECT 姓名,课程名,分数
FROM 学生 s,课程 c,成绩 m
WHERE s. 学号 = m. 学号 AND c. 课程号 = m. 课程号
```

```
AND m. 分数 > ANY
(
SELECT m. 分数
FROM 学生 s,课程 c,成绩 m
WHERE s. 学号 = m. 学号 AND c. 课程号 = m. 课程号
AND s. 姓名 = "刘燕芬"
)
AND s. 姓名 < > "刘燕芬";
```

查询结果如图 6-41 所示。如果 AND、ANY（或 SOME）、ALL 用于相关子查询时，一般都是多表子查询，而且只能用在关系运算符之后。

图 6-41　ANY 相关子查询

6.2.8　集合操作

SELECT 查询操作的对象是集合，结果也是集合。SQL 语言提供了 UNION 集合操作。

UNION 将两个或更多查询的结果合并为单个结果集，该结果集包含联合查询中的所有查询的全部行。UNION 运算不同于连接查询。UNION 合并两个查询结果集的基本规则是：

● 所有查询中的列数和列的顺序必须相同。

● 数据类型必须兼容。

其语法格式如下。

```
SELECT 查询
UNION [ ALL ]
SELECT 查询
[ ... n ]
```

说明：UNION 集合合并是将多个 SELECT 查询结果合并，可以使用参数 ALL。

【例 6-42】将学生表、课程表的查询结果合并。

```
SELECT 姓名,性别
FROM 学生
UNION
SELECT 课程名,学分
FROM 课程;
```

查询结果如图 6-42 所示。本例使用 UNION 将两个 SELECT 查询结果合并成一个结果集，查询结果是后一个查询结果的一条记录显示在前，然后显示前一个查询结果的一条记录，依次显示。

如果用 UNION ALL 连接，【例 6-42】改写为如下语句。

```
SELECT 姓名,性别
FROM 学生
UNION ALL
SELECT 课程名,学分
FROM 课程;
```

查询结果如图 6-43 所示。使用 UNION 将两个 SELECT 查询结果合并成一个结果集，查询结果是先显示前一个查询的全部结果，再显示后一个查询的全部结果。

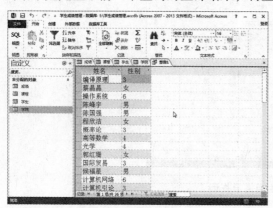

图 6-42　UNION 合并

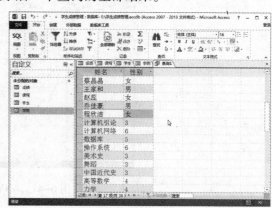

图 6-43　UNION ALL 合并

6.2.9　存储查询结果

一般情况下，SELECT 查询结果只是输出结果集，并不将数据添加到表中。但 SQL 语言提供了 INTO 关键字，可以将查询结果添加到表中存储。其语法格式如下。

```
INTO 新表
```

说明： 根据选择列表中的字段和 WHERE 子句选择的行，指定要创建的新表名。新表的格式通过对选择列表中的表达式进行取值来确定。新表中的字段按选择列表指定的顺序创建。新表中的每个字段与选择列表中的相应表达式具有相同的名称、数据类型和值。

当选择列表中包括计算字段时，新表中的相应字段不是计算字段。新字段中的值是在执行 SELECT…INTO 时计算出的。

【例 6-43】将女生的姓名、性别和出生日期添加到"女学生"表中。

```
SELECT 姓名,性别,出生日期
INTO 女学生
FROM 学生
WHERE 性别 = "女";
```

查询结果如图 6-44 所示。将查询结果集添加到一个新创建的"女学生"表中存储，该表在导航子窗体中显示。"女学生"表的数据如图 6-45 所示。

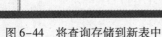

图 6-44　将查询存储到新表中

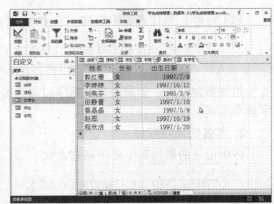

图 6-45　新表中的数据

6.3　数据操纵语言

数据操纵语言命令实现的功能包括添加、修改和删除。

6.3.1　添加

添加又称为追加，就是向已经存在的表中添加一条或多条记录。SQL 语言提供了 IN-SERT INTO 语句进行添加记录。

1. 单一记录的添加

单一记录的添加其主要语法格式如下。

> INSERT INTO 添加目标表名 [(字段名 1[,字段名 2[,…]])]
> VALUES (值 1[,值 2[,…]]);

【例 6-44】向课程表中添加一条记录（"125"，"离散数学"，5）。

> INSERT INTO 课程
> VALUES ("125","离散数学",5);

添加结果如图 6-46 所示。系统提示将追加一条新记录，单击"是"按钮即可追加。如果是添加一条完整的记录，即每个字段都有值，表名后的字段名列表可以省略。VALUES 后面的值按照表的字段顺序对应添加。

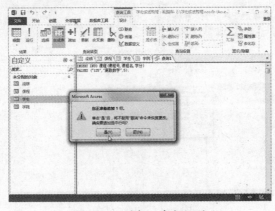

图 6-46　追加一条新记录

【例6-45】向作者表中添加一条记录（"21816"，"男"，"李生坤"）。

```
INSERT INTO 作者(作者编号,性别,姓名)
VALUES ("21816","男","李生坤");
```

追加新记录时，如果表名后有字段名列表，则可以只列出部分字段名，也可以不按表的字段顺序列出。

2. 多条记录的添加

多条记录的添加其主要语法格式如下。

```
INSERT INTO 添加目标表名 [(字段名1[,字段名2[,...]])]
SELECT 查询列表
FROM 表名列表;
```

【例6-46】现有一个与课程表结构一样的表"课程1"，要求将课程1中的记录全部追加到课程表中。

```
INSERT INTO 课程
SELECT *
FROM 课程1
```

6.3.2 修改

修改又称为更新，就是修改表中的记录。SQL 语言提供了 UPDATE 语句进行修改记录。其主要语法格式如下。

```
UPDATE 表名
SET 新值
WHERE 修改条件;
```

【例6-47】将"计算机引论"的学分减1。

```
UPDATE 课程
SET 学分 = 学分 - 1
WHERE 课程名 = "计算机引论";
```

如图6-47所示。系统提示将更新一条记录，单击"是"按钮即可更新。

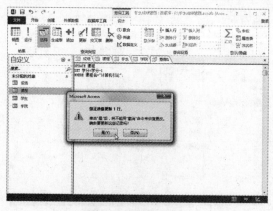

图6-47　更新记录

6.3.3　删除

删除就是删除表中不需要的记录。SQL 语言提供了 DELETE 语句进行删除记录，其主要语法格式如下。

DELETE FROM 表名
WHERE 删除条件；

【例 6-48】将成绩表中不及格的记录删除。

DELETE FROM 成绩
WHERE 分数 <60；

如图 6-48 所示。系统提示将删除记录，单击"是"按钮即可删除。

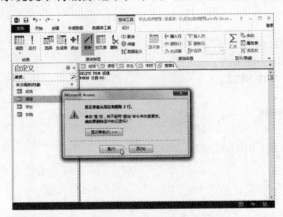

图 6-48　删除记录

【例 6-49】将成绩表中全部记录删除。

DELETE FROM 课程

如果删除操作没有 WHERE 字句，系统将删除该表的所有记录，因此用户一定要慎用。

6.4　数据定义语言

数据定义语言命令实现的功能包括创建和修改表、限制、索引和关系。

6.4.1　创建表

SQL 语言提供了 CREATE TABLE 语句创建表，其主要语法格式如下。

CREATE ［TEMPORARY］TABLE 表名
（字段名 1 t 数据类型 ［（字段长度）］［NOT NULL］［索引 1］
［，字段名 2 数据类型 ［（字段长度）］［NOT NULL］［索引 2］
［，…］］
［，CONSTRAINT 定义多字段索引的 CONSTRAINT 子句［，…］］）

语法说明：

1）创建 TEMPORARY 表时，只能在建立表的会话期间看见它。会话期终止时，它就被自动删除。

2）在定义语句中，文本型字段类型可用 TEXT、CHAR 和 VARCHAR 表示，可指定长度，也可不指定长度，默认为 255。日期型字段类型用 DATETIME 表示。货币型字段类型用 MONEY 表示。双精度字段类型用 NUMBER，整型用 INT 或 LONG 表示。OLE 对象用 IMAGE 表示。

3）NOT NULL 表示不允许取空值。

4）CONSTRAINT 是各类关系约束。

【例 6-50】创建一个名为"教师"的表，该表由整数型字段"教师号"，字符型字段"姓名"，字符型字段"性别"，日期型字段"出生日期"，字符型字段"职称"，字符型字段"学院编号"，其中"教师号"是关键字，并且该表与学院表通过"学院编号"字段建立关系。

```
CREATE TABLE 教师
( 教师号 INT PRIMARY KEY,
姓名 TEXT(10) NOT NULL,
性别 TEXT(2) ,
出生日期 DATETIME,
职称 TEXT(10) ,
学院编号 TEXT(10) REFERENCES 学院(学院编号)
);
```

6.4.2 修改表

SQL 语言提供了 ALTER TABLE 语句修改表，其主要语法格式如下。

```
ALTER TABLE 表名{ADD {COLUMN 字段 数据类型[（字段长度）]
[NOT NULL] [CONSTRAINT index]|
ALTER COLUMN 字段 数据类型[（字段长度）]|
CONSTRAINT 定义要添加到表中的多字段索引}|
DROP {COLUMN 字段|CONSTRAINT 索引名}}
```

【例 6-51】修改"教师"的表，将"姓名"字段的长度修改为 20。

```
ALTER TABLE 教师
ALTER COLUMN 姓名 TEXT(20) ;
```

【例 6-52】修改"教师"的表，将"职称"字段删除。

```
ALTER TABLE 教师
DROP COLUMN 职称;
```

6.4.3 删除表

SQL 语言提供了 DROP TABLE 语句修改表，其主要语法格式如下。

```
DROP {TABLE 表名|INDEX 索引名 ON 表名|PROCEDURE 过程名|VIEW 视图名}
```

【例 6-53】 删除"教师"表。

    DROP TABLE 教师；

由于本书篇幅有限，其他的数据定义语言，例如 CREATE INDEX 和 ALTER INDEX 等，这里不做介绍。

6.5 习题

1. SQL 即 _____ 语言，是 _____ 的标准语言。

2. SQL 支持数据操作，用于描述数据的 _____ 特性。SQL 包括 4 个主要功能： _____ 、_____ 、_____ 和 _____ 。

3. SQL 功能极强，接近英语口语，完成核心功能只用了 9 个语句，分别是 _____ 、_____ 、_____ 、_____ 、_____ 、_____ 、_____ 、_____ 、_____ 。

4. 数据定义语句主要对各类对象进行 _____ 操作。数据操纵语句主要对各类对象进行 _____ 操作。数据查询语句主要用于对各类对象进行 _____ 操作。

5. 计算下列表达式：

$-10 + 9 \% 2 * 5\textasciicircum 2$ 109 Mod 4 + 9 + 5/2   Year(#2015 - 11 - 11#) * 3

"abc" & "def" + "计算机"

123 & "456"   "今天是" & Date( )   21 * 7 > 100   "P" < > "p"   True > False

Date( ) Between #2015 - 1 - 1# And #2015 - 12 - 31#

Not 5 + 10 = 15   "H" > "h" And 1 - 4 * 6 > 20   "H" > "h" Or 1 - 4 * 6 > 20

6. 计算下列使用文本函数的表达式：

Len("计算机网络")，Instr(2,"数据表中的数据","数")，

Replace("ABCDABCD","A","K")，Format(#10/1/2016#,"ww")

7. 在学生成绩管理数据库和图书出版管理数据库中，使用 SQL 语言执行下列操作：

1）查询年龄在 18 岁以下的，计算机学院的男生姓名、性别和出生日期。

2）查询地址是广州和上海的女作者姓名、性别和地址。

3）查询姓"张"的作者信息，然后按年龄的升序排序输出。

4）查询课程名称中，包含"网络"字符，且课程名为 5 个字的课程名。

5）查询物理学院的男学生选修课程信息。

6）统计选修了 301 号课程的学生人数，以及这门课的总分、平均分、最高分和最低分。

7）统计各个地方的男女作者人数。

8）查询平均分在 80 ~ 89 分之间的课程名称和平均分。

9）使用子查询，查询选修了中国近代史课程的学生姓名。

10）将北京的作者姓名、性别和出生日期添加到"北京作者"表中。

11）向学生表中添加一条新记录。

12）将课程"计算机网络"的学分加 1。

第7章 查 询

第 6 章已经介绍在 SQL 查询视图中使用 SQL 语言操作。SQL 查询视图只是查询的一种。Access 的查询是具有条件检索和计算功能的数据库的主要对象本章主要介绍 Access 的查询。

7.1 查询概述

在数据库中创建数据表，是为了将众多的数据有效地进行保护，但创建数据库的最终目的是灵活、方便、快捷地使用它们。对数据库中的数据进行各种分析和处理，从中提取需要的数据和信息。查询就是将一个或多个数据表中满足特定条件的数据检索出来。查询不仅可以基于数据表创建，还可以基于查询来创建。同时，查询不仅可以根据特定条件来进行数据的查找，还可以对数据进行计算、统计、排序、筛选、分组、更新和删除等各种操作。

查询是以表或查询为数据源的再生表。查询的对象不是数据的集合，而是操作的集合。查询的运行结果是一个动态数据集合。尽管从查询的运行视图上看到的数据集合形式与从数据表视图上看到的数据集合形式完全一样，尽管在数据表视图中所能进行的各种操作也几乎都能在查询的运行视图中完成，但无论它们在形式上是多么的形似，其实质是完全不同的。可以这样理解，数据表是数据源之所在，而查询是针对数据源的操作命令，相当于程序。

7.1.1 查询的作用和功能

查询是以一个或多个表及其他查询为基础创建新的动态数据集合。Access 查询就是明确的规范集，它准确地通知 Access 所希望查看的信息以及信息在结果中的排列和处理。

查询的主要作用和功能如下。

- 可按一定的条件生成一个动态数据集，可以选择字段，选择记录。
- 可按不同的方式来查看、更改和分析数据。
- 利用查询对选择的记录组执行多种类型的计算。
- 生成新的数据表。
- 实现数据源表数据的添加、修改和删除。
- 可以作为窗体、报表或数据访问页的数据源，实现多个表作为数据源。

7.1.2 查询的分类

在 Access 中，查询的实现可以通过两种方式进行，一种是在数据库中建立查询对象，另一种是在 VBA 程序代码或模块中使用 SQL 结构化查询语言。本章只介绍在数据库中建立查询对象。

在 Access 中，数据库查询主要包括选择查询、参数查询、动作查询、交叉表查询和 SQL 查询。

1. 选择查询

选择查询是最常用的查询类型。选择查询是根据用户定义的查询内容和规则，从一个或多个相互关联的表中将满足要求的数据提取出来，并把这些数据显示在新的查询数据表中。也可以使用选择查询对记录进行分组，并且对记录进行总计、计数、平均及其他类型的计算。

选择查询能够帮助用户按照需要的方式对一个或多个表中的数据进行查看，查询的结果显示与数据表视图相同，但查询中不存放数据，所有的数据均存在于基础数据表中，查询中看到的数据集是一个动态集。当运行查询时，系统会从基础表中获取数据。

2. 参数查询

参数查询是一种特殊的查询，它在执行时显示对话框，提示用户输入信息，例如查询准则，然后根据输入信息进行查询。可以根据每次用户输入的值来确定当前的查询条件，但每次查询的查询条件是固定的。

3. 动作查询

动作查询又称为操作查询，就是通过查询完成某些动作。

动作查询的查询内容和规则的设定与选择查询相同，但它们有一个很大的不同是：选择查询是按照指定的内容和条件查找满足要求的数据，将查找到的数据进行显示。而动作查询是在查询中对所有满足条件的记录进行编辑等操作，会对基础数据表产生影响或生成新表。例如，更新或删除数据库中的表，给现有的表添加新纪录，由查询生成一个新表。所以根据动作查询又可以分为以下几种类型。

（1）追加查询

追加查询是从一个或多个数据表中将满足条件的记录找出，并追加到另一个或多个数据表尾部的操作。追加查询可用于多个表的合并等。

（2）更新查询

更新查询是对一个或多个表中的一组记录进行修改的查询。利用更新查询可实现数据表数据的一次性修改。

（3）删除查询

删除查询是将满足条件的记录从一个或多个数据表中删除，此操作将会删除基础表中的记录。

（4）生成表查询

生成表查询就是利用一个或多个表中的全部或部分数据生成一个新的数据表，常用于重新组织数据或创建备份表等。

4. 交叉表查询

使用交叉表查询来计算和重构数据，可以简化数据分析。交叉表查询主要用来计算数据总和、平均值、计数或其他类型的总值。它可以将某个数据表中的字段进行分组，一组作为查询的行标题，一组作为查询的列标题，然后在查询的行与列交叉处显示某个字段的统计值。

交叉表查询是利用表中的行或列来进行数据统计的，它的数据源是基础数据表。

5. SQL 查询

SQL 查询只能通过使用 SQL 语句访问。所有查询都有相应的 SQL 语句，但是 SQL 语句专用查询由程序设计语言构成，而不是像其他查询那样由设计网络构成。第 6 章中的 SQL 语言操作都是在 SQL 查询视图中完成的的。

7.2　选择查询

如果仅从表中的特定字段查看数据，或从多个表同时查看数据，或只根据特定条件查看数据，则应使用选择查询类型。

单击功能区的"查询设计"按钮，如图 7-1 所示。在弹出的"显示表"对话框中选择添加的查询表，如图 7-2 所示。

图 7-1　"查询设计"按钮　　　　　　　图 7-2　"显示表"对话框

单击"添加"按钮，进入查询设计视图。查询设计视图分为上下两个子窗口。上面的是表/查询显示窗口，下面的是查询设计网格窗口（又称为 QBE 窗口），如图 7-3 所示。

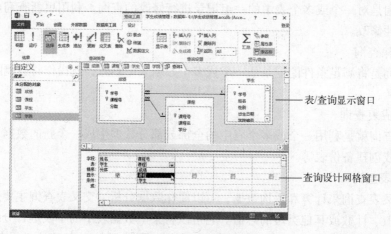

图 7-3　查询设计视图

（1）表/查询显示窗口

表/查询显示窗口类似于关系设计视图，显示的是当前查询所包含的数据源（表或查询）以及表间的关系。在这个窗口中可以添加或删除表，也可以建立表间的关系。

（2）查询设计网格窗口

查询设计网格窗口用于设计显示查询字段和查询准则等。其中每一行都包含查询字段的相关信息，列是查询的字段列表。查询设计网格行的功能见表7-1。

表7-1 查询设计网格行的功能

行 名 称	作 用
字段	可以在此处输入或加入字段名，也可以右击，在弹出的快捷菜单中选择"生成器"命令来生成表达式
表	字段所在的表或查询的名称选择
排序	查询字段的排序方式（包括无序、升序和降序3种，默认为升序）
显示	利用复选框确定字段是否在数据表中显示
条件	可以输入查询准则的第一行，也可以右击，在弹出的快捷菜单中选择"生成器"命令来生成表达式
或	用于多个值的准则输入，与条件行为是"或"的关系

在查询设计视图下，Access还提供了查询属性设置，可以方便地控制查询的运行。要设置查询属性，可以在表/查询窗口内，右击，在弹出的快捷菜单中选择"属性"命令，或单击功能区的"属性表"按钮，即可打开"属性表"子窗体，如图7-4所示。

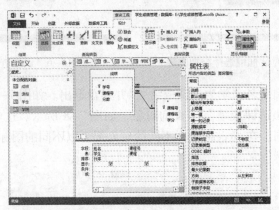

图7-4 "属性表"子窗体

常用的查询属性设置说明见表7-2。

表7-2 查询属性设置说明

属 性 名	设 置 说 明
输出所有字段	该属性用来控制查询中字段的输出，只有当用户设计的查询用于窗体并希望查询中表的所有字段也适用于窗体时才可以设置为"是"，没有特别要求时请使用默认的"否"
上限值	当用户希望查询返回"第一个"或"上限"记录时，可以使用该选项
唯一记录	运用该选项可以达到消除查询中重复行的目的
运行权限	当在网络上与其他用户一起共享时，从安全的角度出发，可以使用该选项来设置用户查看数据和修改数据的权限
记录锁定	对于网络中共享的查询来说，可以使用该选项来控制查询编辑的整体层次

7.2.1 简单选择查询

简单选择查询是最普通的一种选择查询。

【例7-1】利用查询设计视图创建查询，查询所有选课学生的姓名、课程名和分数，并按照分数的降序排序。

单击功能区的"查询设计"按钮，在弹出的"显示表"对话框中选择添加的表：学生、课程和成绩，如图7-5所示。单击"添加"按钮，进入查询设计视图。分别双击学生表的姓名字段、课程表的课程名字段和成绩表的分数字段。在查询设计网格窗口的字段行、表行会自动出现相应的表名和字段名。也可以直接设置字段行、表行选项，将排序行的选项设置为降序，如图7-6所示。

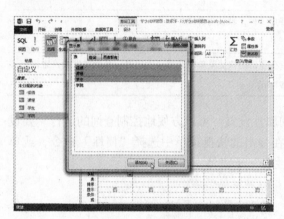

图7-5 "显示表"对话框中选择添加的表　　　图7-6 设置查询设计网格窗口

设置完毕，为查询命名"学生选课成绩"，并存盘退出。如图7-7所示。在导航子窗体中显示一个名为"学生选课成绩"的查询对象，如图7-8所示。这里请注意，查询对象与表对象的图标显示不同。在Access中，不同的对象都会以不同的图标显示。

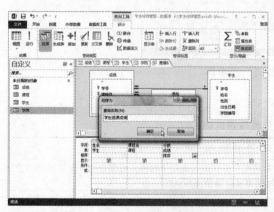

图7-7 查询命名　　　　　　　　　图7-8 "学生选课成绩"的查询对象

想要查看该查询，可直接双击该查询，或者右击，从弹出的快捷菜单中选择"打开"命令，即可看到该查询的结果，如图7-9所示。如果想要查询该查询的结构，右击，从弹

146

出的快捷菜单中选择"设计视图"命令，即可进入查询设计视图。

图7-9　查看查询

【例7-2】利用查询设计视图创建查询，查询所有作者的姓名、出生日期、图书名和出版社名，按照年龄的降序排序。

单击功能区的"查询设计"按钮，在"显示表"对话框中选择添加的表：作者、图书和出版社，如图7-10所示。单击"添加"按钮，进入查询设计视图。分别双击作者表的姓名字段、出生日期字段，图书表的图书名字段和出版社表的出版社名称字段。在查询设计网格窗口的字段行、表行会自动出现相应的表名和字段名。也可以直接设置字段行、表行选项。因为出生日期值越大，作者的年龄越小，所以将出生日期排序行的选项设置为升序，如图7-11所示。

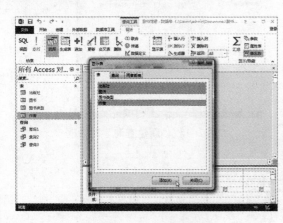

图7-10　选择添加的表　　　　　　图7-11　设置查询设计网格窗口

查询的结果如图7-12所示。

也可以在查询设计网格窗口的出生日期字段中输入以下函数表达式：

年龄：DateDiff("yyyy",[出生日期],Date())

按函数值，即按作者的年龄降序排序输出，查询的结果如图7-13所示。

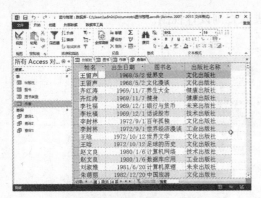
图 7-12　出生日期查询结果

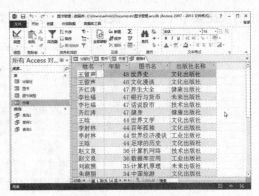
图 7-13　年龄查询结果

7.2.2　简单查询向导

Access 还提供了查询向导，帮助用户在向导的引导下创建查询，但查询向导不能设置查询条件。

【例 7-3】利用查询向导创建查询，查询所有选课学生的学号、姓名、性别和学院名称，按照学号的降序排序。

单击功能区的"查询向导"按钮，如图 7-14 所示。打开"新建查询"对话框，选择"简单查询向导"选项，如图 7-15 所示。单击"确定"按钮，进入"简单查询向导"对话框。在"表/查询"下拉列表框中选择表或查询，在"可用字段"中，将字段添加到"选择字段"中，如图 7-16 所示。

图 7-14　"查询向导"按钮

图 7-15　"新建查询"对话框

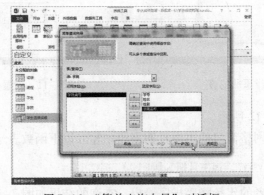
图 7-16　"简单查询向导"对话框

单击"下一步"按钮，为查询指定标题，默认选择"打开查询查看信息"单选按钮，如图 7-17 所示。单击"完成"按钮，即打开查询查看信息，如图 7-18 所示。

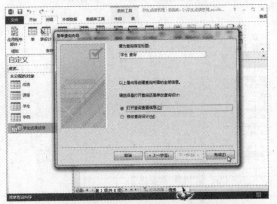
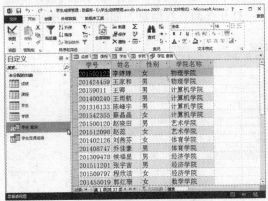

图 7-17 为查询指定标题　　　　　　图 7-18 打开查询查看信息

7.2.3　添加计算字段

在查询中，用户常常只关注数据中的某些信息，并不是某个字段的全部信息，这时就需要采用添加计算字段的方式来实现。

【例 7-4】创建查询，查询所有学生的姓名和出生月份。

将学生表添加到查询设计视图。分别双击学生表的姓名字段和出生日期字段。在查询设计网格窗口的第二列字段行输入以下表达式：

Month([出生日期])

其中，Month([出生日期])是函数，返回出生日期字段的月份值，如图 7-19 所示。

打开查询查看信息，默认该计算列的别名是"表达式 1"，如图 7-20 所示。如果用户想给计算列另起别名，可以进入查询设计视图中，将"表达式 1"修改为指定的别名。

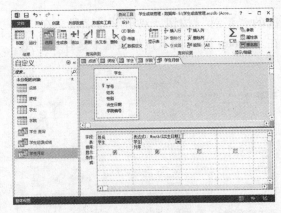
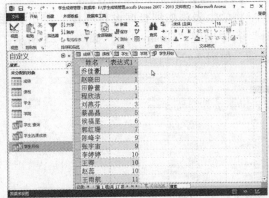

图 7-19 添加计算字段　　　　　　图 7-20 打开查询查看计算字段

【例 7-5】创建查询，查询所有作者的图书单价，以及单价都上涨 10% 的结果。

将作者、图书表添加到查询设计视图。分别双击作者表的姓名字段，图书表的图书名、单价字段。在查询设计网格窗口的第四列字段行输入以下表达式：

新单价: Int([单价] * 1.1)

其中，"新单价"是查询列的列名，Int([单价]*1.1)是函数，如图7-21所示。

打开查询查看信息，如图7-22所示。

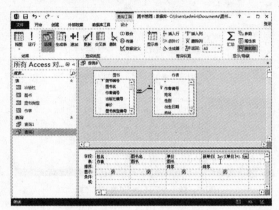

图7-21　添加计算字段　　　　　　　　图7-22　查看计算字段

7.2.4　总计查询

在建立总计查询时，用户更多的是关心记录的统计结果，而不是具体的某个记录。如统计学生的总人数、各个学院的人数、每门课的平均分等。在查询中，除了查询满足某些特定条件的记录外，还常常需要对查询的结果进行相应的计算。

总计查询分为两类：对数据表中的所有记录进行总计查询和对记录进行分组总计查询。

1. 所有记录总计查询

创建总计查询的操作方式与普通的条件查询相同，唯一的区别是需要设计"总计"行，即在查询设计视图下，单击功能区的"汇总"按钮，在设计网格中添加"总计"行，在总计行中对总计的方式进行选择。

【例7-6】统计学生的总人数。

将学生表添加到查询设计视图。单击功能区的"汇总"按钮，双击学号字段，在"总计"行中出现"Group By"，如图7-23所示。在"Group By"的下拉列表框中选择"计数"选项，如图7-24所示。

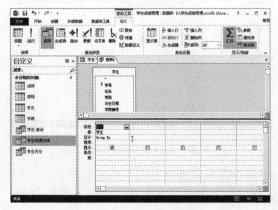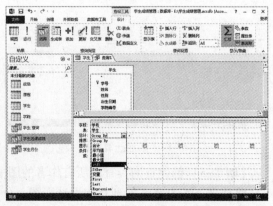

图7-23　"汇总"按钮　　　　　　　　图7-24　选择"计数"选项

运行查询，显示一行统计结果，即统计学号字段值的个数，如图7-25所示。由于查询是经过计算的，Access将自动创建默认的列标题，即由原字段名和总计项的名称组成。如果用户想要命名新字段名，用西文冒号与原字段的列标题隔开。例如，【例7-6】创建的查询，字段列标题是"学号之计数"，如果修改为"学生人数"，应该修改为"学生人数:学号"。运行查询，显示统计结果，如图7-26所示。

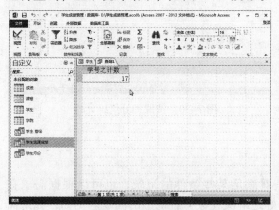

图7-25 统计输出   图7-26 修改列标题

2. 分组总计查询

在总计查询时，如果希望将记录分组再统计，则可以使用分组总计查询。

【例7-7】统计各个学院学生的男女生人数。

将学生表添加到查询设计视图。单击功能区的"汇总"按钮，双击学院编号、性别字段和学号字段。在学号字段的"总计"行中，选择下拉列表框中的"计数"选项，如图7-27所示。运行查询，显示分组统计结果，如图7-28所示。

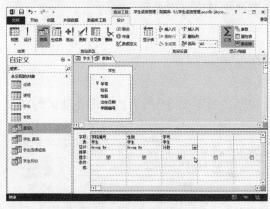
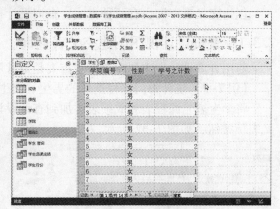

图7-27 分组设置   图7-28 分组统计输出

【例7-8】统计每门课程选修的人数，以及每门课程的最高分、最低分和平均分。

将课程表、成绩表添加到查询设计视图。单击功能区的"汇总"按钮，双击课程表的课程名字段，以及成绩表的课程号字段和分数字段两次，在课程号字段的"总计"行中，选择下拉列表框中的"计数"选项；在成绩表的分数字段的"总计"行中，分别选择下拉列表框中的"最大值"和"最小值"选项，如图7-29所示。运行查询，显示分组统计结果，如图7-30所示。

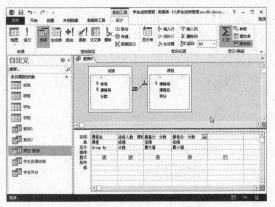
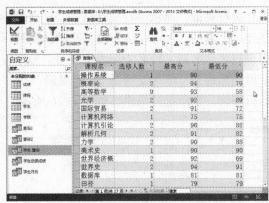

图 7-29　按课程分组设置　　　　　　　图 7-30　按课程分组统计输出

7.3　交叉表查询

在 Access 中进行查询时，可以根据条件查看满足某些条件的记录，也可以根据需求在查询中进行计算。但这两方面的功能并不能很好地解决在数据查询中的问题。例如，如果需要查看每个学院的男女生人数，采用分组查询时，每个学院均有男女生，则每个学院在查询结果中均会出现两次。同样，在同一性别中，所属学院名称也会重复出现。在 Access 中，系统提供了一种很好地查询方法解决此类问题，这就是交叉表查询。

交叉表查询是将来源于某个表中字段进行分组，一组放置在数据表的左侧作为行标题，一组放置在数据表的上方作为列标题，在数据表行与列的交叉处显示数据表的计算值。这样可以使数据关系更清晰、准确和直观地展示出来。

在创建交叉表查询时，需要置顶 3 种字段：行标题、列标题和总计字段。

创建交叉表查询也有两种方式：查询设计视图和交叉表查询向导。

7.3.1　查询设计视图创建交叉表查询

使用查询设计视图创建交叉表查询是最常用的方式。

【例 7-9】统计每门课程选修的男生、女生人数。

将学生表、课程表和成绩表添加到查询设计视图，如图 7-31 所示。单击功能区的"交叉表"按钮，如图 7-32 所示。

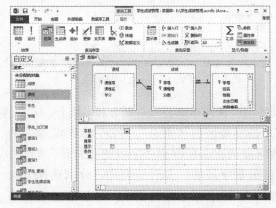
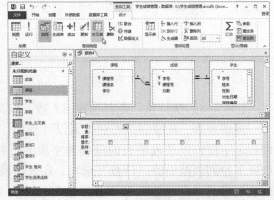

图 7-31　添加表到查询设计视图　　　　　图 7-32　"交叉表"按钮

在设计网格行中出现"交叉表"行，如图 7-33 所示。在"交叉表"行中，将课程表的课程名字段设置为"列标题"，将学生表的性别字段设置为"行标题"，将成绩表中的课程号设置为"值"，同时将课程号的"总计"行设置为"计数"选项，如图 7-34 所示。

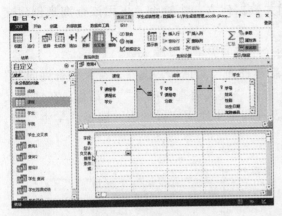

图 7-33 "交叉表"行

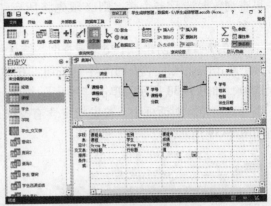

图 7-34 设置交叉表选项

设置完毕，运行查询，显示交叉表查询结果，如图 7-35 所示。

【例 7-10】统计每个出版社出版的图书的种类数。

将出版社表、图书表和图书类型表添加到查询设计视图，并设置交叉表选项。在"交叉表"行中，将出版社表的出版社名称字段设置为"列标题"，将图书类型表的图书类型名称字段设置为"行标题"，将图书表中的图书编号设置为"值"，并设置为"计数"选项，如图 7-36 所示。运行查询，显示交叉表查询结果，如图 7-37 所示。

图 7-35 交叉表查询结果

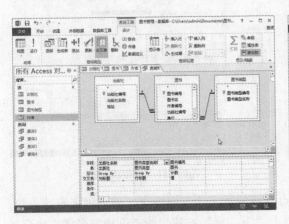

图 7-36 设置交叉表选项

图 7-37 交叉表查询结果

7.3.2 交叉表查询向导创建交叉表查询

使用交叉表查询向导创建查询时，要求查询的数据源只能来源于一个表或一个查询，如果查询数据涉及多个表，则必须先将所有相关数据建立一个查询，再用该查询来创建交叉表。

【例7-11】创建一个交叉表查询，统计每个学院的男生、女生人数。

单击功能区的"查询向导"按钮，在"新建查询"对话框，选择"交叉表查询向导"选项，如图7-38所示。单击"确定"按钮，进入"交叉表查询向导"对话框。在"交叉表查询向导"对话框中，首先指定含有交叉表查询结果所需字段的表，选择"学生"表，如图7-39所示。

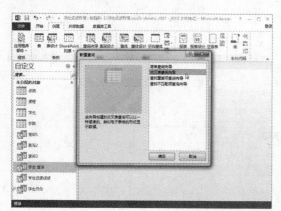 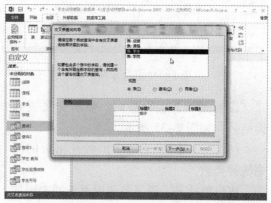

图7-38 选择"交叉表查询向导"选项　　　图7-39 指定含有交叉表查询结果所需字段的表

单击"下一步"按钮，指定行标题。本例的交叉表是用来统计男生、女生人数，所以选择"性别"字段，如图7-40所示。单击"下一步"按钮，指定列标题。本例的交叉表是用来统计各个学院的男生、女生人数，所以选择"学院编号"字段，如图7-41所示。

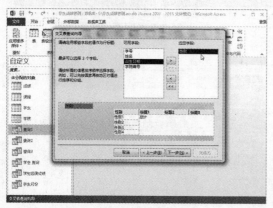 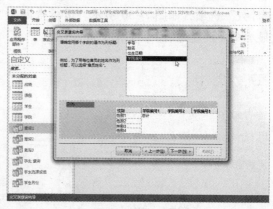

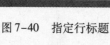

图7-40 指定行标题　　　　　　　　　图7-41 指定列标题

单击"下一步"按钮，指定行、列交叉点计算的数字。本例的交叉表是用来统计人数，所以选择"计数"选项，如图7-42所示。单击"下一步"按钮，为查询指定名称完成交叉表查询，如图7-43所示。

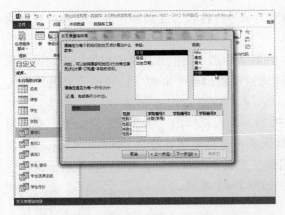

图 7-42 指定行、列交叉点计算的数字　　　　　图 7-43 为查询指定名称

单击"完成"按钮，即可查看交叉表查询结果，如图 7-44 所示。

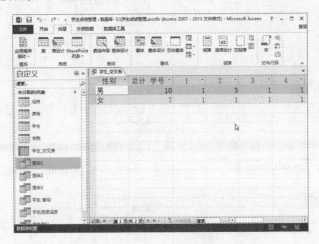

图 7-44 交叉表查询向导查询结果

7.4 动作查询

在对数据库进行维护时，常常需要进行大量的数据操作，如备份数据表、在数据表中删除不符合条件的数据、对数据表中的数据进行批量修改等操作。Access 提供了相应的操作查询，可以轻松地完成相应的操作。

动作查询与选择查询、交叉表查询等不同之处在于它会对数据表进行修改，而其他的查询是将数据表中的数据进行重新组织，动态地显示出来。因此，在执行动作查询时一定要注意，它会对数据表进行修改，部分操作是不可逆的。

7.4.1 生成表查询

查询是一个动态数据集，关闭查询则动态数据集就不存在了。如果要将该数据集独立保存备份，或提交给其他的用户，则可通过生成表查询将动态数据集保存在一个新的数据表中。也就是说，可以使用生成表查询，根据其他表中存储的数据创建一个新表。

【例7-12】创建一个查询，查询所有学生的学号、姓名、性别和年龄，并通过查询将结果存放到新表中。

将学生表添加到查询设计视图，将学号、姓名、性别、出生日期字段添加到查询设计网格窗口。其中出生日期字段输入以下函数表达式：年龄：Year(Now()) - Year(出生日期)，如图7-45所示。

单击功能区的"生成表"按钮，如图7-46所示。提供弹出"生成表"对话框，要求用户输入生成的新表名，以及存放的数据库，默认选择"当前数据库"，如图7-47所示。新表名是运行生成表查询后，新生成的数据表名称。生成表查询存盘退出后，在导航子窗体中显示一个名为"学生信息查询"的查询对象，如图7-48所示。

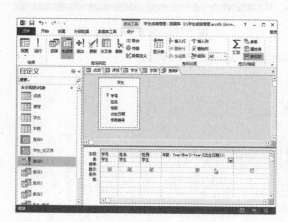

图7-45 设置查询选项

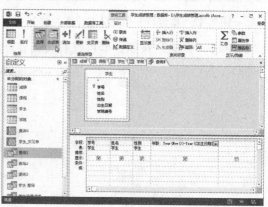

图7-46 "生成表"按钮

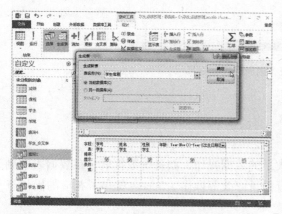

图7-47 "生成表"对话框

图7-48 生成表查询对象

运行该生成表查询时，系统弹出提示框，提示正准备执行生成表查询，如图7-49所示。单击"是"按钮，系统又提示正准备向新表粘贴记录，如图7-50所示。

单击"是"按钮，在导航子窗体中新生成一个学生信息表，如图7-51所示。此表正是该由生成表查询创建的。

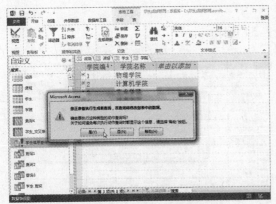

图 7-49　提示正准备执行生成表查询　　　　　图 7-50　提示正准备向新表粘贴记录

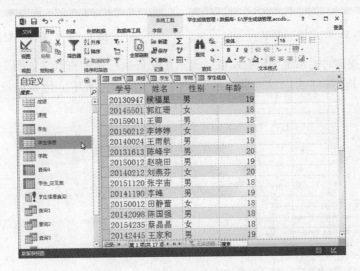

图 7-51　新生成的学生信息表

7.4.2　追加查询

追加查询是根据条件将一个或多个表中的数据追加到另一数据表尾部的操作。

【例 7-13】已经创建一个计算机学院学生表，将学生表中是计算机学院的学生信息存放到此表中。

将学生表、学院表添加到查询设计视图，将学号、姓名、性别、出生日期、学院名称字段添加到查询设计网格窗口。其中学院名称的"条件"设计网格中输入表达式：="计算机学院"，如图 7-52 所示。单击功能区的"追加"按钮，如图 7-53

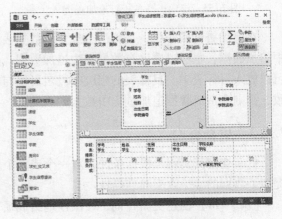

图 7-52　添加到查询设计网格窗口

所示。

弹出"追加"对话框，选择表名称，如图7-54所示。

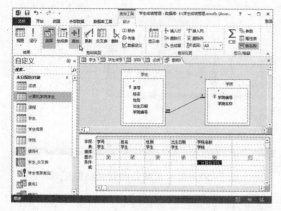

图7-53 "追加"按钮

图7-54 "追加"对话框

运行该追加查询时，系统弹出提示框，提示正准备执行追加查询，如图7-55所示。单击"是"按钮，将符合条件的记录批量追加到计算机学院学生表中。该表记录显示如图7-56所示。

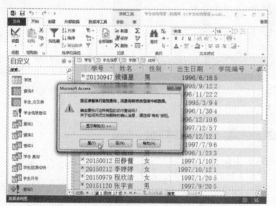

图7-55 提示正准备执行追加查询

图7-56 计算机学院学生表记录

在追加查询操作中，是将一个或多个数据表中的数据追加到另一个表中，既可以向空表中追加数据，也可以向已有数据表中追加数据。追加数据是否成功，在于要追加的数据是否可以放入目标表中。目标表的相应字段名可以与源数据的字段名不同，但数据类型一定要一致，否则会造成数据追加过程中数据的丢失。

7.4.3 更新查询

更新查询其实就是根据条件，对一个或多个表中的一组记录进行批量修改的查询，大大提高了数据的维护效率和准确性。

【例7-14】创建更新查询，一次性地给成绩表中的分数都加1。

将成绩表添加到查询设计视图，单击功能区的"更新"按钮，在"更新到"设计网格中输入表达式：分数+1，如图7-57所示。运行该更新查询，即可一次性地给成绩表中的分数都加1。

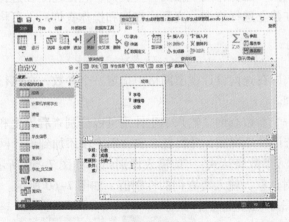

图 7-57　更新查询

更新查询操作时，可以一次更新一个字段的值，也可以一次更新多个字段的值。更新操作要有效，必须运行该更新查询。同时，在更新查询运行时，每运行一次，就会对目标数据表中的数据值进行一次更改，而且该操作是不可逆的。因此，在运行更新查询时，必须要注意，在对数据表中的数据进行增值或减值更新操作时，如果多次运行，则一定会造成数据表中的数据出错。

7.4.4　删除查询

删除查询并不是将查询从数据库中删除，而是根据条件，将记录从一个或多个数据表中删除。这里删除的是记录，而不是数据表的某个字段的值。如果要删除某个字段的值，则需要利用更新查询来实现。

【例 7-15】创建删除查询，一次性地将成绩表中的分数不及格的记录都删除。

将成绩表添加到查询设计视图，并将分数字段添加到设计网格中。单击功能区的"删除"按钮，在"条件"设计网格中输入表达式：<60，如图 7-58 所示。运行该删除查询，即可一次性地将成绩表中分数不及格的记录都删除。

删除查询是永久删除记录的查询，此操作不可逆。因此在运行删除查询时，一定要慎重，以免误操作。

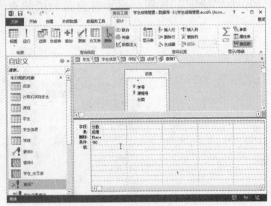

图 7-58　删除查询

7.5　参数查询

选择查询实现查询时，查询条件和方式都是固定的。如果用户经常希望运行特定查询的变体，则应考虑使用参数查询。在运行参数查询时，查询将提示用户提供字段值，然后使用用户所提供的值创建查询条件。

严格地说，参数查询不能算作是单独的一类查询，它是建立在选择查询、交叉表查询或动作查询基础上的。在建立选择查询、交叉表查询和操作查询后，可将其修改为参数查询。

7.5.1 单参数查询

创建单参数查询，即在查询设计视图网格中指定一个参数，在执行参数查询时，根据提示输入参数值完成查询。

【例7-16】创建一个参数查询，输入学生性别可以分别查看男生和女生的信息。

将学生表添加到查询设计视图，并将姓名和性别字段添加到设计网格中。在性别字段的"条件"设计网格中输入参数表达式：［请输入性别：］，如图7-59所示。运行该参数查询，弹出"输入参数值"对话框，输入要查询的性别值，如图7-60所示。

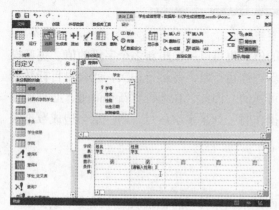

图7-59 "条件"设计网格中输入参数表达式　　图7-60 "输入参数值"对话框

单击"确定"按钮，显示符合参数值的查询结果，如图7-61所示。

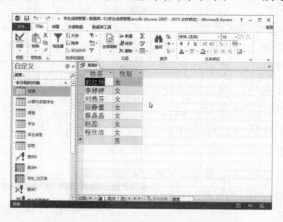

图7-61 显示符合参数值的查询结果

7.5.2 多参数查询

Access不仅可以创建单参数查询，还可以根据需要创建多个参数查询。如果创建了多参数查询，在运行查询时，则必须根据对话框的提示一次输入多个参数值。

【例7-17】创建一个参数查询，输入分数的范围，查看在这个分数范围内的学生姓名、课程名和分数信息。

将学生表、课程表和成绩表添加到查询设计视图，并将姓名、课程名和分数字段添加到设计网格中。在分数字段的"条件"设计网格中输入参数表达式：Between［最低分］And［最高分］，如图7-62所示。

运行该参数查询，弹出两个"输入参数值"对话框，分别输入指定分数的最低分和最高分，如图7-63和图7-64所示。

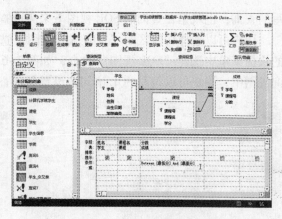

图7-62 "条件"设计网格中输入参数表达式

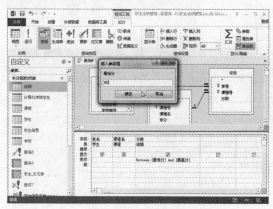

图7-63 输入最低分

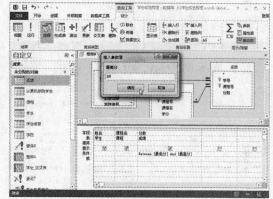

图7-64 输入最高分

单击"确定"按钮，显示符合参数值范围的查询结果，如图7-65所示。

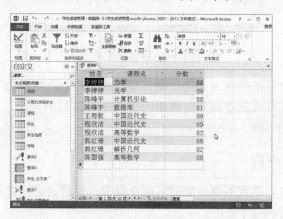

图7-65 显示符合参数值范围的查询结果

7.6 SQL查询

第6章介绍SQL语言时，使用的查询都是SQL查询。SQL查询就是利用SQL语句来书写的查询，也就是在查询的 SQL 视图下来完成查询。

用户可以选择功能区的"SQL SQL 视图"选项，如图 7-66 所示。也可以右击，在弹出的快捷菜单中选择"SQL 视图"命令，如图 7-67 所示。即可进入 SQL 查询视图，在 SQL 查询视图中，用户可以编写 SQL 语句，设置各种查询操作，如图 7-68 所示。

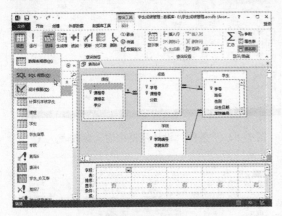

图 7-66 "SQL SQL 视图"选项   图 7-67 "SQL 视图"选项

图 7-68 编写 SQL 语句

在查询中，前面介绍的所有查询均是通过参与查询的表之间相关字段值相等来进行匹配的。而其中的一些特性却无法查询到，例如两个表中不匹配的记录，出现重复值的记录等，而这往往是用户关心的问题。

7.6.1 查找重复项查询

在数据维护过程中，常常需要对数据表或查询中一些数据进行查重处理，Access 提供的查找重复项查询可以实现这个目的。

查找重复项查询是实现在数据表或查询中指定字段值相同的记录超过一个时，系统确认该字段有重复值，查询结果中将根据需要显示重复的字段值及记录条数。

【例 7-18】创建一个查询，按照学院编号和性别，查询人数多于一人的学院名称和男生女生的人数。

单击功能区的"查询向导"按钮，打开"新建查询"对话框，选择"查找重复项查询向导"选项，如图7-69所示。单击"确定"按钮，弹出"查找重复项查询向导"对话框，在"表列表框"中选择"学生"表，如图7-70所示。

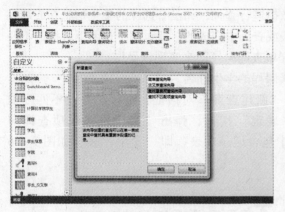

图7-69　"新建查询"对话框

图7-70　选择"学生"表

在"可用字段"中，将学院编号字段和性别字段添加到"重复值字段"中，如图7-71所示。而"另外的查询字段"中不需要选择任何字段，如图7-72所示。

图7-71　"重复值字段"列表

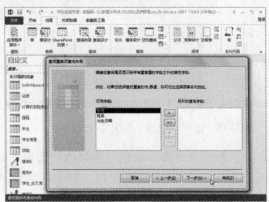

图7-72　"另外的查询字段"列表

单击"下一步"按钮，输入查询名称并完成，如图7-73所示。查询结果如图7-74所示。

图7-73　输入查询名称并完成

图7-74　查询结果

7.6.2　查找不匹配项查询

在数据管理中，常常要对一些不匹配的数据进行查询，如没有选课的学生信息在成绩表中没有记录。查找不匹配项的查询是在两个表或查询中完成的，即对两个视图下数据的不匹配情况进行查询。Access 提供了"查找不匹配项查询向导"来实现该操作。

【例 7-19】创建一个查询，查询没有选修课程的学生姓名。

单击功能区的"查询向导"按钮，打开"新建查询"对话框，选择"查找不匹配项查询向导"选项，如图 7-75 所示。单击"确定"按钮，弹出"查找不匹配项查询向导"对话框。在"表列表框"中选择查询中包含记录的表，即"学生"表，如图 7-76 所示。

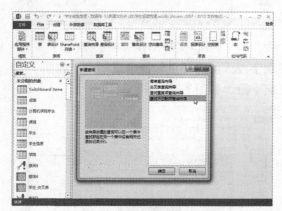

图 7-75　选择"查找不匹配项查询向导"选项

图 7-76　选择查询中包含记录的表

单击"下一步"按钮，选择与查询相关记录的表，如图 7-77 所示。单击"下一步"按钮，选择每张表上匹配的字段，即学号字段，如图 7-78 所示。

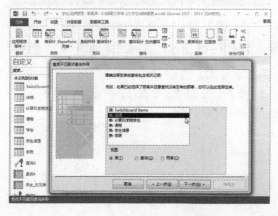

图 7-77　选择与查询相关记录的表

图 7-78　选择每张表上匹配的字段

单击"下一步"按钮，选择查询结果所需的字段，即姓名字段，如图 7-79 所示。单击"下一步"按钮，命名查询，如图 7-80 所示。

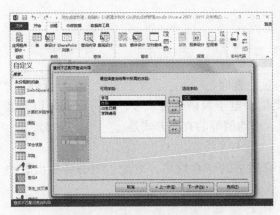
图 7-79 选择查询结果所需的字段

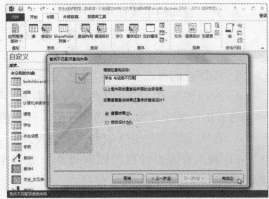
图 7-80 命名查询

单击"下一步"按钮，查看查询结果，显示没有选修课程，即显示在成绩表中没有学号的学生姓名，如图 7-81 所示。

图 7-81 查询结果

7.7 查询的其他操作

查询的其他操作包括查询重命名、复制、剪切以及删除等操作，而且这些操作与表的相应操作相同。

重命名、复制、剪切查询操作，可以右击导航子窗体中的查询，从弹出的快捷菜单中选择"重命名""复制"及"剪切"命令，即可进行重命名、复制及剪切查询。

删除查询操作，可以单击工具区的"删除"按钮，或右击选中需要删除或重命名的查询，从弹出的快捷菜单中选择"删除"或"重命名"命令，即可删除或重命名查询。

7.8 习题

1. 查询是以表或查询为数据源的_____。
2. 查询的运行结果是一个_____集合。

3. 简述查询的主要作用和功能。

4. 在 Access 中，数据库查询主要包括_____查询、_____查询、_____查询、_____查询和_____查询。

5. 动作查询可以分为_____查询、_____查询、_____查询和_____查询。

6. 有一种查询，它可以在一种紧凑的、类似于电子表格的格式中，并将它们分组，显示来源表中的某个字段各组的合计值、计算值、平均值等的查询方式是_____查询。

7. 在图书管理数据库中创建以下查询：

1）利用查询设计视图创建查询，查询所有图书的作者姓名、地址、图书名和出版社名，并按照作者的地址降序排序。

2）统计各个地方作者的人数。

3）创建一个查询，查询所有作者的编号、姓名、性别和年龄，并通过查询将结果存放到新表中。

4）创建一个参数查询，输入作者的地址查看符合条件的作者信息。

5）创建一个查询，查询没有图书信息的出版社信息。

第8章 窗　体

窗体是 Access 数据库中非常重要的一个对象，用户可以通过窗体提供一个具有良好界面的应用系统操作界面。用户可以方便地完成输入数据、编辑数据、显示和查询表中的数据。

本章主要介绍 Access 的窗体对象。

8.1　窗体概述

窗体是一个数据库对象，可用于创建允许用户输入和编辑数据的用户界面。窗体通常包含执行各种任务的控件。虽然只需通过在表格中编辑数据，就可以在不使用窗体的情况下创建数据库，但是大多数数据库用户更愿意使用窗体来查看、输入和编辑表中的数据。使用窗体还可以控制其他用户与数据库数据之间的交互方式。

8.1.1　窗体的功能

Access 中的窗体就像是商场中的展示橱窗，让用户能够更容易地查看或获得所需的项目。由于窗体是用户本人或其他用户能够在其中添加、编辑或显示存储在用户本人的 Access 数据库中的数据对象，因此窗体的设计非常重要。如果有多个用户要使用 Access 数据库，精心设计的窗体对于提高效率和数据输入准确性而言至关重要。

窗体本身并不存储数据，但应用窗体可以方便地对数据库中的数据进行输入、查询和修改等操作。窗体提供了许多控件，可以通过这些控件对表、查询、报表等对象进行操作，也可以执行宏和 VBA 程序等。Access 窗体采用的图形界面，具有用户友好的特性，它能够显示备注型字段和 OLE 对象型字段的内容。

1. 数据的显示与编辑

窗体的最基本功能是显示与编辑数据。窗体可以显示来自多个表的数据。此外，用户可以利用窗体对数据库中的相关数据进行添加、修改和删除，并可以设置数据的属性。用窗体来显示并浏览数据比用表和查询的数据表格式显示数据更加灵活。

2. 数据输入

用户可以根据需要设计窗体，作为数据库中数据输入的接口，这种方式可以节省数据录入的时间并提高数据输入的准确度。窗体的输入功能，是它与报表的主要区别。

3. 应用程序控制

与 VB 窗体类似，Access 的窗体也可以与函数和子程序相结合。在每个窗体中用户可以使用 VBA 编写程序，并利用程序完成相应功能。

4. 信息显示和数据打印

在窗体中可以显示一些警告或解释信息。此外，窗体也可以用来完成打印数据库数据的功能。

8.1.2　窗体的类型

Access 提供了多种类型的窗体，可以大致分为主体窗体、多项目窗体、分割窗体和导航窗体。

1. 主体窗体

主体窗体就是一个空白的 Access 窗体，一次只显示关于一条记录的信息。

2. 多项目窗体

多项目窗体也称为连续窗体，可同时显示多条记录中的信息。外观与数据表相似，但多项目窗体，可以使用户能够更好地控制文本格式设置、添加图形、按钮和其他控件等事项。

3. 分割窗体

分割窗体能够同时在窗体视图和数据表视图中显示数据。当用户需要查看大量数据时很有用，但是一次只能更改一个记录。

4. 导航窗体

导航窗体是指包含导航控件的窗体，用来对数据库应用进行管理。如果用户的计划包括将数据库发布到 Web，则导航窗格对于浏览数据库特别重要，因为 Access 导航窗格在浏览器中不可用。

8.1.3　窗体的视图

窗体的视图有 3 种：窗体视图、设计视图和数据表视图。

1. 窗体视图

窗体视图是用于显示数据的窗口，在该窗口下可以对数据表或查询中的数据进行浏览或修改等操作。

2. 设计视图

窗体的设计视图是用于创建窗体或修改窗体的窗口。

3. 数据表视图

窗体的数据表视图是以行或列格式显示表、查询窗体数据的窗口。在数据表视图中可以编辑、添加、修改、查找或删除数据。

8.2　创建窗体

Access 创建窗体有 3 种方式："窗体"工具、窗体向导和空白窗体。

"窗体"工具可以快速创建每次显示关于一个记录信息的单项目窗体。当用户想对显示在窗体上的字段有更多的选择，可以使用窗体向导创建窗体。另外，窗体向导还允许用户定义数据的分组和排序方式。如果窗体工具或向导不能满足用户的需要，则空白窗体提供一种非常快捷的窗体构建方式，尤其是当用户计划只在窗体上添加很少几个字段时。

Access 还提供了制作视图的向导：窗体向导、创建自动窗体、多个项目、数据表、分割窗体、模式对话框。用户可以根据不同的需求，使用相应的向导制作窗体。

8.2.1 自动创建窗体

自动创建窗体是基于单个表或查询来创建窗体，表或查询作为窗体的数据源。当选定数据源后，窗体将包含来自该数据源的所有字段和记录。窗体的创建是一次性完成的，中间不能干预，且在窗体中，左侧是以字段名作为该行的标签。

1. 使用"窗体"创建自动窗体

要对数据表或查询数据进行展示，制作数据表的输入或浏览窗体，可通过"窗体"按钮来完成。

【例8-1】使用"窗体"创建一个显示学生信息和其直接子表数据的窗体。

首先打开学生表，然后选择系统"创建"菜单，单击功能区的"窗体"按钮，如图8-1所示。系统自动创建一个窗体，显示当前学生表中的数据，并显示其直接的子表——成绩表的数据，如图8-2所示。

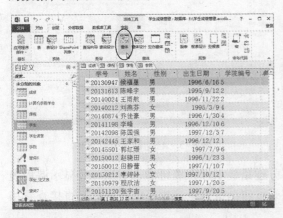

图8-1 "窗体"按钮

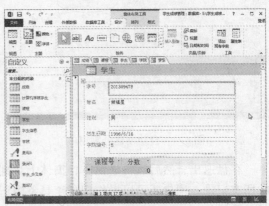

图8-2 系统自动创建窗体

存盘退出，然后运行该窗体，即显示学生表数据，以及成绩表数据。用户还可以操作记录工具条中的上一条、下一条、第一条和最后一条记录按钮，逐条浏览学生表记录及相关子表的记录，如图8-3所示。

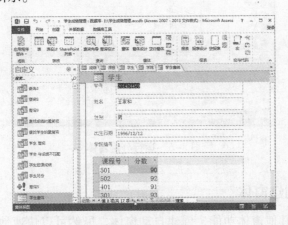

图8-3 运行窗体

169

2. 其他窗体的自动创建

创建自动窗体，除了可以使用"窗体"按钮来完成，还可以用多个项目、数据表、分割窗体、模式对话框、数据透视表和数据透视图的窗体来进行创建。操作方式与"窗体"类似。

【例8-2】使用自动窗体创建一个显示课程信息的分割窗体。

单击功能区的"空白窗体"按钮后面的下拉列表按钮，从中选择"分割窗体"按钮，如图8-4所示。系统自动创建一个分割窗体，窗体上半部分逐条显示课程表记录，下半部分显示课程表中所有记录，如图8-5所示。

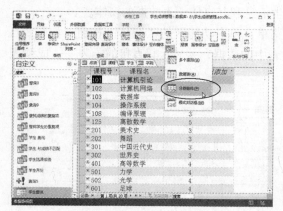

图8-4　自动创建分割窗体

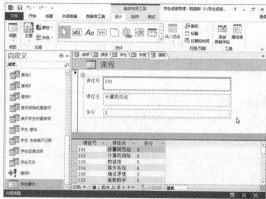

图8-5　自动创建分割窗体

存盘退出，然后运行该窗体，窗体上半部分逐条显示课程表记录，下半部分显示课程表中所有记录。用户还可以操作记录工具条中记录按钮浏览记录，也可以使用光标直接查看相关记录，如图8-6所示。

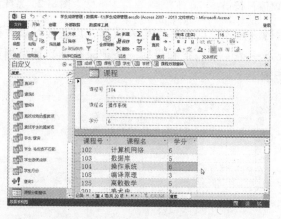

图8-6　运行分割窗体

8.2.2　使用向导创建窗体

使用"窗体"或其他窗体功能，创建自动窗体，虽然可以快速地创建窗体，但所创建的窗体仅限于单调的窗体布局，不能对数据源中数据的显示情况进行控制，即前面的方式会自动将数据源中的所有字段按表或查询的顺序进行一一显示，有一定的局限性。如果要对窗体中显示的字段进行选择，则可以使用"窗体向导"来创建窗体。

在使用"窗体向导"创建窗体时，如果涉及的数据源与多个表相关，则需要预先建立数据库中数据表之间的关系，否则会造成数据表之间的数据无关而使数据源中数据出错。如果窗体所涉及的数据字段来源于多个表，同时，它们之间存在一对多的关系，则在窗体向导中出现提示，用户可以根据提示选择相应选项。

【例 8-3】 使用"窗体向导"创建一个窗体，显示学生信息以及他们选课的信息。

单击功能区的"空白窗体"按钮后面的"窗体向导"按钮，如图 8-7 所示。系统自动弹出"窗体向导"对话框。首先选择窗体上使用的字段，将其一一选择添加，如图 8-8 所示。

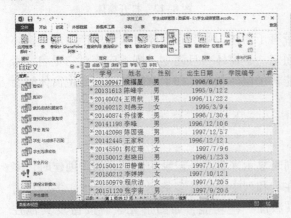

图 8-7　"窗体向导"按钮　　　　图 8-8　"窗体向导"对话框

单击"下一步"按钮，确定查看数据的方式，通常选择"带有子窗体的窗体"单选按钮，如图 8-9 所示。单击"下一步"按钮，确定子窗体使用的布局方式，这里选择"数据表"单选按钮，如图 8-10 所示。

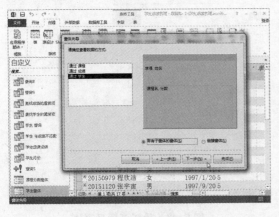

图 8-9　确定查看数据的方式　　　　图 8-10　确定子窗体使用的布局方式

单击"下一步"按钮，确定窗体和子窗体标题，如图 8-11 所示。选择"打开窗体查看或输入信息"单选按钮，单击"完成"按钮，打开窗体查看，如图 8-12 所示。

图 8-11 确定窗体和子窗体标题

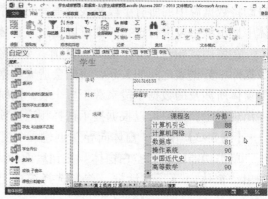

图 8-12 打开窗体

这里需要注意的是，如果建立的窗体中带有子窗体，则会在窗体对象卡中产生两个窗体对象，对象名系统会根据所设定的窗体标题而定。子窗体一旦建立，则不应该对它更名，否则会造成与主窗体间的链接出错，当然也不能将子窗体删除，如果删除，则打开主窗体时会出现错误。

8.2.3 使用多个项目工具创建窗体

多项目窗体有时称为连续窗体，它可以同时显示来自多条记录的信息。初次创建时，多项目窗体可能类似于一个数据表，数据排列在行和列中，并且多条记录同时显示。多项目窗体的自定义选项要比数据表更多一些。可以添加一些功能，如图形元素、按钮及其他控件等。

【例 8-4】使用多个项目工具创建一个窗体，显示学生信息。

单击功能区的"空白窗体"按钮后面的"多个项目"按钮，如图 8-13 所示。系统自动生成多项目窗体，如图 8-14 所示。

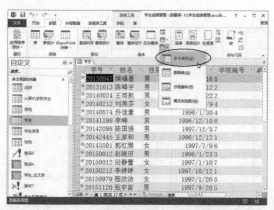

图 8-13 "多个项目"按钮

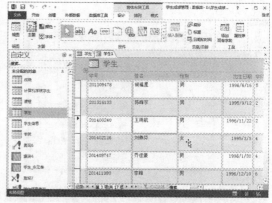

图 8-14 生成多项目窗体

8.2.4 创建图表窗体

使用图表能够更直观地表示数据之间的关系，Access 提供了"图表向导"创建窗体的功能。

【例8-5】采用"图表向导"创建一个窗体，显示每门课的平均成绩。

由于课程名和分数不在同一个表中，所以需要首先创建一个查询，将课程名和分数字段集中到一个查询中，如图8-15所示。单击功能区的"窗体设计"按钮，如图8-16所示。

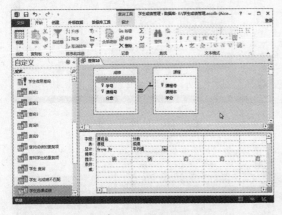

图8-15　创建查询

图8-16　"窗体设计"按钮

打开窗体设计器，如图8-17所示。此时窗体设计器中的窗体是一个空白窗体。选择"控件"按钮下的"图表"按钮，如图8-18所示。

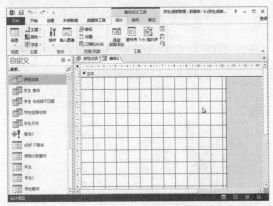

图8-17　窗体设计器

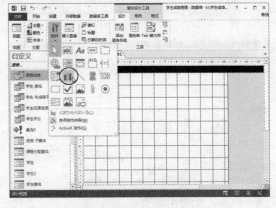

图8-18　"图表"按钮

此时光标箭头变为图标 ，然后在窗体中画出图表的范围，如图8-19所示。范围画完，弹出"图表向导"对话框，选择用于创建图表的表或查询，选择刚才创建的查询，如图8-20所示。

单击"下一步"按钮，选择图表数据所在的字段，如图8-21所示。单击"下一步"按钮，选择图表显示的类型，如图8-22所示。

单击"下一步"按钮，对图表进行预览，如图8-23所示。单击"下一步"按钮，指定图表标题，如图8-24所示。

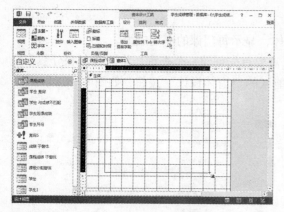

图 8-19　画出图表范围

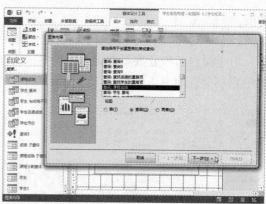

图 8-20　选择表或查询

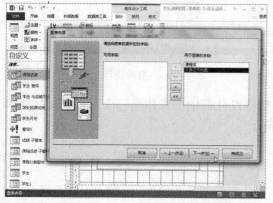

图 8-21　选择图表数据所在的字段

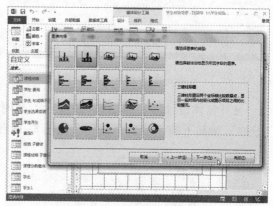

图 8-22　选择图表类型

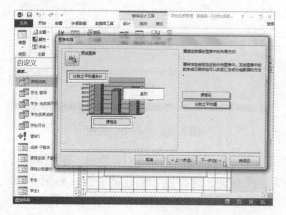

图 8-23　对图表进行预览

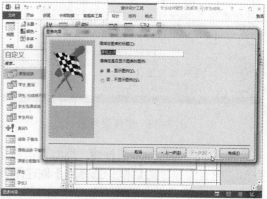

图 8-24　图表命名

　　单击"完成"按钮，完成图表窗体的设计，如图 8-25 所示。打开图表窗体，如图 8-26 所示。

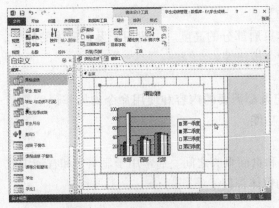

图 8-25　完成图表窗体的设计

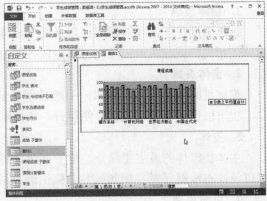

图 8-26　打开窗体

8.3　使用设计视图创建窗体

使用窗体向导创建窗体可以很方便地创建各种窗体，但它们都有一些固有的模式，不能满足用户的个性化需求，因此，Access 提供了窗体设计工具，方便用户根据自身的需求来创建窗体。

单击功能区的"窗体设计"按钮即可进入窗体设计视图。

8.3.1　窗体设计视图的结构

窗体的设计视图用于对窗体进行设计，用户可以在利用窗体向导设计好窗体后，再切换到设计视图来对它进行修改和调整。同样，也可以直接打开一个窗体设计视图进行窗体的设计。

窗体设计视图由多部分组成，每部分又称为一个"节"。多数窗体只有主体节，如果需要也可以包括窗体页眉/页脚、页面页眉/页脚，以及属性表子窗口和字段列表子窗体。即这些部分，除了主体，其他部分都可以设置为显示或隐藏。用户也可以使用光标调节各部分的大小，如图 8-27 所示。

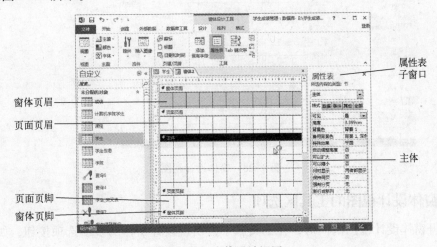

图 8-27　窗体设计视图

1. 窗体页眉

窗体页眉位于窗体的顶部，定义的是窗体页眉部分的高度。一般用于设置窗体的标题、窗体使用说明或相关窗体及执行其他任务的命令按钮等。

2. 窗体页脚

窗体页脚位于窗体的底部，一般是所有记录都需要的内容和使用命令的操作说明等信息。也可以设置命令按钮，以便执行一些控制功能。

3. 主体

主体是窗体的最主要部分，位于页面页眉和页面页脚之间。通常用于显示表和查询中数据以及静态数据元素（例如标签和标识语）的窗体控件。

4. 页面页眉

页面页眉位于窗体页眉与主体之间，用于设置窗体在打印时的页头信息。例如标题或者是用户要在每一页上方显示的内容。

5. 页面页脚

页面页脚位于窗体页脚与主体之间，用于设置窗体在打印时的页脚信息。例如日期、页码或者是用户要在每一页下方显示的内容。

6. 属性表子窗口

单击工具区中的"属性表"按钮，打开属性表子窗口。属性表子窗口位于这些部分的右边，用于设置各个部分及窗体上控件的属性，包括格式、数据、事件、其他和全部页框选项。例如，窗体的背景色等的设置。

7. 字段列表子窗口

单击工具区中的"添加现有字段"按钮，打开字段列表子窗口。字段列表子窗口位于这些部分的右边，用于设置窗体以及各个控件的数据源，它与属性表子窗体不能同时显示，如图 8-28 所示。

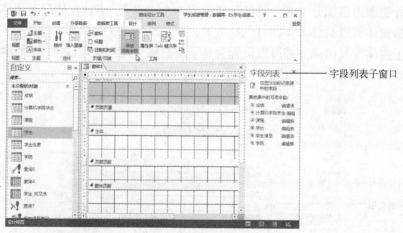

图 8-28　窗体设计视图

8.3.2　窗体设计视图的工具区选项

在打开窗体设计视图的同时，在工具区中会出现设计窗体的多组选项按钮，如图 8-29 所示。

图 8-29 窗体设计视图

1."视图"组

"视图"组可对窗体的视图进行切换,通常包括窗体视图、设计视图和布局视图。

2."主题"组

"主题"组提供窗体的主题效果、窗体的颜色搭配和文字字体的设置。它们均是由系统预先设置并搭配好的。"主题"组为窗体或报表提供了更好的格式设置选项,用户可以自定义、扩展和下载主题,还可以通过 Office Online 或电子邮件与他人共享主题。此外,还可以将主题发布到服务器。

3."控件"组

"控件"组提供窗体设计所需的控件工具以及插入图像,是最常使用的选项。

4."页眉/页脚"组

"页眉/页脚"组提供了对窗体的页眉和页脚的设置,当打开窗体设计视图时,窗体默认的只有主体。

5."工具"组

"工具"组是用于对窗体的各控件和属性进行设置的功能组。

8.3.3 常用控件及功能

控件是窗体上用于显示数据、执行操作和修饰窗体的对象。在窗体中添加的每一个对象都是控件。Access 窗体中常用的控件包括文本框、标签、选项组、列表框、组合框、复选框、切换按钮、命令按钮、图像控件、未绑定对象框、子窗体/子报表、分页符、选项卡、线条和矩形框等。

窗体中的控件类型可分为绑定型、未绑定型与计算型。

- 绑定型控件有数据源,主要用于显示、输入或更新表中的数据。
- 未绑定型控件没有数据源,用于显示信息、图形或图像等。
- 计算型控件用表达式作为数据源,表达式可以利用窗体所引用的表或查询字段中的数据,也可以利用窗体上其他控件中的数据。

1. 文本框控件

文本框控件 abl 主要用来输入、输出或编辑数据,它是一种交互式的控件。它具有 3 种类型:绑定型、未绑定性和计算型。

- 绑定型文本框能够从表、查询或 SQL 语句中获得所需数据。
- 未绑定型文本框,没有和任何字段相链接,通常用来显示提示信息或接收用户输入数据等。
- 计算型文本框与表达式相链接,用于显示表达式的值。

常用属性具体如下。

- 名称:设置文本框对象的名称。

- 输入掩码：设置文本框中显示的字符格式。
- 控件来源：设置文本框的数据来源。
- 有效性规则：设置文本框中值的显示是否符合所设定的规则。
- 字型：设置文本框中字体的类型。

2. 标签控件

标签控件 Aa 主要用于在窗体上显示说明性文本。例如窗体的标题、各种控件前面的文字说明等。标签不显示字段或表达式的值，它没有数据源。窗体中的标签常常与其他控件一起出现，例如文本框。

常用属性具体如下。

- 名称：设置标签对象的名称。
- 可见性：设置是否显示标签控件。
- 背景色：设置标签的背景颜色。
- 背景样式：选择标签是否透明。
- 标题：设置标签控件显示的文本内容。
- 字号：设置标签中字体的大小。
- 字体名称：设置标签中标题的字体。
- 前景色：设置标签中标题的颜色。
- 文本对齐：设置标签中标题的文本对齐方式。

3. 按钮控件

按钮控件▨用于执行某项操作或某些操作。

Access 提供了命令按钮向导，可以创建 30 多种不同类型的命令按钮。

常用属性具体如下。

- 标题：设置命令按钮上显示的文本内容，例如添加、编辑、保存和退出等。
- 图片：设置在命令按钮上显示的图形文件（BMP 或 ICON）。
- 可用：设置命令按钮是否有效。
- 单击：在属性窗口中，单击"单击"事件右侧的浏览按钮，将打开 Click 编辑窗口，用户可在此窗口中输入事件代码。

4. 选项卡控件

选项卡控件▢主要用于窗体空间有限时的多窗体内容显示。可以采用选项卡将内容进行分类，分别放入不同的选项卡中。在使用选项卡时，用户只需要单击选项卡标签即可进行切换。

5. 超链接控件

超链接控件▨用于在窗体上插入超链接的控件。

6. Web 浏览器控件

Web 浏览器控件▨可以在 Access 应用程序中创建新的 Web 混合应用程序并显示 Web 内容。

7. 导航控件

导航控件▨是在窗体的上下部或侧面创建导航按钮。

8. 选项组控件

选项组控件[XYZ]由一个组框、一组复选框或切换按钮组成。选项组可以提供给用户某一组确定的值以备选择，界面友好，易于操作。选项组中每次选择一个选项。如果选项组绑定到某个字段，则只有组合框本身绑定到该字段，而不是组框内的某一项。选项组可以设置为表达式或非绑定选项组，也可以在自定义对话框中使用非结合选项组来接受用户的输入，然后根据输入的内容来执行相应的操作。

Access 提供了选项组向导，对选项组各项的标签、默认值、各选项的值、控件类型、样式及选项组标题等进行定义。

常用属性只有选项值：设置选项值，系统会按选项值设置控件的默认状态。

9. 插入分页符控件

插入分页符控件——用于在窗体上开始一个新的屏幕，或在打印窗体上开始一个新页。

10. 组合框控件和列表框控件

组合框控件[图]和列表框控件[图]用于在一个列表中获取数据。如果在窗体上输入的数据总是一组固定的值列表中的一个或是取自某一个数据表或查询中的记录时，可以使用组合框或列表框来实现。这样既能保证数据输入的快捷，同时也可以保证数据输入的准确性。列表框可以包含一列或多列数据，用户从列表中选择一行，而不能输入新值。组合框的列表由多行组成，但只能显示一行数据，如果需要从列表中选择数据，可单击列表框右侧的下三角按钮，在打开的列表中进行选择即可。组合框和列表框的区别在于，组合框中的数据在列表中只能显示一条值，而列表框可以显示多条值。组合框可以输入新值，也可以从列表中选择值。列表框只能在列表中选择数据，而不能输入新数据。

Access 提供了组合框和列表框向导，对控件获取数据源的方式或值进行定义。

常用属性具体如下。

- 控件来源：设置控件数据的来源。
- 行来源类型：设置组合框中值的来源是表/查询、值列表还是自动列表。
- 输入掩码：设置组合框中显示的字符格式。

11. 图表控件

图表控件[图]用于在窗体上显示图表。当插入图表时，Access 提供了图表向导，对图表获取数据源等进行定义。

12. 直线控件

直线控件＼可以在窗体上显示直线图形。

13. 切换控件、复选框控件和选项按钮控件

切换控件[图]、复选框控件[✓]和选项按钮控件[◉]（又称为单选按钮）是作为单独的控件来显示表或查询中的"是"或"否"的值。当选中复选框或单选按钮，设置为"是"，如果不选中则为"否"。切换按钮如果按下为"是"，否则为"否"。

常用属性具体如下。

- 控件来源：设置控件数据的来源。
- 图片：设置在命令按钮上显示的图形文件。
- 可用：设置命令按钮是否有效。

14. 矩形控件

矩形控件□可以在窗体上显示矩形图形。

15. 未绑定对象框控件和绑定对象框控件

未绑定对象框控件▨和绑定对象框控件▨用于显示 OLE 对象。绑定对象框用于绑定窗体数据源中的 OLE 对象类型字段，绑定对象框控件用于显示 OLE 对象类型的文件。

在窗体中插入未绑定对象框时，Access 会弹出一个对话框对插入的对象进行创建或选择插入文件等。

常用属性具有如下。

- 控件来源：设置与数据表中某一通用型字段相链接。
- OLE 类型：设置图像来源的数据类型是嵌入、链接还是无。
- 缩放模式：设置图像与显示区域的大小比例。

16. 附件控件

附件控件⬚用于在窗体上插入数据表中的附件。

17. 子窗体/子报表控件

子窗体/子报表控件▦用于在主窗体/主报表中显示与其数据相关的子数据表中数据的窗体或报表。

18. 图像控件

图像控件▭用于在窗体上显示图形。

常用属性具体如下。

- 图片：设置控件要显示的 BMP 图像文件来源。
- 边框样式：设置是否显示边框。
- 缩放样式：设置图像的填充方式。

8.3.4　控件的常用操作

在窗体设计中，常常需要对控件进行各种操作，如控件的选定、调整位置和大小等。

1. 控件的选定

在对窗体中的控件进行操作时，需要首先选定控件。可以一次选定单个控件，也可以一次选定多个控件。选定单个控件时，直接单击某个控件即可选定，同时该选定控件四边出现控制框，左上角出现选定控制点，如图 8-30 所示。如果需要选定多个控件时，首先选定第一个控件，然后按住〈Ctrl〉或〈Shift〉键，再选择其他需要选定的控件。或者使用光标在窗体上画出选定范围，即可选定范围内的所有控件。所有选定的控件四边出现控制框，左上角出现选定控制点，如图 8-31 所示。选定多个控件还可以将光标指针置于窗体的水平标尺或垂直标尺上，当光标指针变成垂直向下或水平向右的箭头时，沿着标尺上下或左右移动，即将两条直线区域内的多个控件选定，如图 8-32 所示。

2. 控件的复制

有的窗体上需要许多相同的控件，例如标签和文本框，用户不需要一个一个的添加，可以使用复制。选定要复制的一个或多个控件，再单击功能区的"剪贴板"→"复制"按钮，或右击，从弹出的快捷菜单中选择"复制"命令，或按〈Ctrl + C〉组合键，即可复制控件。再单击功能区的"剪贴板"→"粘贴"按钮，或右击，从弹出的快捷菜单中选择"粘贴"

命令，或按〈Ctrl + V〉组合键，即可将复制的控件粘贴到窗体上。

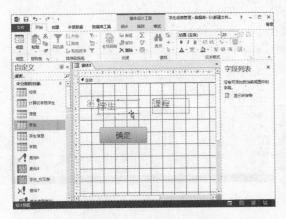
图 8-30 选定单个控件

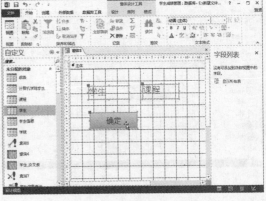
图 8-31 选定多个控件

3. 控件的删除

如果控件不需要了，可以删除。选定一个或多个控件后，按〈Delete〉键，或右击，从弹出的快捷菜单中选择"删除"命令，或单击功能区的"记录"→"删除"按钮，如图 8-33 所示，即可删除控件。

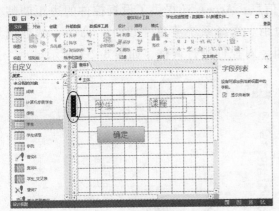
图 8-32 标尺选定多个控件

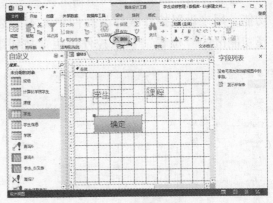
图 8-33 "删除"按钮

4. 控件位置、大小的调整

如果想要调整控件的位置，可以选定控件后，用鼠标在窗体上拖动控件，或者按键盘的上下左右调整键进行位置调整。当选定某个控件时，控件四周上会出现控制点，用户可以使用鼠标操作控制点，此时光标指针变为双向箭头，即可调整控件的位置或大小，如图 8-34 所示。

5. 控件的对齐

要将窗体中多个控件对齐，可先选定控件，再选择系统菜单"排列"命令，然后单击功能区的"调整大小和排序"→"对齐"按钮组，对控件进行各种对齐操作，如图 8-35 所示。

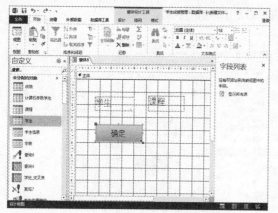

图 8-34　调整控件的位置或大小　　　　　　图 8-35　"对齐"按钮组

6. 控件的间距调整

要将窗体中多个控件的间距设置适中，可先选定控件，再选择系统菜单"设计"命令，然后选择功能区的"调整大小和排序"选项组的"大小/空格"命令按钮组，对控件的间距进行调整，如图 8-36 所示。

7. 控件的边距调整

通常，用户需要在控件中输入一些文本信息，Access 还提供了设置控件的边距调整功能，用来设置控件本身与控件中文本的边距。选择系统菜单"设计"命令，然后选择功能区的"位置"→"控件边距"按钮组，对控件进行调整，如图 8-37 所示。

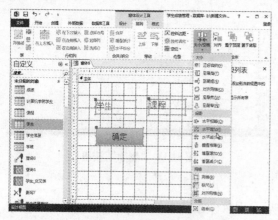

图 8-36　"大小/空格"按钮组

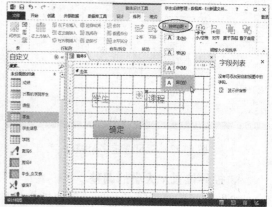

图 8-37　"控件边距"按钮组

8. 控件的定位

由于一个复杂的窗体都会包含多个节，各个节之间的控件可以跨节进行调整设置，这就需要控件的定位了。选择系统菜单"设计"命令，然后单击功能区的"定位"按钮组，对控件进行调整，如图 8-38 所示。

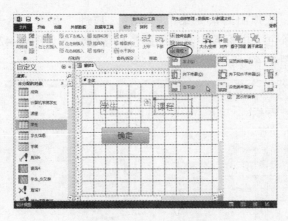

图 8-38 "定位"按钮组

8.3.5 常用控件的应用

Access 提供的这些控件，各有各的功能和应用。选择系统菜单"设计"命令，然后单击功能区的"控件"→"控件"按钮，常用的控件都会显示，如图 8-39 所示。

Access 窗体中常用的控件有：标签、文本框、组合框和列表框。

1. 标签

【例 8-6】使用标签在窗体上显示"学生信息"。

选择系统菜单"创建"命令，单击功

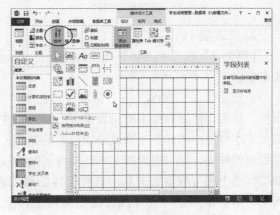

图 8-39 常用控件

能区的"窗体设计"按钮，系统自动创建一个窗体。选择系统菜单"设计"命令，单击功能区"控件"→"标签"按钮，如图 8-40 所示。然后在窗体页眉部分拖动鼠标，设置出标签的位置及大小，并输入"学生信息"，如图 8-41 所示。

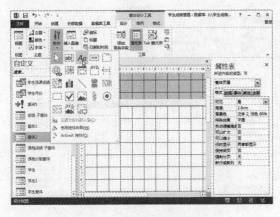

图 8-40 "标签"控件按钮

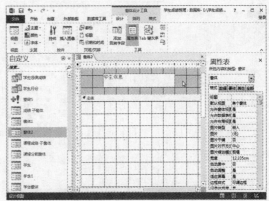

图 8-41 设置标签的位置及大小

选中标签，右击，从弹出的快捷菜单中选择"属性"命令，打开标签的属性子窗口。设置标签的字号和前景色（即标签中文本的颜色）等属性，如图 8-42 所示。存盘退出并运行窗体，显示结果如图 8-43 所示。

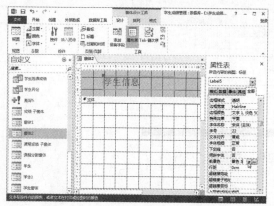

图 8-42　设置标签属性

图 8-43　运行窗体

2. 文本框

【例 8-7】在【例 8-6】的窗体主体部分，添加若干标签对象和文本对象，用来显示学生的信息。

单击功能区"控件"→"标签"按钮和"文本框"按钮，然后在窗体的主体部分拖动鼠标，设置出标签和文本的位置及大小。需要注意的是，用户在添加文本框时，系统会自动添加文本框对应的标签。所以添加标签的操作，用户可以自行添加，也可以直接使用系统自动添加的标签，即只用添加文本框即可同时添加标签。文本框初始状态下未绑定数据源，即初始状态下未与数据表关联。选择窗体的属性表子窗口的"数据"页框，设置"记录源"选项。由于窗体中的所有控件的数据均来源于学生表，所以"记录源"选项设置为"学生"。然后选择文本框的属性表子窗口的"数据"页框，设置"控件来源"选项，分别为学生表的学号字段，即文本框绑定数据源，如图 8-44 所示。也可以通过另一种方式添加姓名字段显示。单击功能区"工具"→"添加现有字段"按钮，选中学生表的姓名字段，如图 8-45 所示。

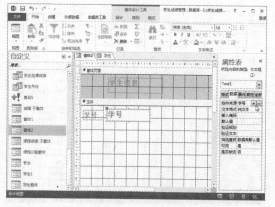

图 8-44　设置标签和文本的位置及大小

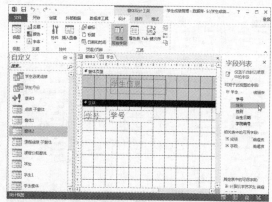

图 8-45　选择字段

用鼠标将字段拖曳到主体即可，并设置位置及字体大小等属性。这里需要注意的是，鼠标拖曳字段到窗体，系统默认添加一个标签和一个文本框，如图 8-46 所示。存盘退出，单击工具区中的最左边的"视图"按钮，或双击导航子窗体中该窗体的窗体名，显示结果如图 8-47 所示。可以单击窗体自带的按钮，查看学生表中的相关数据。

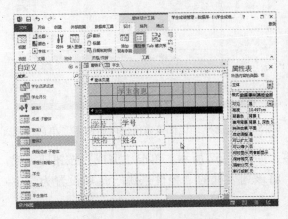

图 8-46　拖曳字段到窗体

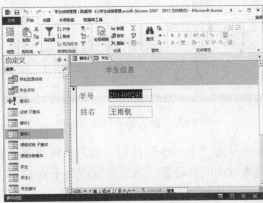

图 8-47　运行窗体

3. 组合框控件列表框控件

【例 8-8】修改【例 8-7】创建的窗体，在窗体主体部分，将性别用列表框显示，再添加组合框显示学院编号。

列表框可以使用控件向导完成数据源绑定。单击功能区"控件"→"使用控件向导"按钮，如图 8-48 所示。然后再单击"控件"→"列表框"按钮，用光标在主体上确定大概列表框位置。此时，系统会自动弹出"列表框向导"对话框，这里选择"自行键入所需的值"单选按钮，如图 8-49 所示。

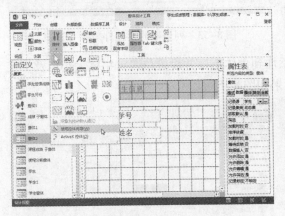

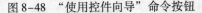

图 8-48　"使用控件向导"命令按钮

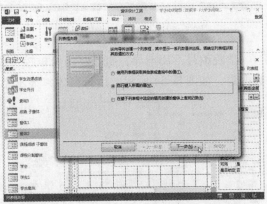

图 8-49　选择"自行键入所需的值"单选按钮

单击"下一步"按钮，在列中输入第一列显示的值："男""女"，如图 8-50 所示。单击"下一步"按钮，选择"记忆该数值供以后使用"单选按钮，如图 8-51 所示。

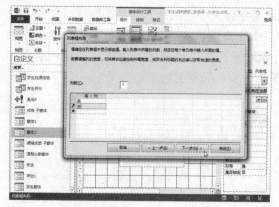

图 8-50 输入第一列显示的值

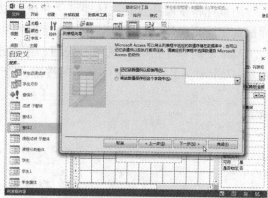

图 8-51 选择"记忆该数值供以后使用"单选按钮

单击"下一步"按钮,为列表框指定标签,如图 8-52 所示。单击"完成"按钮即完成列表框的向导设置。然后在属性表子窗口中,将该列表框的"控件来源"选项设置为学生表的"性别"字段,如图 8-53 所示。

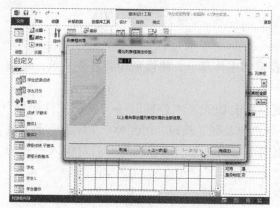

图 8-52 为列表框指定标签

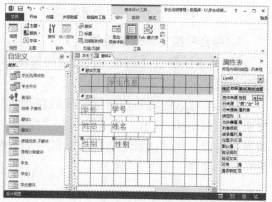

图 8-53 列表框的"控件来源"选项

学院编号不用向导,直接将组合框控件添加到主体上,并设置位置、字体大小以及绑定数据源,如图 8-54 所示。运行窗体,显示结果如图 8-55 所示。

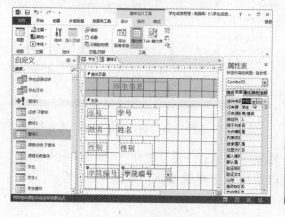

图 8-54 添加组合框

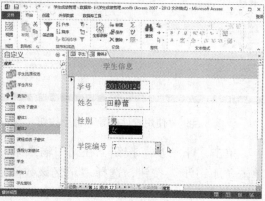

图 8-55 运行窗体

4. 按钮控件

【例8-9】修改【例8-8】创建的窗体，在窗体主体部分添加4个按钮，用来进行上一条、下一条、第一条和最后一条记录的查阅。

单击功能区"控件"→"使用控件向导"按钮，然后再单击"控件"→"按钮"按钮，用光标在主体上确定大概命令按钮位置。此时，系统会自动弹出"命令按钮向导"对话框。选择"转至第一项记录"选项，如图8-56所示。单击"下一步"按钮，设置按钮上显示的文本或图片信息，如图8-57所示。

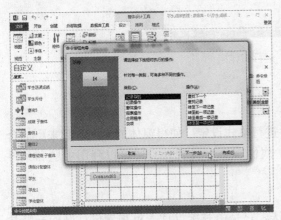

图8-56　选择"转至第一项记录"选项

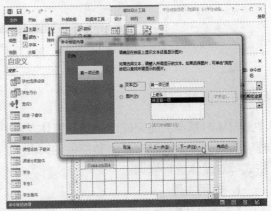

图8-57　设置按钮显示

单击"下一步"按钮，命名按钮，如图8-58所示。完成设置后，在主体上显示添加后的按钮，用户不用再设置数据源。按此方法，再添加3个按钮，如图8-59所示。

图8-58　命名按钮

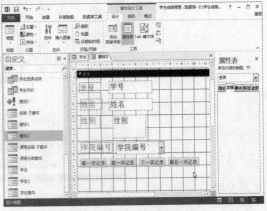

图8-59　成功添加按钮

运行窗体，显示结果如图8-60所示。用户可以通过单击按钮，查看第一条记录、前一条记录、后一条记录和最后一条记录。

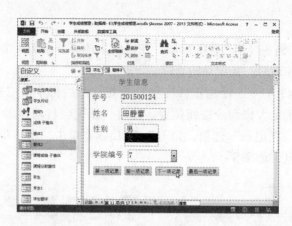

图 8-60 运行窗体

8.3.6 修饰窗体

窗体的基本功能完成后，要对窗体及控件进行格式设定，使得窗体的界面看起来更加合理、美观，除了通过对窗体和控件的"格式"属性表进行设置外，还可以利用主题和条件格式等对窗体进行修饰。

1. 使用主题

"主题"是修饰和美化窗体的一种快捷方法，它是由系统设计人员预先设计好的一整套配色方案，能够使数据库中的所有窗体具有相同的配色方案。

在窗体的设计视图"主题"→"主题"按钮中，有许多主题供用户选择，如图 8-61 所示。在"主题"选项组中还有"颜色"和"字体"按钮供用户使用。

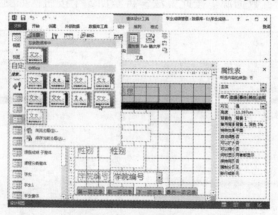

图 8-61 主题选项

2. 使用条件格式

除了可以使用属性表、主题等设置窗体的格式外，还可以根据控件值作为条件，设置相应的显示格式。

【例 8-10】修改【例 8-9】，利用"条件格式"修饰窗体，条件是随着学院编号的改变，改变其颜色。

首先选定学院编号下拉列表框，单击功能区"控件格式"→"条件格式"按钮，如

图 8-62 所示。弹出"条件格式规则管理器"对话框。单击其上的"新建规则"按钮，弹出"新建格式规则"对话框。将该控件的字体加粗，变为其他颜色，如图 8-63 所示。

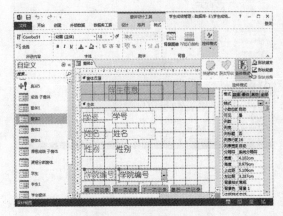

图 8-62 "条件格式"按钮

图 8-63 新建规则

然后依次新建其他规则，如图 8-64 所示。运行窗体，显示结果如图 8-65 所示。学院编号随着编号值的改变，字体加粗并改变颜色。

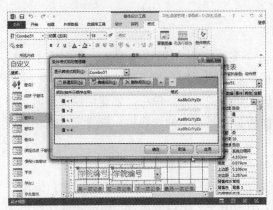

图 8-64 依次新建规则

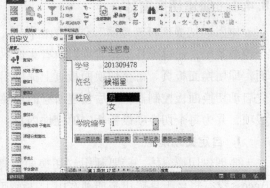

图 8-65 运行窗体

3. 窗体添加提示信息

为了提升窗体界面的可用性，最好在窗体中为一些特殊字段添加提示信息，方便用户能够直接了解信息，达到提供帮助的目的。用户首先选定显示提示信息的控件，然后设置该控件"属性表"的"其他"选项卡中的"状态栏文字"属性，输入提示文本信息。运行窗体，当焦点移到该控件时，则会在状态栏中显示提示信息。

4. 窗体添加日期时间

如果想要在窗体上显示系统时间，可以单击"页眉/页脚"→"日期和时间"按钮，如图 8-66 所示，弹出"日期和时间"对话框，用户可以设置日期和时间的显示格式等。运行窗体，在窗体上显示计算机当前的日期和时间，如图 8-67 所示。

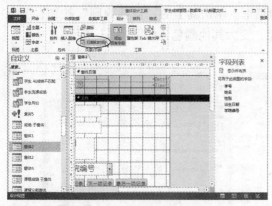
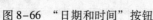

图 8-66 "日期和时间"按钮

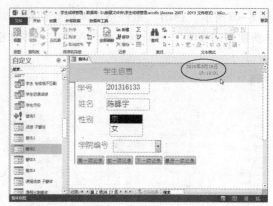

图 8-67 运行窗体

8.4 定制系统控制窗体

窗体具有美观，操作方便等特点，所以常被用作是用户与应用程序的接口。

Access 提供的"切换面板管理器"和"导航窗体"可将各种功能集成在一起，创建一个应用系统的控制界面。

8.4.1 创建切换窗体

使用"切换面板管理器"创建的窗体是一个特殊的窗体，即切换窗体，它实质上是一个控制菜单，通过选择菜单实现对所有集成数据库对象的调用。每一级控制菜单对应一个界面，即切换面板页。每个切换面板页上提供相应的切换项，即菜单项。创建切换窗体时，首先启动切换面板控制器，然后创建所有的切换面板页和每页上的切换项，设置默认的切换面板项，并为每个切换项设置相应的控件内容。

1. 自定义功能组

要创建切换窗体，需要利用"切换面板管理器"按钮来启动切换窗体的创建，但由于Access 没有将该工具按钮添加到常用工具选项卡中，因此，用户需要首先将该功能按钮添加到工具选项卡中。

选择系统菜单的"文件"→"选项"命令，如图 8-68 所示。

系统打开"Access 选项"设置对话框，如图 8-69 所示。选择"自定义功能区"选项，在"自定义功能区"列表中单击"新建组"按钮，在该选项卡中添加一个新组，如图 8-70所示。单击"重命名"按钮，打开"重命名"对话框，如图 8-71 所示，为组重命名为"切换窗体"。单击"确定"按钮，返回"Access 选项"对话框。

在"从下拉位置选择命令"中，选择"不在功能区中的命令"选项，将"切换面板管理器"添加到新建的组中，如图 8-72 所示。设置完成，在 Access 的"数据库工具"功能区中，出现了刚设置的"切换窗体"组，其中只有一个按钮，即"切换面板管理器"，如图 8-73所示。

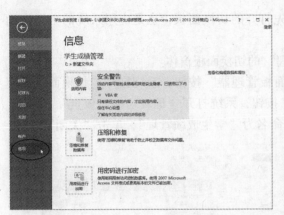

图 8-68 "文件"→"选项"命令

图 8-69 "Access 选项"对话框

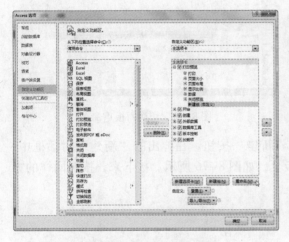

图 8-70 "新建组"按钮

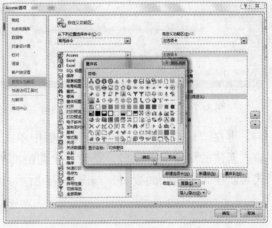

图 8-71 "重命名"对话框

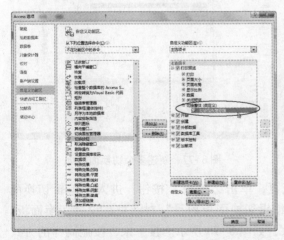

图 8-72 将"切换面板管理器"添加到新建的组中

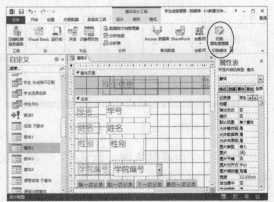

图 8-73 "切换面板管理器"按钮

2. 创建切换面板页和创建切换面板项目

默认的切换面板页是启动切换窗体时最先打开的切换面板，也是应用系统的主切换面板，它由"默认"来标识。

【**例 8-11**】创建一个名为"学生成绩管理"的切换面板窗体。

单击"数据库工具"功能区中的"切换面板管理器"按钮，系统打开"切换面板管理器"对话框，如图 8-74 所示。单击"编辑"按钮，系统打开"编辑切换面板页"对话框，如图 8-75 所示。用户可以对切换面板进行重命名为"学生成绩管理"，单击"关闭"按钮。

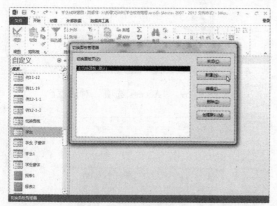　　

图 8-74　"切换面板管理器"对话框　　　　　　图 8-75　切换面板重命名

再在"切换面板管理器"对话框中单击"新建"按钮，在弹出的"新建"对话框中，输入新建的切换面板页名，新建一个切换面板页，如图 8-76 所示。接下来，按照同样的方式再新建 3 个切换面板页，如图 8-77 所示。

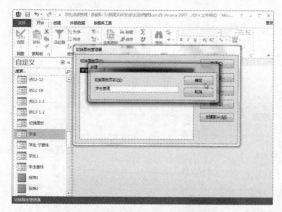　　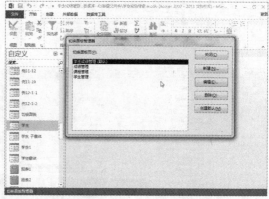

图 8-76　新建一个切换面板页　　　　　　图 8-77　新建多个切换面板页

选中"学生成绩管理（默认）"切换面板页，单击"编辑"按钮，进入"编辑切换面板页"对话框。单击"新建"按钮，打开"编辑切换面板项目"对话框，设置切换面板。第一个切换面板指向"学生管理"切换面板页，如图 8-78 所示。接下来，按照同样的方式再编辑另外两个切换面板页，如图 8-79 所示。

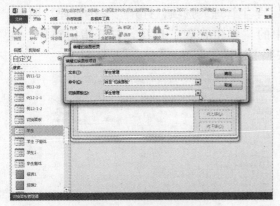

图 8-78　设置切换面板页

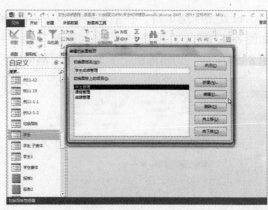

图 8-79　设置多个切换面板页

　　设置完毕，关闭退出。在"导航"子窗体中，出现一个名为"切换面板"的窗体对象。运行该窗体，结果如图 8-80 所示。

3. 为切换面板项目设置具体操作

　　虽然创建了主切换面板和切换项目之间的跳转操作，但还未加入具体的切换项目，以直接实现系统中的具体操作，即在切换面板窗体上进行多个窗体的切换。

　　以【例 8-11】创建的切换面板窗体为例，接着介绍设置具体的操作。在主切换

图 8-80　运行切换窗体

面板下，单击"数据库工具"功能区中的"切换面板管理器"按钮，打开"切换面板管理器"对话框。选择"学生管理"选项，如图 8-81 所示。单击"编辑"按钮，选择"编辑切换面板项目"对话框中的"命令"下拉列表中的"在'编辑'模式下打开窗体"选项，并将窗体指向指定窗体，如图 8-82 所示。

图 8-81　选择"学生管理"选项

图 8-82　"编辑切换面板项目"对话框

设置完毕退出后，在主切换面板中，选择"学生管理"选项，打开"学生管理"面板，如图 8-83 所示。再选择"学生管理"面板中的"学生管理"选项，打开指定窗体，如图 8-84 所示。切换面板上的其他选项都可以按照上述操作设置。

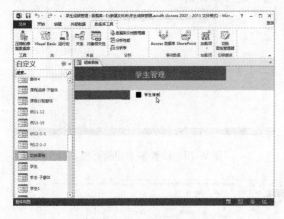

图 8-83　"学生管理"面板

图 8-84　打开指定窗体

8.4.2　设置启动窗体

当切换窗体创建完成后，用户有时希望在启动 Access 的同时，自动启动切换窗体，则可通过设置窗体的启动属性来实现。

打开"Access 选项"设置对话框，设置"应用程序标题"为"学生成绩管理"，也可为应用程序添加图标。在"显示窗体"列表框中选择要自动启动的窗体，即切换面板，也可将切换面板窗体设置为自动启动的窗体。设置完毕，保存退出。再次开打数据库时，切换面板窗体会自动启动，如图 8-85 所示。

图 8-85　设置启动窗体

8.5　窗体的导入/导出

窗体虽然不直接存储数据，但也可以像数据表一样，对窗体进行导入/导出操作。但通常只用作导出操作。选中要导出的窗体，右击，从弹出的快捷菜单中选择"导出"命令，指定导出到哪一种类型文件，如图 8-86 所示。也可以单击系统菜单"外部数据"选项的工具区中的"导出"选项组中的相应按钮，如图 8-87 所示。

如果选择 Excel 文件，则导出结果如图 8-88 所示。窗体导出的数据与数据表导出的数据不太一样。

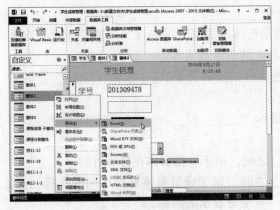

图 8-86 菜单导出窗体

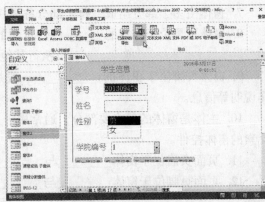

图 8-87 "导出"按钮组

图 8-88 导出的数据

8.6 窗体的重命名、复制和删除

窗体创建完毕，用户可以在"导航"子窗体中对窗体进行重命名、复制和删除操作。选中窗体，右击，从弹出的快捷菜单中选择"重命名""复制"和"删除"命令，对窗体进行相应操作。也可以使用键盘按键或组合键进行操作。

8.7 习题

1. 窗体是一个数据库_____，可用于创建允许用户输入和编辑数据的_____。

2. Access 提供了多种类型窗体，可以大致分为 _____ 窗体、_____ 窗体、_____ 窗体和_____窗体。

3. 窗体的视图有 3 种：_____、_____和_____。

4. Access 创建窗体有 3 种方式：_____、_____和_____。

5. 窗体中的数据主要来源于_____和_____。

6. 要在窗体中显示一串固定文本，应该使用控件组中的_____控件。

7. 窗体由多个部分组成，每个部分称为一个_____。

8. 窗体页眉位于窗体的_____，定义的是窗体页眉部分的高度。一般用于设置窗体的_____、_____或_____及执行其他任务的命令按钮等。

9. 窗体页脚位于窗体的_____，一般是所有记录都需要的_____、_____的操作说明等信息。

10. 主体是窗体的最主要部分，通常用于显示_____和_____中数据以及静态数据元素的窗体控件。

11. 页面页眉位于窗体_____与_____之间，用于设置窗体在打印时的_____。

12. 页面页脚位于窗体_____与_____之间，用于设置窗体在打印时的页脚信息。例如_____、_____，或者是用户要在每一页下方显示的内容。

13. 在图书管理数据库中创建以下窗体：

1）使用"窗体"创建一个显示作者信息和其直接子表数据的窗体。

2）使用"窗体向导"创建一个窗体，显示作者信息以及他们出版的图书信息。

3）使用"图表向导"创建一个窗体，显示各个出版社出版图书的总数。

4）使用窗体设计视图创建一个窗体，显示所有出版社信息。

第9章 报 表

当用户使用数据库时，一般使用报表来查看数据、设置数据格式和汇总数据。报表也是一种数据库对象，是数据库程序设计的重要环节，用户可以根据需要来设计数据输出格式。

本章主要介绍 Access 的报表对象。

9.1 报表概述

报表是一种数据库对象，用户可使用报表来显示和汇总数据。报表提供了一种分发或存档数据快照的方法，用户可以将它打印出来、转换为 PDF 或 XPS 文件或导出为其他文件格式。报表可提供有关各个记录的详细信息和许多记录的汇总信息。用户还可使用 Access 报表来创建标签以用于邮寄或其他目的。

客户端报表与 Web 报表有所不同。Access 允许用户通过将 Access 数据库发布到运行 Access Services 的 SharePoint 服务器上来创建 Web 数据库。当用户创建 Web 数据库后，将在使用 SQL Server Reporting Services 的浏览器中呈现 Access 报表。对于要在浏览器中呈现的报表，此转换限制了用户可在该报表中使用的功能。但是，如果用户不考虑在浏览器中呈现报表，则可使用 Access 报表设计器所提供的一整套功能。

9.1.1 报表的功能

报表是查阅和打印数据的方法，与其他的打印数据方法相比，报表具有可以执行简单数据浏览和打印的功能，还可以对大量原始数据进行比较、汇总和小计。报表还可以生成清单、订单及其他所需的输出内容，从而方便、有效地处理商务。尽管数据表和查询都可以用于打印，但是报表才是打印和复制数据库管理信息的最佳方式，可以帮助用户以更好的方式表示数据。报表既可以输出到屏幕上，也可以传送到打印设备上。

报表的主要功能可以总结如下。

- 可以制作各种丰富的格式，从而使用户的报表更易于阅读和理解。
- 可以分组组织数据，进行汇总。
- 可以包含子报表。
- 可以嵌入剪切画、图片或扫描图像来美化报表的外观。
- 通过页眉和页脚，可以在每页的顶部和底部打印标识信息。
- 可以利用图表和图形来帮助说明数据的含义。
- 可以打印输出标签、发票、订单或信封等多种样式。

9.1.2 报表的类型

建立报表之前，必须确定报表类型。报表可能是一个学生信息表，也可能是发票之类的复杂清单。还可以建立特殊种类的报表，如标签便是一种特殊的表。

根据布局，报表通常分为 4 种，具体如下。

- 纵栏式报表：又称为窗体报表，一般是在报表的主体节区域内显示一条或多条记录。一行一个字段，每个记录的字段在一侧竖直放置，适合于记录较少、字段较多的情况。
- 表格式报表：每行一个记录，每个记录的字段在页面上按水平方向放置。字段标题安排在页眉中。
- 图表报表：以图表的形式表示数据之间的关系。
- 标签报表：标签是报表的一种特殊方式。

9.1.3　报表的视图

Access 报表的视图有 4 种：报表视图、打印预览、布局视图和设计视图。

- 报表视图：用于显示报表数据内容。
- 打印预览：用于查看报表的页面数据输出形态，即打印效果预览。
- 布局视图：布局视图的界面与报表视图类似，但是在该视图中可以移动各个控件的位置，可以重新进行控件布局。
- 设计视图：用于创建和编辑报表的结构，添加控件和表达式，美化报表等。

9.1.4　报表的设计方法

Access 根据命令按钮，提供了 5 种创建报表的方式：报表、报表设计、空报表、报表向导和标签。

- 报表：创建简单的表格式报表，包含导航窗体中选择的记录源的所有字段。
- 报表设计：在设计视图中打开一个空报表，在该报表中添加所需的字段和控件。
- 空报表：在布局视图中打开一个空报表，并显示出字段列表任务窗体。将字段从字段列表拖到报表中时，Access 将创建一个嵌入式查询并将其存储在报表的记录源属性中。
- 报表向导：显示多步骤向导。
- 标签：显示一个向导，允许选择标准或自定义的标签大小、要显示哪些字段以及希望这些字段采用的排序方式。

9.1.5　报表的结构

报表的结构和窗体类似，通常有报表页眉、报表页脚、页面页眉、页面页脚和主体 5 部分组成，每个部分称为报表的一个节。如果对报表进行分组显示，则还有组页眉和组页脚两个专用的节，这两个节是报表所特有的。报表的内容是以节来划分的，每个节都有特定的用途。所有报表都必须有一个主体节。

在报表设计视图中，视图窗口被分为许多区域，每个区域就是一个节。其中显示有文字的水平条称为节栏。节栏显示节的类型，通过双击节栏可以访问节的属性子窗口。通过上下移动节栏可以改变节区域的大小。通过单击"报表选择器"按钮，它可以访问报表的属性窗口。报表的结构如图 9-1 所示。

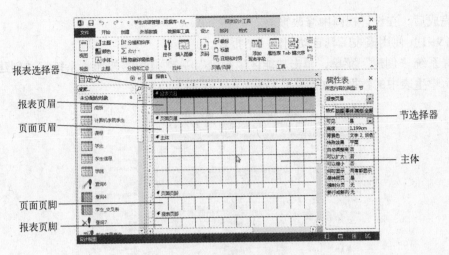

图 9-1　报表的结构

1. 报表页眉

报表页眉是整个报表的页眉，只能出现在报表的开始处，即报表的第一页，用来放置通常显示在报表开头的信息，如标题、日期或报表简介。

2. 页面页眉

页面页眉用于在报表中每页的顶部显示标题、列标题、日期或页码，在表格式报表中用来显示报表每一列的标题。

3. 主体

主体用来显示或打印来自表或查询中的记录数据，是报表显示数据的主要区域，是整个报表的核心。

4. 页面页脚

页面页脚用于显示在报表中每页底部的信息，如报表汇总、日期或页码。

5. 报表页脚

报表页脚用来放置通常显示在页底部的信息，如报表总计、日期等。报表页脚仅出现在报表最后一页页面页脚下方。

6. 组页眉

在分组报表中，可以使用"排序和分组"属性设置"组页眉/组页脚"区域，以实现报表的分组输出和分组统计。组页眉显示在记录组的开头，主要用来显示分组字段名等信息。

7. 组页脚

组页脚显示在记录组的结尾，主要用来显示报表分组总计等信息。

9.2　创建报表

在 Access 中，可以使用报表、报表设计、空报表、报表向导和标签 5 种方式来创建报表。

9.2.1　使用报表工具自动创建报表

使用报表工具可以自动创建简单的表格式报表，该报表能够显示数据源中所有字段和记录，但用户不能选择报表的格式，也无法部分选择出现在报表中的字段。但是用户可以在自动创建完成后，在设计视图中修改报表。

【例9-1】使用报表工具自动创建一个报表。

选择系统"创建"菜单，单击功能区"报表"→"报表"按钮，系统自动创建一个报表，显示学生表中的数据，如图9-2所示。

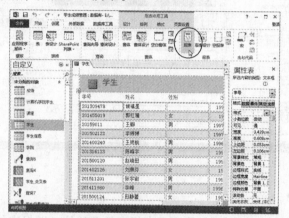

图9-2 报表工具创建报表

自动创建报表完毕后，系统会自动进入报表的"布局视图"，并且自动打开"报表布局工具"功能区，使用该功能区中的工具可以对报表进行简单的编辑和修改。

这里需要注意的是，在报表的"布局视图"中有贯穿整个页面的横向和纵向虚线，该虚线用来标识整个页面的边界。根据这些边界标识，便于用户调整布局控件。

9.2.2 使用报表向导创建报表

使用报表向导创建报表时，向导将提示用户输入有关记录源、字段、版面以及所需的格式，并且可以在报表中对记录进行分组或排序，并计算各种汇总数据等。用户在报表向导的提示下可以完成大部分报表设计的基本操作，加快了创建报表的过程。

【例9-2】使用报表向导创建一个报表。

单击功能区"报表"→"报表向导"按钮，如图9-3所示。系统弹出"报表向导"对话框。选择报表中的可用表和可用字段，如图9-4所示。

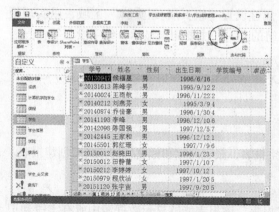

图9-3 单击"报表向导"按钮

图9-4 选择可用表和可用字段

200

单击"下一步"按钮，选择分组，如图 9-5 所示。单击"下一步"按钮，确定数据排序，如图 9-6 所示。

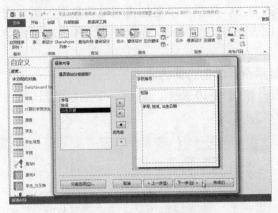

图 9-5　选择分组选项

图 9-6　确定数据排序

单击"下一步"按钮，确定报表的布局，如图 9-7 所示。单击"下一步"按钮，确定报表标题。单击"完成"按钮，报表设置完毕，如图 9-8 所示。

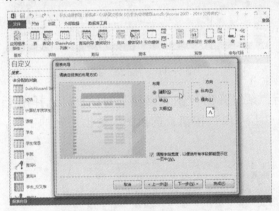

图 9-7　确定报表布局

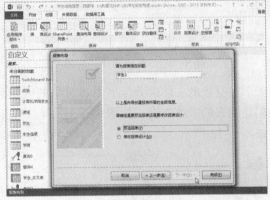

图 9-8　确定报表标题

完成后预览报表，如图 9-9 所示。

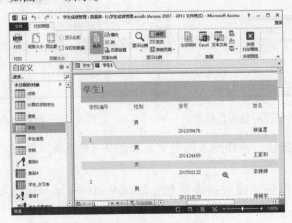

图 9-9　预览报表

9.2.3 使用图表向导创建报表

前面两种方式创建的报表，都是以数据形式为主。如果需要更加直观地将数据以图表的形式表示出来，就可使用图表向导创建报表。图表向导功能强大，提供了几十种图表形式供用户选择。

【例9-3】使用图表向导创建一个报表，显示所有学生选课的成绩汇总。

单击功能区"报表"→"报表设计"按钮，如图9-10所示。创建一个空白的报表后，单击"控件"→"图表"按钮，如图9-11所示。

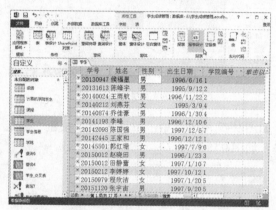

图9-10 "报表设计"按钮　　　　　　　　　图9-11 "图表"按钮

在报表的主体部分标出图表对象的区域后，系统弹出"图表向导"对话框，选择用于创建图表的表或查询，如图9-12所示。单击"下一步"按钮，选择图表数据所在的字段，如图9-13所示。

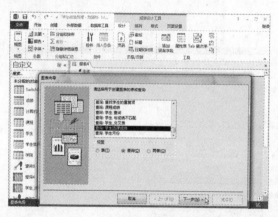
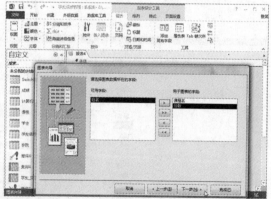

图9-12 选择用于创建图表的表或查询　　图9-13 选择图表数据所在的字段

单击"下一步"按钮，选择图表的类型，如图9-14所示。单击"下一步"按钮，指定图表的布局，如图9-15所示。

单击"下一步"按钮，确定报表标题，如图9-16所示。运行报表，结果如图9-17所示。

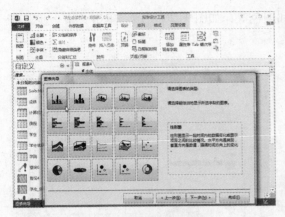

图 9-14　选择图表的类型

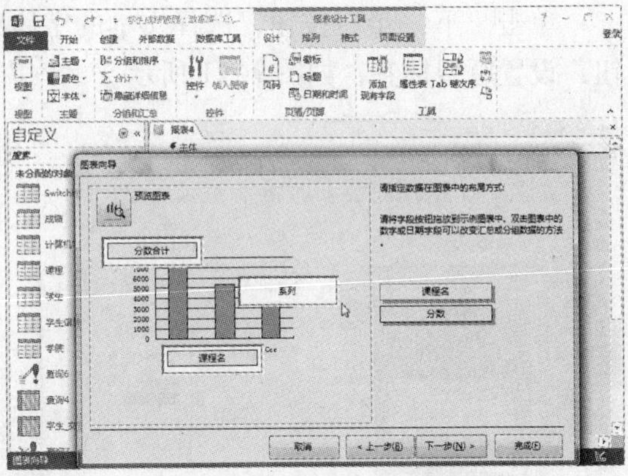

图 9-15　指定图表的布局

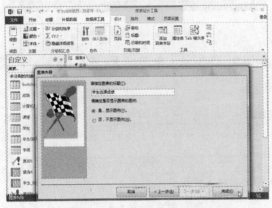

图 9-16　确定报表标题

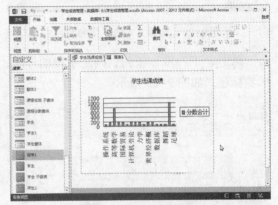

图 9-17　运行报表

9.2.4　使用标签创建报表

为了使报表更形象，或特殊需要，例如书签或名片等形式，可以使用标签向导来创建。

【例 9-4】使用标签向导创建一个报表。

单击功能区"报表"→"标签"按钮，如图 9-18 所示。系统弹出"报表向导"对话框。首先指定标签尺寸，如图 9-19 所示。

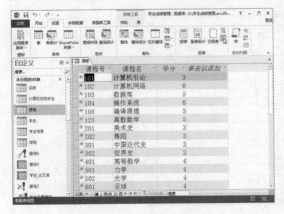

图 9-18　"标签"按钮

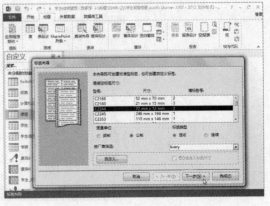

图 9-19　标签尺寸

单击"下一步"按钮，选择文本的字体和颜色等，如图9-20所示。单击"下一步"按钮，设置原型标签，如图9-21所示。

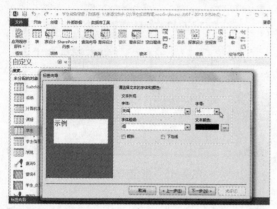

图 9-20 选择文本的字体和颜色

图 9-21 设置原型标签

单击"下一步"按钮，确定字段的排序，如图9-22所示。单击"下一步"按钮，设置标签标题，如图9-23所示。

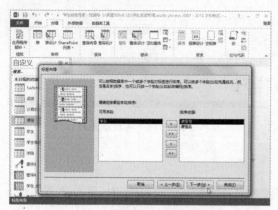

图 9-22 确定字段的排序

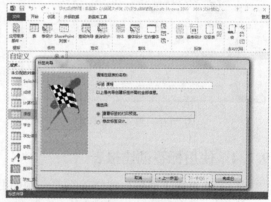

图 9-23 设置标签标题

单击"完成"按钮，运行报表结果如图9-24所示。

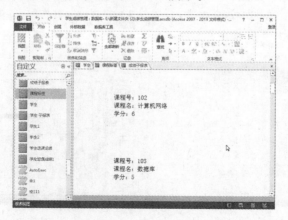

图 9-24 运行报表

9.2.5 使用报表设计视图创建报表

前面几种创建视图的方法都是通过向导完成的。虽然使用向导方便快捷，但格式固定，不能修改，不够灵活。所以要想根据用户自己的需求创建报表，可以使用报表设计视图自行创建。

【例9-5】使用报表设计视图创建一个报表。

单击功能区"报表"→"报表设计"按钮，创建一个空白窗体，设置记录源选项，如图9-25所示。在报表的页面页眉上添加标签，显示"学生信息"。将学生表的字段添加到主体上，如图9-26所示。

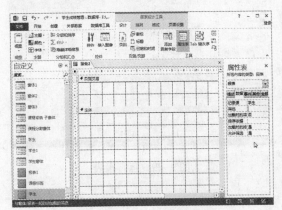

图9-25　创建空白报表

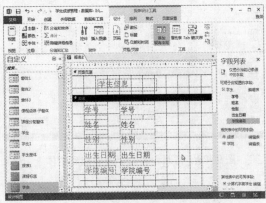

图9-26　设计报表

运行报表，显示结果如图9-27所示。

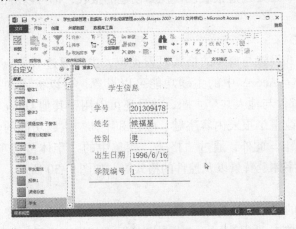

图9-27　运行报表

9.2.6 使用空报表创建报表

使用空报表创建报表与使用报表设计创建报表类似，但是使用空报表创建报表默认进入"布局视图"，并且主要在"布局视图"下进行报表设计。而使用报表设计创建报表默认进入"设计视图"，并且主要在"设计视图"下进行报表设计。此外，在"设计视图"下更方便建立纵栏式报表，而"布局视图"下更方便设置表格式报表。但是在设计表的过程中经常需要切换不同视图。

【例 9-6】 使用报表设计视图创建一个报表。

单击功能区"报表"→"空报表"按钮，创建一个空报表。然后单击"工具"→"添加现有字段"按钮，将课程表的字段添加到主体上，如图 9-28 所示。

运行报表，显示结果如图 9-29 所示。

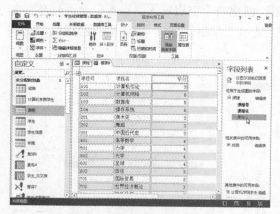

图 9-28　将课程表的字段添加到主体上　　　　　图 9-29　运行报表

9.3　编辑报表

不论是通过向导，还是通过报表设计视图创建的报表，都可以对已经创建的报表进行编辑和修改。

1. 设置报表格式

Access 报表的格式设置与窗体的格式设置类似，主要通过 Access 的主题功能设置报表的主题、颜色和字体。Access 中的主题功能可以设置，可以扩展和下载主题，可以通过 Office Online 或电子邮件与他人共享主题，并且还可以用于其他 Office 应用程序。通过主题设置，可以一次性更改整个报表内容主题、颜色和字体。主题功能的位置位于"设计"菜单中的"主题"选项组。此外，通过"格式"菜单中的"字体"选项组提供的功能命令，可以设置报表内容的字体、背景以及控件的格式等，如图 9-30 所示。

2. 设置报表背景

用户可以给报表的背景添加背景图像以美化显示效果。背景图像功能的位置位于"格式"菜单选项卡中。单击"背景"→"背景图像"按钮即可设置，如图 9-31 所示。

3. 布局排列

创建的报表往往需要调整各个控件的布局排列，包括控件间距、文本对齐方式等。在"排列"菜单中，可以单击工具区的按钮，对控件进行布局调整。

4. 添加当前日期和时间

用户可以在报表中显示系统的当前日期和时间。在页面/页脚节中，单击"设计"菜单→"页眉/页脚"→"日期和时间"按钮，系统弹出"日期和时间"对话框，如图 9-32 所示。添加后，默认在报表的设计视图中自动添加两个文本框，其"控件来源"属性为日期和时间的计算表达式，即"=Date( )"和"=Time( )"。用户也可以重新调整控件的位置等。运行报表，显示结果如图9-33所示。

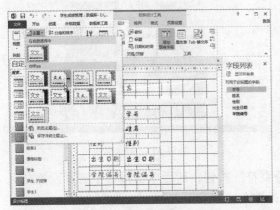

图9-30　设置报表格式

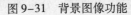

图9-31　背景图像功能

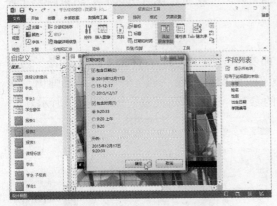

图9-32　"日期和时间"对话框

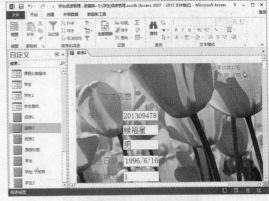

图9-33　运行报表

当然了，用户也可以在报表上的任何位置，手动添加例如文本框等，通过设置"控件来源"属性用来显示日期和时间。

5. 添加页码

许多报表中都需要显示页码。用户可以在页面/页脚节中，单击"设计"菜单→"页眉/页脚"→"页码"按钮，系统弹出"页码"对话框，如图9-34所示。添加后，默认在报表的设计视图中自动添加一个文本框，其"控件来源"属性为显示页码的计算表达式。用户也可以重新调整控件的位置等，如图9-35所示。如同添加日期和时间一样，用户也可以在报表上手动添加设置。

6. 添加分页符

一般情况下，报表页码的输出是根据打印纸张的型号及页面设置参数决定输出页面内容的多少，内容满一页才会输出至下一页。但在实际应用中，经常要按照用户需要在规定位置选择下一页输出，这时就可以通过在报表中添加分页符来实现。

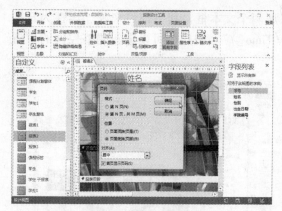

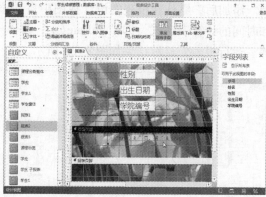

图 9-34 "页码"对话框　　　　　　　　　　图 9-35　页码控件

单击"设计"菜单→"控件"→"插入分页符"按钮，然后单击报表中需要设置分页符的位置，分页符会以虚短线标识在报表的左边界上，如图 9-36 所示。

这里需要注意的是，分页符应该设置在某个控件之上或之下，以免拆分了控件中的数据。如果要将报表中的每条记录或记录组都另起一页，可以通过设置组页眉、组页脚或主体节的"强制分页"属性来实现。

7. 设置多列报表

在默认情况下，创建的报表都是单列的。而实际应用中，有很多情况需要报表多列显示。单击"页面设置"菜单→"页面布局"→"页面设置"或"列"按钮，系统弹出"页面设置"对话框。用户可以通过设置对话框中的参数，设置多列报表，如图 9-37 所示。

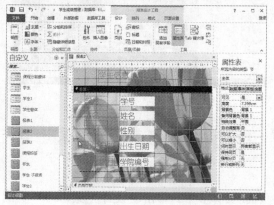

图 9-36　插入分页符　　　　　　　　　　图 9-37　"页面设置"对话框

9.4　报表的高级设计

在实际的应用过程中，经常需要对记录进行排序，也会在报表设计时按选定的某个字段值将记录分组，有时还需要对某些记录进行汇总计算。这些都是报表高级设计的内容。

1. 报表的分组排序

报表的排序和分组是对报表中数据记录的排序和分组。在报表中对数据记录进行分组是通过排序实现的，排序是按照某种顺序排列数据，分组时把数据按照某种条件进行分类。对分组后的数据还可以进行统计汇总计算。

默认情况下，报表中的记录是按照自然顺序，即数据输入的先后顺序来排序，但是可以对报表重新排序。报表中最多可以按 10 个字段或字段表达式对记录进行排序，也就是说报表最大的排序级别是 10 级。

分组是指报表设计时按选定的某个字段值是否相等而将记录划分成组的过程。设定分组后，将分组字段值相等的记录归为一组，字段值不等的记录归为不同组。报表中最多可以按 10 个字段或字段表达式对记录进行分组。

【例 9-7】 对报表进行排序和分组。

单击"设计"菜单→"分组和汇总"→"分组和排序"按钮，在报表设计视图下方打开"分组、排序和汇总"子窗口。子窗口中有"添加组"和"添加排序"两个按钮，如图 9-38 所示。单击"添加排序"按钮，系统提示用户选择排序字段名称。如果需要多个字段排序，用户可以继续单击"添加排序"按钮，如图 9-39 所示。

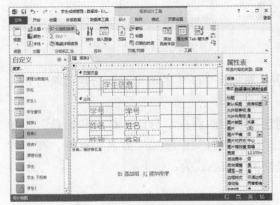

图 9-38　"分组、排序和汇总"子窗口

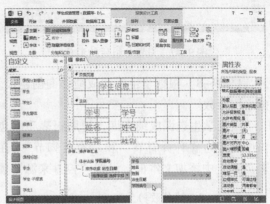

图 9-39　添加排序

运行报表，报表中的记录不再是按照自然顺序输出显示，而是按照设置顺序排序输出，如图 9-40 所示。单击"添加组"按钮，系统提示用户选择分组字段名称。如果需要多个字段排序，用户可以继续单击"添加组"按钮，如图 9-41 所示。

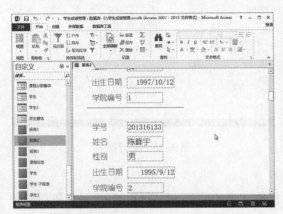

图 9-40　按照设置顺序排序输出

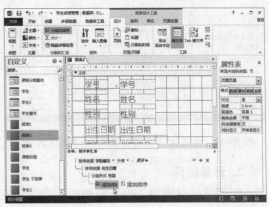

图 9-41　"添加组"按钮

单击"分组功能栏"中的"更多"按钮，可以进一步设置分组后的汇总等，如图9-42所示。

如果设置的是汇总"学号"字段，运行报表，在报表的最后出现一个汇总信息，如图9-43所示。

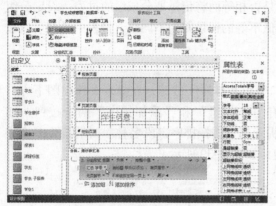
图9-42　设置分组后的汇总

图9-43　运行报表

【例9-8】根据学生选课成绩查询创建报表，对报表中学生的姓名进行分组，统计每人的平均分数。

根据学生选课成绩查询，使用报表工具创建报表。然后在"分组、排序和汇总"子窗口中设置为"有页眉节"和"有页脚节"。在"姓名页眉"中添加"姓名"标签，在"姓名页脚"中添加文本框，设置"控件来源"属性值的表达式为：

= Avg（[分数]）

如图9-44所示。运行报表，显示结果如图9-45所示。

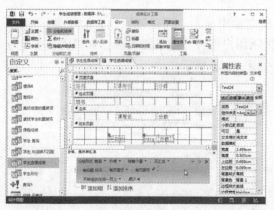
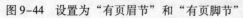
图9-44　设置为"有页眉节"和"有页脚节"

图9-45　运行报表

2. 计算控件

报表设计过程中，除了在版面上布置绑定控件直接显示字段数据外，还要经常进行各种运算并将结果显示出来。计算控件的"控件来源"属性是以"＝"开头的计算表达式，当表达式的值发生变化时，会重新计算结果并输出显示。

【例9-9】对报表中学生的出生日期字段进行计算，输出学生的年龄。

选中报表中显示"出生日期"的文本框，设置"控件来源"属性值的表达式为：

$$= Year(Date()) - Year([出生日期])$$

设置"格式"属性值为"常规数字"，如图9-46所示。将该文本框前的标签文本改为"年龄"。运行报表，显示结果如图9-47所示。

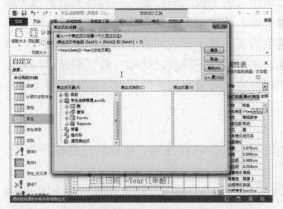

图9-46 设置"控件来源"的表达式

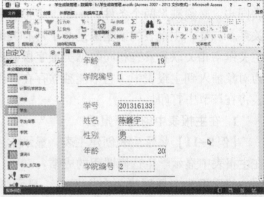

图9-47 运行报表

【例9-10】根据学生选课成绩查询创建报表，根据分数将其备注为"优秀""良好"和"不及格"。

根据学生选课成绩查询，使用报表工具创建报表。在"页眉页脚"中添加一个标签，显示"备注"信息。在"主体"中添加一个文本框，设置"控件来源"属性值的表达式为：

$$= IIf([分数]<60,'不及格',IIf([分数]<75,'及格',IIf([分数]<85,'良好','优秀')))$$

如图9-48所示。运行报表，显示结果如图9-49所示。

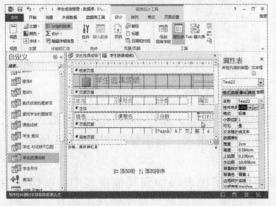
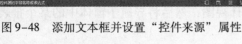

图9-48 添加文本框并设置"控件来源"属性

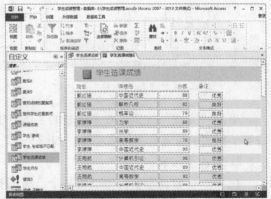

图9-49 运行报表

9.5 创建子报表

子报表是插在其他报表中的报表。在合并报表时，两个报表中的一个必须作为主报表。

主报表可以是绑定的，也可以是非绑定的，也可以称为是结合型和非结合型的。也就是说，报表可以基于数据表、查询或 SQL 语句，也可以不基于其他数据对象。非绑定的主报表可作为容纳要合并的无关联子报表的"容器"。主报表可以包含子报表，也可以包含子窗体，而且能够包含多个子窗体和子报表。但是，一个主报表中只能包含两级子报表或子窗体。

带子报表的报表通常用来实现一对一关系或一对多关系的数据，因此，主报表和子报表必须同步，即主报表某记录下显示的是与该记录相关的子报表的记录。要实现主报表与子报表同步，必须满足两个条件：一是，主报表和子报表的数据源必须先建立一对一或一对多的关系；二是，主报表的数据源是基于带有关键字的表，而子报表的数据源则是基于带有与该主关键字相关联且具有相同数据类型字段的表。主报表与子报表之间唯一的区别是子报表作为对象插入到主报表中，它不能独立存在。子报表可以放置在报表的任意一节内，整个子报表将在该节中打印。

1. 在主报表中创建子报表

【例 9-11】将学生表创建主表，显示学生的学号、姓名和性别。将成绩表创建子报表，在主报表中显示学生选修课程的成绩。

使用报表工具创建一个主报表，显示学生表中学生的学号、姓名和性别。然后将导航子窗体中的成绩表用鼠标拖曳到主报表的主体节中，系统弹出"子报表向导"对话框。如图 9-50 所示。单击"下一步"按钮，指定子报表名称，如图 9-51 所示。

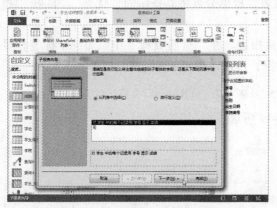 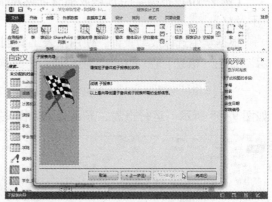

图 9-50　"子报表向导"对话框　　　　图 9-51　指定子报表名称

单击"完成"按钮，在主报表的主体节中创建了子报表。用户可以像设置主报表一样，设置子报表的位置和字体大小等。如图 9-52 所示。运行报表，显示结果如图 9-53 所示。

2. 添加子报表

在 Access 数据库中，可以将某个已有的报表作为子报表添加到其他报表中。就像在主报表中创建子报表一样，首先进入某个报表的设计视图，然后将导航子窗体中的某个报表用鼠标拖曳到主报表中即可。

3. 链接主报表和子报表

通过向导创建子报表，在某种条件下（例如字段同名）系统会自动将主报表和子报表进行链接。但如果主报表和子报表不满足指定的条件，则需要在子报表控件"属性表"子窗体中设置"链接主字段"和"链接子字段"的属性。在"链接主字段"中输入主报表数据源中链接字段的名称，在"链接子字段"中输入子报表数据源中链接字段的名称。设置主报表和子报表链接字段时，链接字段并不一定要显示在主报表或子报表上，但必须包含在主报表和子报表的数据源中。

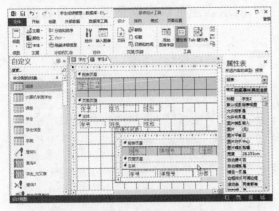

图 9-52　设置子报表

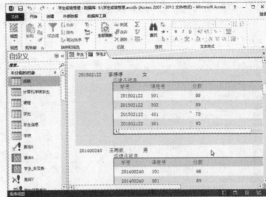

图 9-53　运行报表

9.6　报表的打印

创建报表的主要目的就是要将显示的结果打印出来。为了保证打印出来的报表符合要求，可以在打印之前对页面进行设置，并预览打印效果，以便及时发现问题，进行修改。

1. 打印预览

预览报表就是在屏幕上预览报表的打印效果。预览报表可以通过"打印预览"窗口查看报表的打印外观和每一页上所有的数据。打开报表对象，单击"开始"菜单→"视图"→"打印预览"按钮，如图 9-54 所示，即可进行打印预览显示，如图 9-55 所示。在打印预览时，可以通过单击"显示比例"→"显示比例"按钮，或 Access 窗体下方的预览调节缩放按钮来设置显示比例。

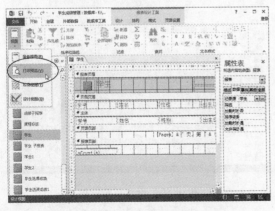

图 9-54　单击"打印预览"按钮

图 9-55　打印预览

2. 页面设置

设置报表的页面，主要是设置页面的大小，打印的方向及页边距等。在进行报表打印预览时，Access 工具区中与页面设置相关的选项组有"页面大小"选项组和"页面布局"选项组。

"页面大小"选项组中的按钮可以设置打印纸张的大小（例如 A4 或 B5 等），如图 9-56 所示。也可以设置页边距，如图 9-57 所示。还可以设置是否仅打印数据。

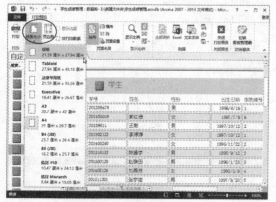

图 9-56　设置打印纸张的大小

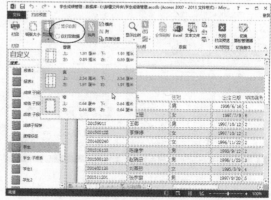

图 9-57　设置页边距

"页面布局"选项组中的按钮可以设置打印的方向（例如横行打印还是纵行打印等）、页面设置、列（例如打印的列数等）等。这里的页面设置可以随意设置页边距，而"页面大小"选项组中页边距只能设置系统提供的几种选项。也可以直接单击"页面设置"按钮，打开"页面设置"对话框，对页面进行详细的设置，如图 9-58 所示。

3. 显示比例

打印显示时，还可以设置显示比例，放大或缩小，如图 9-59 所示。也可以单页、双页等方式显示，如图 9-60 所示。

图 9-58　"页面设置"对话框

图 9-59　设置显示比例

4. 打印输出

在打印预览时，单击"打印"→"打印"按钮，打开"打印"对话框。在"打印"对话框中，设置打印机、打印范围及打印份数等打印选项，最终打印的报表如图 9-61 所示。

214

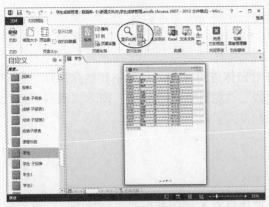

图 9-60　双页打印显示

图 9-61　"打印"对话框

9.7　报表的导入/导出

报表与窗体一样，也可以进行导入/导出操作，但通常报表与窗体一样，也只用导出操作。选中要导出的报表，右击，从弹出的快捷菜单中选择"导出"命令，指定导出到哪一种类型文件，如图 9-62 所示。也可以单击菜单"外部数据"选项的工具区中的"导出"选项组中的相应按钮，如图 9-63 所示。

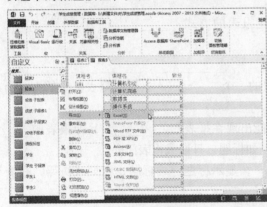

图 9-62　菜单导出报表

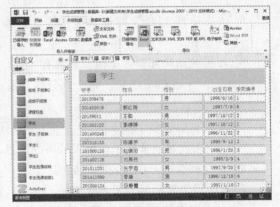

图 9-63　"导出"选项组

如果选择 Excel 文件，则导出结果如图 9-64 所示。报表导出的结果与数据表导出的结果相似。

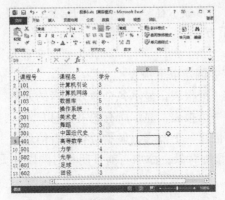

图 9-64　报表导出的结果

9.8　报表的重命名、复制和删除

报表创建完毕，可以在"导航"子窗体中对窗体进行重命名、复制和删除操作。选中报表，右击，从弹出的快捷菜单中选择"重命名""复制"和"删除"命令，对报表进行相应操作。也可以使用键盘按键或组合键进行操作。

9.9　习题

1. 报表是一种数据库_____，用户可使用报表来显示和汇总_____。报表提供了一种分发或存档_____的方法，用户可以将它打印出来、转换为 PDF 或 XPS 文件或导出为其他文件格式。

2. 报表的主要功能是_____。

3. 报表根据布局，通常分为 4 种：_____报表、_____报表、_____报表和_____报表。

4. Access 的报表操作提供了 4 种视图：_____、_____、_____和_____。

5. Access 根据命令按钮，提供了 5 种创建报表的方式：_____、_____、_____、_____和_____。

6. 报表的结构和窗体类似，通常有_____、_____、_____、_____和_____5 部分组成，每个部分称为报表的一个_____。所有报表都必须有一个_____节。

7. 报表页眉是整个报表的_____，只能出现在报表的_____，即报表的_____，用来放置通常显示在报表开头的信息，如标题、日期或报表简介。

8. 页面页眉用于在报表中每页的_____，显示标题、列标题、日期或页码，在表格式报表中用来显示报表每一列的_____。

9. 主体用来显示或打印来自表或查询中的_____，是报表显示数据的主要区域，是整个报表的_____。

10. 页面页脚用于显示在报表中每页的_____的信息，如报表汇总、日期或页码。

11. 报表页脚用来放置通常显示在_____的信息，如报表总计、日期等，仅出现在报表_____页面页脚下方。

12. 组页脚显示在_____的_____，主要用来显示报表分组总计等信息。

13. 在图书管理数据库中创建以下报表：

1）使用图表向导创建一个报表，显示各个地方作者的人数。

2）使用标签向导创建一个报表，显示所有图书信息。

3）使用报表设计视图创建一个报表，显示所有作者信息。

4）给 3）创建的报表添加背景，添加当前日期和时间以及页码，并将其打印出来。

第 10 章 宏

宏是 Access 数据库对象之一，是一种功能强大的工具。通过宏，Access 能够自动执行多种复杂的操作任务。利用宏，用户可以方便快捷地对 Access 数据库系统进行操作。

本章主要介绍 Access 的宏对象。

10.1 宏的概念

宏既是数据库对象，又是一种功能强大的工具。用户可以用它来自动完成任务，并向窗体、报表和控件中添加功能。通过宏的自动执行重复任务的功能，可以保证工作的一致性。还可以避免由于忘记某一操作步骤而引起的错误。宏节省了执行任务的时间，提高了工作效率。

在 Access 中，可以将宏看作一种简化的编程语言，这种语言是用户通过生成一系列要执行的操作来编写的。生成宏时，从下拉列表中选择每一个操作，然后填写每个操作所必需的信息。通过使用宏，用户无须在 VBA 模块中编写代码，即可向窗体、报表和控件中添加功能。宏提供了 VBA 中可用命令的子集，大多数人都认为生成宏比编写 VBA 代码容易。

10.1.1 宏的组成

宏是由操作、参数、注释、组、条件和子宏组成的。

1. 操作

操作是宏的基本组成部分，其作用就是执行某个操作命令。宏是指一个或多个操作的集合，其中的每个操作也称为宏操作。把那些能自动执行某种操作的命令统称为宏。宏也是一种操作命令，它和菜单操作命令都是一样的。只是它们对数据库施加作用的时间有所不同，作用的条件也有所不同。菜单命令一般用在数据库的设计过程中，而宏命令则用在数据库的执行过程中。菜单命令必须由用户来施加这个操作，而宏命令则可以在数据库中自动执行。在 Access 中，有几十种基本宏操作。在使用中，很少单独使用基本宏命令，常常是将这些命令排成一组，按照顺序执行，以完成某种特定任务。这些命令可以通过窗体中控件的某个事件操作来实现，或在数据库的运行过程中自动实现。

将多个宏操作按照一定的顺序依次定义，形成操作序列宏，运行宏时系统会根据前后顺序依次执行各个宏操作。对单个宏操作而言，功能是有限的，只能实现特定的简单功能。然而将多个宏操作按照一定的顺序连续执行，就可以完成功能相对复杂的各项任务。在宏中可以加入"If"条件表达式形成带条件的宏，也称为"条件宏"。按照条件表达式的值决定是否执行相应的宏操作。为了提高宏的可读性，可以将相关宏操作分为一组，并为该组指定一个有意义的名称。分组不会影响操作的执行方式，但组不能单独调用或运行。

2. 参数

操作参数指定操作方向，让操作沿着用户的要求执行。只有指定了操作参数，宏的操作才是完善的。

3. 注释

注释是对操作的文本说明，标明该操作的用途和意义。简单的操作可以省略注释部分。

4. 组

使用组可以把宏的若干操作，根据其操作目的的相关性分成块，一块就是一个组。这样宏的结构显得十分清晰，阅读起来也十分方便。

5. 条件

条件是一个计算结果为"是"或"否"的逻辑表达式。为宏操作设置执行条件，在一个宏操作中可以设置多个条件。运行宏时，Access 将求出第一个条件表达式的结果。如果条件为真，Access 就会执行此行所设置的宏操作，直到遇到另一个表达式、宏名或宏的结尾为止。如果条件为假，Access 则会忽略相应的宏操作，并且移到下一个包含其他条件或条件列为空的操作行。

6. 子宏

子宏是同一个宏名下的一组宏的集合。该集合通常都被作为一个引用。一个宏可以只包含一个子宏，也可以包含若干子宏。而每一个宏又是由若干个操作组成的。因此，可以将若干个子宏设计在一个宏对象中，这个宏对象即称为子宏。

10.1.2 宏的功能

宏功能强大，具体的功能如下。

- 显示和隐藏工具栏。
- 打开和关闭表、查询、窗体和报表。
- 执行报表的预览和打印操作。
- 报表中数据的发送。
- 设置窗体或报表中控件的值。
- 设置 Access 工作区中任意窗口的大小，执行窗口移动、缩小、放大和保存等操作。
- 执行查询的操作，以及数据的过滤和查找。
- 为数据库设置一系列的操作，以简化工作。

10.1.3 常用宏操作

Access 提供了几十种基本宏操作。常用的宏操作及功能描述见表 10-1。

表 10-1　常用的宏操作及功能描述

分　类	宏　操　作	功　能　描　述
操作对象类	OpenModule	打开特定的 Visual Basic 模块
	OpenForm	打开一个窗体
	OpenReport	打开报表
	OpenQuery	打开选择查询或交叉表查询
	OpenTable	打开数据表
	Rename	为指定的数据库对象重新命名

分　类	宏　操　作	功　能　描　述
操作对象类	RepaintObject	完成指定数据库对象挂起的屏幕更新
	SelectObject	选择指定的数据库对象
数据导入导出类	TransferDatabase	在 Access 数据库（*.mdb）或 Access 项目（*.adp）与其他的数据库之间导入与导出数据
	TransferSpreadsheet	在当前的 Access 数据库（*.mdb）或 Access 项目（*.adp）与电子表格文件之间导入与导出数据
	TransferText	在当前的 Access 数据库（*.mdb）或 Access 项目（*.adp）与文本文件之间导入与导出数据
记录操作类	GoToControl	把焦点移到打开的窗体、窗体数据表、数据表、查询数据表中当前记录的特定字段或控件上
	FindRecord	查找符合 FindRecord 参数指定准则的第一个数据实例
	FindNext	查找下一个记录，该记录符合由前一个 FindRecord 操作或"在字段中查找"对话框所指定的准则
数据传递类	Requery	通过重新查询控件的数据源来更新活动对象中特定控件的数据
	SendKeys	把按键直接传送到 Access 或别的 Windows 应用程序
	SetValue	对 Access 窗体、窗体数据表或报表上的字段、控件或属性的值进行设置
代码执行类	RunApp	运行一个 Windows 或 MS – DOS 应用程序
	RunCode	调用 Visual Basic 的 Function 过程
	RunSQL	执行指定的 SQL 语句以完成操作查询，还可以运行数据定义查询
	RunMacro	运行宏，该宏可以在子宏中
提示类	Beep	通过个人计算机的扬声器发出嘟嘟声
	Echo	指定是否打开回响
	MessageBox	显示包含警告的信息或其他信息的消息框
其他	AddMenu	创建所有类型的自定义菜单
	FindRecord	查找符合指定条件的第一条或下一条记录
	FindNext	查找符合最近的 FindRecord 操作或对话框中指定条件的下一条记录
	MoveAndSizeWindows	移动活动窗口或调整其大小
	MinimizeWindows	将活动窗口缩小为 Access 窗口底部的小标题栏
	CloseWindow	关闭指定的 Access 窗口
	MaximizeWindows	将活动窗口最大化
	Quit	退出 Access
	Save	保存指定对象
	OnError	定义错误处理行为
	SetValue	对窗体、窗体数据表或报表上的字段、控件或属性的值进行设置
	ShowAllRecords	从激活表、查询和窗体中移去所有已应用过的筛选
	StopAllMacros	终止当前所有宏的运行
	StopMacros	停止当前正在运行的宏

10.2 宏的创建

在 Access 中，宏的创建、修改和调试都是在宏设计窗口中实现的。选择系统"创建"菜单，单击功能区"宏与代码"→"宏"按钮，如图 10-1 所示。即可打开宏设计视图，如图 10-2 所示。

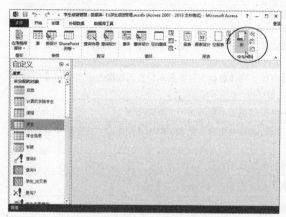

图 10-1 "宏"命令按钮

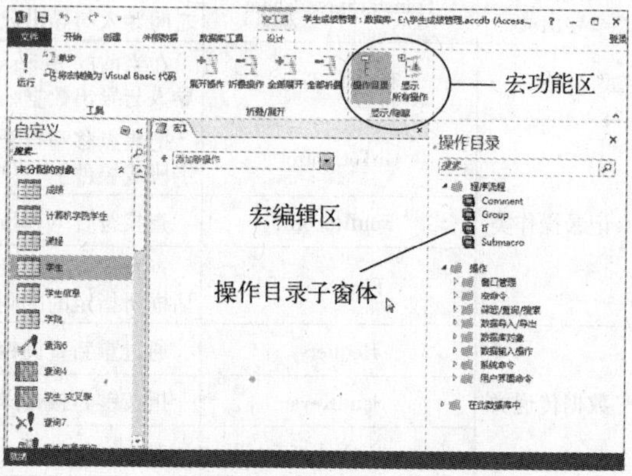

图 10-2 宏设计视图

10.2.1 操作序列宏的创建

操作序列宏按照一定的顺序依次定义宏操作。

【例 10-1】创建一个宏，该宏依次完成以下操作：打开名为"学生"的窗体，然后弹出提示框，提示"已经打开学生窗体"，最后关闭该窗体。

单击功能区"宏与代码"→"宏"按钮，创建一个宏。在宏编辑区选择"添加新操作"下拉列表框中的"Comment"操作，如图 10-3 所示。在注释项中输入注释信息：打开"学生"窗体，如图 10-4 所示。

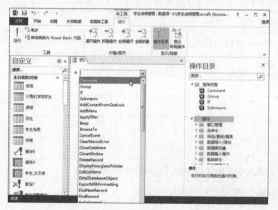

图 10-3 选择"Comment"操作

图 10-4 输入注释信息

再选择"添加新操作"下拉列表框中的"OpenForm"操作，"窗体名称"下拉列表中选择"学生"选项，"视图"下拉列表中选择"窗体"选项，如图 10-5 所示。继续选择

"MessageBox"命令，"消息"文本框中输入"已打开'学生'窗体"，"类型"下拉列表中选择"信息"选项，"标题"文本框中输入"提示信息"，如图10-6所示。

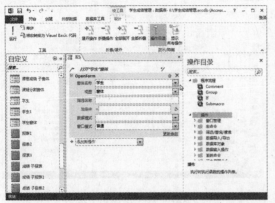 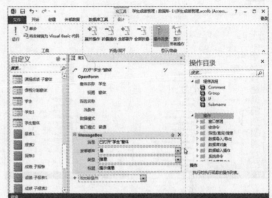

图10-5 选择"OpenForm"操作　　　　　图10-6 选择"MessageBox"操作

最后选择"CloseWindow"操作，"对象类型"下拉列表中选择"窗体"选项，"对象名称"下拉列表中选择"学生"选项，如图10-7所示。操作完毕，一定要先保存宏，再运行该宏。运行结果如图10-8所示。

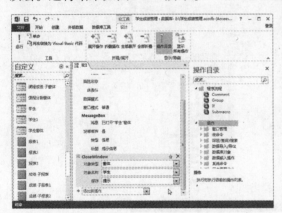 

图10-7 选择"CloseWindow"操作　　　　　图10-8 运行宏

10.2.2　宏操作分组

Access可以将功能相关或相近的多个宏操作设置成一个宏组（Group）。宏组实际上是对宏操作的组织管理，不会影响操作的执行方式，但也不能单独调用或运行宏组中的操作。宏组的目的是对宏操作分组，方便管理宏操作。尤其是在编辑大型宏时，可将每个宏组块向下折叠为单行，从而减少滚动操作。宏组中的"Group"块可以包含其他的"Group"子块，最多可以嵌套9级。

【例10-2】创建3个宏：宏1操作打开课程表，宏2操作打开一个学生选课成绩查询，并弹出提示框提示"查询已打开"。宏3操作全部保存。

单击功能区"宏与代码"→"宏"按钮。在宏编辑区选择"添加新操作"下拉列表中的"Group"操作，如图10-9所示。共选择3次"Group"操作，并给3个宏分别命名为宏

1、宏 2 和宏 3，如图 10-10 所示。

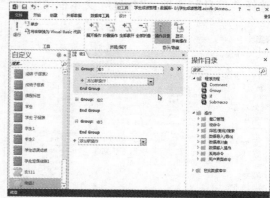

图 10-9　选择"Group"操作　　　　　图 10-10　创建 3 个宏

　　然后在 3 个宏中操作宏，分别选择"添加新操作"下拉列表框中的相应操作，如图 10-11 所示。打开表使用"OpenTable"操作，打开查询使用"OpenQuery"操作，存盘退出使用"QuitAccess"操作。操作完毕，运行该宏组即可依次运行 3 个宏。

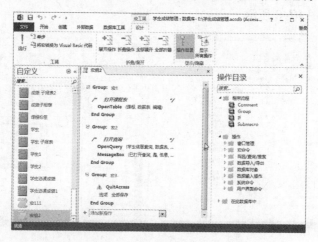

图 10-11　分别选择操作

10.2.3　子宏的创建

　　每个宏可以包含多个子宏。根据设计需要，可以在"RunMacro"或"OnError"宏操作中通过名称来调用子宏。

　　可通过与添加宏操作相同的方式将"SubMacro"块添加到宏。添加"SubMacro"块之后，可将宏操作拖动到该块中，或者从显示在该块中的"添加新操作"列表项中选择操作。

　　也可以在已有的宏操作基础上创建"SubMacro"块，方法是选择一个或多个操作，右击，从弹出的快捷菜单中选择"生成子宏程序块"命令，则生成"SubMacro"块，所选宏操作包含在该块中给该块命名，完成创建子宏，如图 10-12 所示。

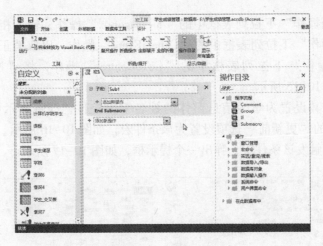

图 10-12 创建子宏

子宏必须始终是宏中最后的块，子宏中的操作不能在宏窗口中直接运行，除非运行的宏中有且仅有子宏。如果没有专门指定要运行的子宏时，则只会运行第一个子宏。另外，"Group"块中也不能添加子宏。

10.2.4 条件宏的创建

在执行宏操作的过程中，如果希望只有当满足指定条件时才执行宏的一个或多个操作，可以使用"If"块进行程序流程控制。还可以使用"Else If"和"Else"块来扩展"If"块，类似于 VBA 等编程语言中的条件语句。设置条件的含义是：如果前面的条件表达式结果为 True，则执行此行中的操作。如果结果为 False，则忽略其后的操作。

【例 10-3】创建条件宏，在窗体中显示学生信息，姓名不能为空。如果为空，则显示提示信息。

单击功能区"宏与代码"→"宏"按钮。在宏编辑区选择"添加新操作"下拉列表框中的"If"操作。单击"If"操作右边的"条件表达式"按钮，如图 10-13 所示。在弹出的"表达式生成器"对话框中，输入表达式"IsNull([姓名])"，即判断姓名字段是否为空值，如图 10-14 所示。

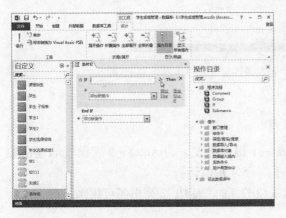

图 10-13 选择"If"操作

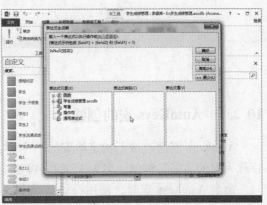

图 10-14 "表达式生成器"对话框

选择"添加新操作"下拉列表框中的"MessageBox"操作，输入相应的提示信息。继续选择"添加新操作"下拉列表框中的"CancelEvent"操作，以取消正在执行的操作。最后选择"添加新操作"下拉列表框中的"GoToControl"操作，将"控件名称"设置为"[姓名]"，如图 10-15 所示。

保存宏，并将其设置为学生信息窗体的姓名字段控件，即将显示姓名信息文本框的"事件"选项卡中的"更新前"选项设置为该条件宏，如图 10-16 所示。运行该窗体，如果学生姓名为空，则触发该条件宏，弹出一个提示框，如图 10-17 所示。

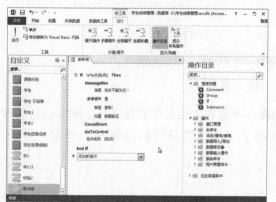

图 10-15 添加新操作 　　　　　　　　图 10-16 设置条件宏

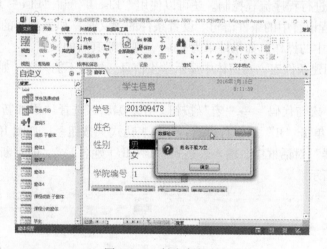

图 10-17 触发条件宏

10.2.5 AutoKeys 宏的创建

AutoKeys 宏通过按下指定给宏的一个键或一个键序触发。为 AutoKeys 宏设置的键击顺序称为宏的名字。例如，名为 F5 的宏将在按下〈F5〉键时运行。

命名 AutoKeys 宏时，使用符号"^"表示〈Ctrl〉键。表 10-2 列出了可用来运行 AutoKeys 宏的组合键类型。

表 10-2　AutoKeys 宏的组合键类型

语　法	说　明	实　例
^number	Ctrl + 任一数字	^3
F *	任一功能键	F6
^F *	Ctrl + 任一功能键	^F1
Shift + F *	Shift + 任一功能键	Shift + F2

创建 AutoKeys 宏时，必须定义宏将执行的操作。另外，还需要提供操作参数。

【例 10-4】创建 AutoKeys 宏。

单击功能区"宏与代码"→"宏"按钮。在宏编辑区右侧的"操作目录"中，将"程序流程"中的宏命令"SubMacro"拖曳到宏编辑区的"添加新操作"组合框中，新建一个子宏。将子宏名称修改为"^1"，设置其他操作，如图 10-18 所示。继续拖曳宏命令"SubMacro"，并将其宏名称分别命名为"^2""^3"等，如图 10-19 所示。最后保存该宏即创建了一个 AutoKeys 宏。

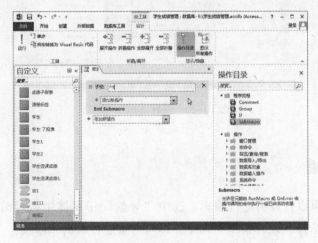

图 10-18　拖曳宏命令"SubMacro"

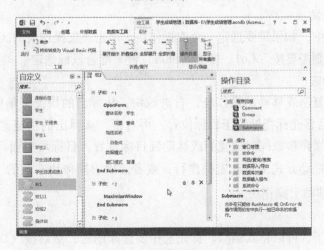

图 10-19　创建 AutoKeys 宏

10.2.6　AutoExec 宏的创建

AutoExec 宏也称为启动窗口宏，它可以创建一个在第一次打开数据库时运行的特殊宏。可以执行如打开数据库输入窗体、显示消息框提示用户输入及发出表示欢迎的声音等操作。一个数据库只能有一个名为 AutoExec 的宏。在 Access 中，宏并不能单独执行，必须有一个触发器。而这个触发器通常由窗体、页及其上面控件的各种事件来担任。

创建 AutoExec 宏，与创建一般的宏没什么区别。只是最后保存时以"AutoExec"来命名保存，如图 10-20 所示。

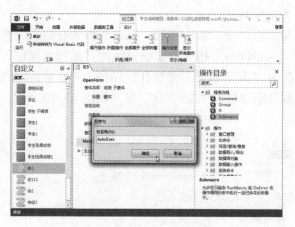

图 10-20　保存 AutoExec 宏

10.3　宏的编辑

宏创建完后，可以打开再进行编辑。选中"导航"子窗体中需要编辑的宏，右击，从弹出的快捷菜单中选择"设计视图"命令，即可对宏进行编辑和修改。

在编辑宏时，经常要进行下面的操作。

1. 选定宏操作块

在宏设计窗口中，如果需要选定一个宏操作块，单击该宏操作块的区域即可。如果要选定多个宏操作块，则需要按〈Ctrl〉键或〈Shift〉键来配合鼠标选定。

2. 复制或移动宏

首先选择好要复制或移动的操作块，右击该块，从弹出的快捷菜单中选择"复制"或"剪切"命令，然后将光标指针置于目标位置，再右击，从弹出的快捷菜单中选择"粘贴"命令，宏操作连同操作参数同时被复制或移动到目标位置，目标块后面行的内容顺序下移。当然也可以用鼠标拖动方式来移动宏操作行，或者使用宏操作块右侧的"上移"按钮⬆或"下移"按钮⬇来移动宏操作块。

3. 删除宏

如果宏不需要了，可以将其删除。首先选中要删除的宏，然后按〈Delete〉键，或单击宏操作右侧的"删除"按钮✖，则选定的宏操作被删除，后面的行顺序上移。

226

10.4　宏的运行与调试

　　宏创建完成后，需要运行该宏才能实施宏操作。对于比较复杂的宏，为了保证宏运行的正确性，往往需要先调试，再运行。

10.4.1　宏的运行

　　宏有多种运行方式。用户可以直接运行某个宏，运行宏里的子宏，从另一个宏或 VBA 事件过程中运行宏，还可以为窗体、报表或其上的控件事件响应而运行宏。

1. 直接运行宏

　　若要直接运行宏，可执行下列操作之一。

- 从宏设计窗口中运行宏：单击"工具组"→"运行"按钮。
- 从数据库窗口中运行宏：在"导航"子窗体中单击"宏"对象栏，然后双击相应的宏名，或右击相应的宏，从弹出的快捷菜单中选择"运行"命令。
- 若要从宏中运行另一个宏，则使用"RunMacro"或"OnError"宏操作调用其他宏。

　　如图 10-21 所示，使用"RunMacro"宏操作调用其他宏。

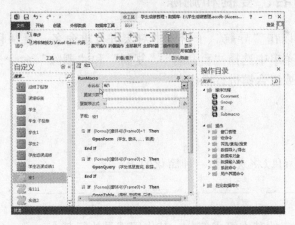

图 10-21　使用"RunMacro"宏操作调用其他宏

2. 宏作为对象事件的响应

　　在 Access 中可以通过选择运行宏或事件过程来响应窗体、报表或控件上发生的事件。在设计视图中打开窗体或报表，设置窗体、报表或控件的有关事件属性为宏的名称。若要运行宏中的子宏，则将其指定为窗体、报表或控件的有关事件属性的值，使用该子宏的语法格式为"宏名.子宏名"。若要在 VBA 代码过程中运行宏，则在过程中使用"DoCmd"对象的"RunMacro"方法，并指定要运行的宏名。例如，DoCmd.RunMacro.宏 1。

10.4.2　宏的调试

　　对于比较复杂的宏，往往需要先调试，再运行。在 Access 系统中提供了"单步"执行的宏调试工具。使用单步跟踪执行，可以观察宏的流程和每个操作的结果，从中发现并排除出现问题和错误的操作。单击"工具"→"运行"按钮，系统弹出"单步执行宏"对话

227

框，并以单步形式执行当前的宏操作，如图 10-22 所示。单击"停止所有宏"按钮，则停止宏的执行并关闭对话框。单击"继续"按钮，则关闭"单步执行宏"对话框，并执行宏的下一个操作。如果宏的操作有误，则会弹出"操作失败"对话框，可停止该宏的执行。在宏的执行过程中按组合键〈Ctrl + Break〉，可以暂停宏的执行。

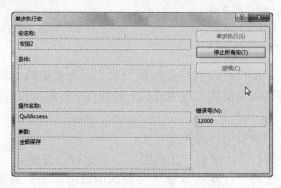

图 10-22 "单步执行宏"对话框

10.5 宏的重命名、复制和删除

宏创建完毕，可以在"导航"子窗体中对宏进行重命名、复制和删除操作。选中宏，右击，从弹出的快捷菜单中选择"重命名""复制"和"删除"命令，对宏进行相应操作。也可以使用键盘按键或组合键进行操作。

10.6 习题

1. 在 Access 中，可以将宏看作一种简化的_____。

2. 宏是由_____、_____、_____、_____、_____和_____组成的。

3. _____是宏的基本组成部分，其作用就是执行某个_____。

4. 宏是指一个或多个操作的集合，其中的每个操作也称为_____。

5. MessageBox 显示包含警告信息或其他信息的_____。

6. 在宏的 Close 操作中，如果不指定对象，此操作将会_____。

7. 简述宏的功能。

8. 在图书管理数据库中，练习宏的操作。

第 11 章　VBA 程序设计

Access 具有强大的交互操作功能，用户可以通过创建表、查询、窗体、报表和宏等对象，将数据进行整合，建立简单的数据库应用系统。虽然创建过程比较简单，但是所建应用系统具有一定的局限性。要对数据库进行更加复杂和灵活的控制，需要使用其内置的编程工具 VBA（Visual Basic for Applications）。

本章主要介绍 Access 的 VBA 程序设计。

11.1　VBA 概述

VBA 程序设计是一种面向对象的程序设计，是 Microsoft 公司在 Office 系列软件中内置的、用来开发应用系统的编程语言。以 Access 提供的数据库对象——"模块"为载体，通过在不同模块中编制 VBA 代码，整合数据资源，可以达到解决复杂问题的目的。Access 中的模块都是用 VBA 语言实现的，模块的实质就是将 VBA 声明和过程作为一个单元来保存的集合。

11.1.1　VBA 基础

VBA 是 VB 的应用程序版本，它与 Visual Studio 系统中的开发工具 VB 具有相似之处，又有本质的区别。VB 主要用于创建标准的应用程序，而 VBA 的设计目的主要是用于增强已有 Office 应用程序（如 Word、Excel、Access 等）的自动化能力。VB 具有自己的开发环境，而 VBA 必须寄生于已经存在的应用程序中。VBA 主要是面向 Office 办公软件进行系统开发的工具，它提供了很多具有 Office 特色、而 VB 中没有的函数和对象。可以像编写 VB 程序那样来编写 VBA 程序。在 Access 中，VBA 语言编写的代码，将保存在模块中，并通过类似于在窗体中激发宏操作那样运行不同的模块，从而实现相应的功能。

Access 应用程序由表、查询、窗体、报表、页、宏和模块等对象构成。许多东西已被封装在这些对象中，因而 VBA 程序设计是面向对象的程序设计。用户在 VBA 中不仅可以直接使用这些对象，而且还可以进一步地针对对象编程。

11.1.2　VBA 和宏

在 Access 中，编程是使用宏或 VBA 代码为数据库添加功能的过程。

要决定是使用宏或 VBA 还是同时使用这两者，主要取决于用户计划部署或分发数据库的方式。例如，如果数据库存储的计算机上，用户是唯一的，而且用户使用 VBA 代码比较得心应手，那么用户可能会决定使用 VBA 执行大部分编程任务。但是，如果用户打算将数据库置于文件服务器上以便与其他人共享该数据库，那么出于安全方面的考虑，用户就可能会避免使用 VBA。如果用户打算将数据库作为 Access Web Applications 发布，则必须使用宏执行编程任务，因为 VBA 与 Web 发布功能不兼容。

除了宏提供的增强安全性和易用性之外，用户必须使用宏来执行以下任务。

- 将一个操作或一组操作分配给某个键。这需要创建一个名为 AutoKeys 的宏组。
- 在数据库首次打开时执行一个操作或一系列操作。这需要创建一个名为 AutoExec 的宏。

如果用户要执行下列任一操作，那么应该使用 VBA 而不是宏。

- 使用内置函数或创建自定义。
- 创建或操纵对象。
- 执行系统级操作。
- 一次一条地操纵记录。

11.1.3 VBA 的编程步骤

VBA 是 Access 的内置编程语言，它不能脱离 Access 创建独立的应用程序，编写程序必须在 Access 环境内完成。

VBA 编程主要有以下几个步骤。

1. 创建用户界面

进行 VBA 编程的第一步是创建用户界面，即确定程序需要的窗体以及窗体上的控件。

2. 设置对象属性

对象属性的设置可以通过以下两种方式实现。

- 在窗体设计视图中，通过对象的属性表进行设置。
- 通过程序代码进行设置。

3. 编写对象事件过程

这一步重点考虑需要对窗体上的哪些对象操作，分别激活什么事件，并用 VBA 编写模块以支持相应的事件代码。

4. 运行和调试

运行 VBA 程序和事件过程。若在运行过程中出错，可根据系统的出错提示信息进行修改，然后再运行，直到正确为止。

5. 保存窗体

保存窗体对象时，不仅保存了窗体及控件，而且还保存了相关的事件代码。

11.1.4 VBA 的编程环境

编写和调试 VBA 程序的环境称为 VBE（Visual Basic Editor）。

1. 启动 VBE

Access 数据库中的程序模块可以分为两种类型，绑定型程序模块和独立程序模块。这两类程序模块的编辑调试环境都是 VBE，但启动方式不同。

（1）绑定型程序模块

绑定型程序模块是指包含在窗体、报表和页等数据库对象之中的事件处理过程，这类程序模块仅在所属对象处于活动状态下才有效。

进入绑定型程序模块编辑环境 VBE 的途径有两种：

- 通过控件的事件响应进入。
- 在窗体或报表设计视图中，通过单击"设计"选项卡"工具"→"查看代码"按钮。

（2）编辑独立程序模块

独立程序模块是指 Access 数据库中的"模块"对象。这类模块对象可以在数据库中被任意一个对象调用。

进入独立程序模块编辑环境 VBE 的途径有两种。

- 在功能区"数据库工具"选项卡中，单击"宏"→"Visual Basic"按钮。
- 在功能区"创建"选项卡中，单击"宏与代码"→"Visual Basic"按钮。

2. VBE 工作环境

VBE 是通过多个不同的窗口来显示不同对象或完成不同任务的。VBE 工作环境通常由多个子窗口（如工程窗口、属性窗口和代码窗口等）和一些常用工具栏组成，如图 11-1 所示。

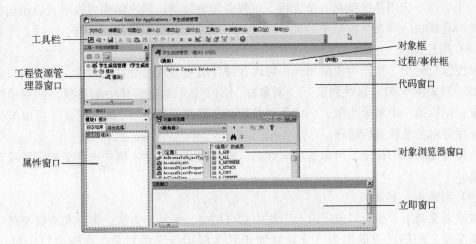

图 11-1　VBE 工作环境

注意：刚打开的 VBE 界面可能没有图 11-1 中所示的部分窗口或工具栏，如果需要，可以通过"视图"菜单中的相应命令或工具栏中的相应按钮将其打开。

（1）工具栏

VBE 有调试工具栏、编辑工具栏、标准工具栏和用户窗体工具栏等多种工具栏，可以通过单击工具栏按钮完成指定的动作。如果需要显示工具栏按钮的提示信息，可以选择"视图"菜单→"工具栏"→"自定义"命令，并在弹出的"自定义"对话框的"选项"选项卡中选择"显示关于工具栏的屏幕提示"复选框。

标准工具栏是 VBE 默认显示的工具栏，它包含一些常用命令的快捷操作方式按钮。VBE 标准工具栏中主要按钮及功能见表 11-1。

表 11-1　VBE 标准工具栏中主要按钮及功能

图　标	名　称	功　能
	"视图切换"按钮	切换到 Access 操作窗口
	"插入模块"按钮	插入新模块对象

图　标	名　　称	功　　能
💾	"保存"按钮	保存模块程序
▶	"运行子过程/用户窗体"按钮	运行模块程序
❚❚	"中断"按钮	中断正在运行的模块程序
■	"终止运行/重新设置"按钮	结束正在运行的模块程序，重新进入模块设计状态
✍	"设计模式"按钮	切换设计模式与非设计模式
📑	"工程资源管理器"按钮	打开/关闭工程资源管理器窗口
📋	"属性窗口"按钮	打开/关闭属性窗口
⋯	"对象浏览器"按钮	打开/关闭对象浏览器窗口

（2）工程资源管理器

一个数据库应用系统就是一个工程。工程资源管理器以层次结构列表形式显示当前数据库中的所有模块。双击该窗口中的某个模块，可以打开其对应的代码窗口。

（3）属性窗口

属性窗口列出了选定对象的属性，可以在设计时查看或改变这些属性。属性窗口的部件主要有"对象框"和"属性列表"。"对象框"用于显示当前窗体中的对象，如果选择了多个对象，则以第一个对象为准，列出各对象均具有的共同属性。"属性列表"可以按分类或字母顺序对对象属性进行排序。

若要改变属性的设定，可以选定属性名，然后在其右侧文本框中选择新的设置或直接输入新值。

（4）对象浏览器窗口

对象浏览器用于显示对象库以及工程中的可用类、属性、方法、事件和常数变量。可以用它来搜索及使用已有的对象，或是来源于其他应用程序的对象。在该窗口中可以使用"向前""向后"和"搜索"等按钮查看类及成员列表。

3. 代码窗口的使用

Access 的 VBE 编辑环境提供了完善的代码开发和调试工具。代码窗口是设计人员的主要操作界面，充分认识其功能将有助于模块代码开发工作的顺利进行。

代码窗口的"对象框"显示了所选对象的名称，单击其右侧的下拉列表，可以查看和选择当前窗体的对象；"过程/事件框"显示了所选对象的事件，单击其右侧的下拉列表，可以查看和选择事件。

在使用代码窗口时，Access 提供了许多辅助功能，用于提示和帮助用户进行代码处理。

（1）自动显示提示信息

在代码窗口中输入命令时，系统会适时地自动显示命令关键字列表、属性列表及过程参数列表等提示信息，用户可以选择或参考其中的信息，从而极大地提高了代码设计的效率和正确性。例如，在代码窗口输入"Debug."时，系统会在命令列表框中提示可选择操作"Assert"和"Print"以供用户选择，用户只需双击列表中所需的操作，即可完成命令的输入。

在代码窗口中输完一条命令，并按〈Enter〉键时，系统会自动对该行代码进行语法检查。如果该命令行有语法错误，系统将弹出警告对话框，并将该命令行显示为红色。此时，可单击"确定"按钮，返回代码编辑状态，修正错误代码。

（2）立即窗口

选择 VBE"视图"菜单→"立即窗口"命令可以打开立即窗口。

在立即窗口中，可以输入或粘贴一行代码，并按〈Enter〉键确认执行该代码。例如，为了快速验证函数或表达式的运算结果，可以在立即窗口中直接输入命令关键字"?"或"Print"，并在其后接着输入需验证的函数或表达式，按〈Enter〉键即可看到运算结果。

此外，在运行模块程序时，由"Debug. Print"语句指定的输出内容也会显示在立即窗口中。使用"Debug. Print"语句输出多项内容时，各项内容之间可以用逗号"，"或分号"；"分隔。其中，以逗号分隔的内容以标准格式输出，以分号分隔的内容将以紧凑格式输出。

在调试 VBA 程序时，可以在程序的适当位置加入"Debug. Print"语句，以快速确定程序的出错位置，提高程序调试效率。

用户需要注意的是，立即窗口中的代码是不能存储的。

（3）监视窗口

选择 VBE"视图"菜单→"监视窗口"命令可以打开监视窗口。调试 VBA 程序时，可以利用监视窗口显示正在运行程序中定义的监视表达式的值。

11.1.5 模块的基础知识

Access 模块是 VBA 最基本、最重要的组成部分。

1. 模块及模块分类

Access 模块是将 VBA 声明和过程作为一个单元进行保存的集合。模块中的代码都是以过程的形式加以组织的，每一个过程都可以是子过程（Sub 过程）或函数过程（Function 过程）。

根据模块使用情况的不同，可以将模块分成标准模块和类模块两种类型。

（1）标准模块

标准模块一般用于存放公共过程（子过程和函数过程），不与其他任何 Access 对象相关联。在 Access 中，通过模块对象创建的代码过程就是标准模块。

在标准模块中，通常为整个应用系统设置全局变量或设置可以在数据库中任何位置运行的通用过程，以供窗体或报表等对象在类模块中调用。反之，在标准模块的过程中也可以调用窗体或运行宏等数据库对象。

标准模块中的公共变量和公共过程具有全局性，其作用范围为整个应用系统。

（2）类模块

类模块是以类的形式封装的模块，是面向对象编程的基本单位。虽然 Access 的编程不是完全面向对象的，但也提供了类模块和事件等面向对象的处理技术。

Access 的类模块分为系统对象类模块和用户定义类模块两大类。

- 系统对象类模块：是指 Access 中窗体对象和报表对象具有的事件代码和处理模块。窗体模块和报表模块都是与特定窗体或报表对象相关联的，它们都属于系统对象类模块。窗体模块和报表模块通常都含有事件过程，它们通过事件过程来响应用户的操作，从而控制窗体或报表的行为。例如，单击窗体上的某个按钮从而引发相应的操作。窗体模块或报表模块中的过程可以调用已经添加到标准模块中的过程。当用户为窗体或报表创建事件过程时，Access 将自动创建与之关联的窗体模块或报表模块。

- 用户定义类模块是在 VBE 窗口，选择系统菜单"插入"→"类模块"命令可创建此类模块。

2. 创建模块

在 VBE 环境中，选择系统菜单"插入"→"模块"或"类模块"命令选项可以创建一个标准模块或类模块。

模块是由过程单元组成的。一个模块可以包含一个声明区域，以及一个或多个子过程（以关键词 Sub 开始，以 End Sub 结束）与函数过程（以关键词 Function 开始，以 End Function 结束），其中声明区域主要用于定义模块中使用的变量等内容。

通过以下两种方法可以在模块中添加子过程或函数过程。

（1）方法一

1）在 VBE 的"工程资源管理器"子窗体中，双击需要添加过程的模块（可以是窗体模块、报表模块或标准模块）。

2）选择系统菜单"插入"→"过程"命令，打开"添加过程"对话框，如图 11-2 所示。

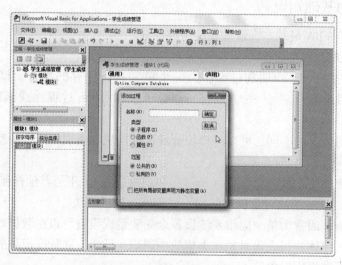

图 11-2 "添加过程"对话框

3）在对话框中，输入过程的"名称"，选择过程的"类型"，选择过程的作用"范围"。

4）单击"确定"按钮，将自动生成过程（或函数）的头语句和尾语句，且光标停留在两条语句之间，等待用户输入过程（或函数）代码。

（2）方法二

在窗体模块、报表模块或标准模块的代码窗口中，直接输入 Sub 过程名（或 Function 函数名），然后按〈Enter〉键，系统自动生成过程（或函数）的头语句和尾语句，用户可以在两条语句之间输入过程（或函数）代码。

【例11-1】编制标准模块"例子1"，其功能为在"立即窗口"中显示"欢迎大家使用Access"。

具体操作步骤如下。

1）创建或打开一个数据库。

2）在"数据库工具"选项卡中，单击"宏"→"Visual Basic"按钮，或者在"创建"选项卡中，单击"宏与代码"→"Visual Basic"按钮，打开 Visual Basic 编辑器 VBE。

3）在 VBE 窗口，选择系统菜单"插入"→"模块"命令，打开定义新模块窗口。

4）在定义新模块窗口中输入以下子过程。

```
Sub 例子 1( )
        Debug. Print ("欢迎大家使用 Access")
End Sub
```

5）保存模块。

6）单击 VBE 工具栏上的"运行"按钮，运行结果如图 11-3 所示。

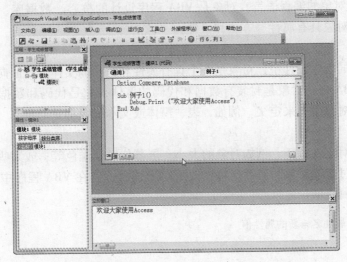

图 11-3　在代码窗口中输入代码和最后的运行结果

11.1.6　模块与宏

模块和宏都可以实现 Access 操作的自动化。宏本身是一种控制方式简单的程序，它由 Access 提供的命令实现；而模块则需要用户用 VBA 自行编写。

实际应用中，使用宏还是使用模块，完全取决于具体要完成的任务。对于简单的细节工作（例如，打开或关闭窗体），使用宏是一种很方便的方法，它可以简捷迅速地将已经创建的数据库对象联系在一起；对于复杂的操作，例如循环控制操作，宏将难以实现，需要使用 VBA 编写模块。

1. 将宏存储为模块

Access 中，宏可以存储为模块，宏的每个基本操作在 VBA 中都有对应的等效语句。宏对象的执行效率较低。如果需要，可以将宏对象转换为 VBA 程序，以提高代码的执行效率。

具体操作方法如下。

选定需转换的宏对象，然后选择系统菜单"文件"→"另存为"命令，在弹出的"另存为"对话框中，指定保存类型为"模块"，并指定模块名称，即可将指定的宏对象转换为模块对象。

2. 在模块中执行宏

在 VBE 中，使用 Docmd 对象的 RunMacro 方法，可以执行宏。例如，代码"DoCmd. RunMacro " 宏 1""的作用是执行宏名为"宏 1"的宏。

11.2   面向对象程序设计基础

面向对象的程序设计将根据用户对所选对象的不同操作而触发不同的事件，在进行 VBA 编程时，不仅需要了解面向对象程序设计的基本概念，还需要了解 Access 的对象模型。

11.2.1   面向对象程序设计的基本概念

VBA 是面向对象的编程语言，对象是 VBA 程序设计的核心。数据库、窗体和控件等都属于对象范畴。对象具有属性、方法和事件。

1. 对象

在面向对象的程序设计中，对象是一个具有属性和方法的实体，是面向对象程序设计的基本元素。在 VBA 中，对象是封装有数据和代码的客体，它是代码和数据的组合，可将它看作单元。每个对象由类来定义。例如，表、窗体或文本框等都是对象。

2. 属性

属性定义了对象的特征，例如对象的大小、屏幕位置及颜色等；或某些行为，例如对象是否可见等。通过修改对象的属性值可以改变对象的特性。在 VBA 程序中可通过以下命令格式修改对象的属性值：

对象名. 属性名 = 新的属性值

例如，

Forms! 用户登录! Command1. Caption = "登录"

就是将"用户登录"窗体上 Command1 按钮的 Caption 属性设置为"登录"。

3. 方法

方法指的是对象能执行的动作。例如，AddItem 是 ComboBox 对象的方法，它的作用是为下拉式列表增加一个列表项。RunMacro 是 Docmd 对象的方法，它的作用是运行宏。

4. 事件

事件是对象可以辨认的动作。例如，打开、装载、单击或双击等，可以针对此类动作编写相应的程序代码，以响应用户的动作或系统行为。

例如，第一次打开窗体时，事件发生顺序为 Open→Load→Resize→Current；关闭窗体时，事件发生顺序为 Unload→Deactivate→Close。

5. 对象集合

对象集合是包含几个其他对象的对象，而这些对象通常具有相同的类型。

集合本身也是对象，它有自己的方法和属性。如果对象集合中的对象共享共同的方法，则可以对整个对象集合进行统一操作。例如，Forms. Close 可以关闭所有打开的窗体。

对象集合中的每个对象在集合中都有一个位置（即索引号）。但是，只要集合发生变化，集合中对象的位置就可能发生变化。也就是说，集合内任何特定对象的位置都不是一成不变的。

6. 对象模型

对象模型通过定义所有对象集合和对象之间的层次关系，使编程工作更容易实现。对象模型实际上是给出了基于对象程序的对象集合和对象的组织方式。

11.2.2 Access 中的常用对象

Access 是支持自动化功能的 COM 组件之一，它可以使用其他 COM 组件提供的对象，也可以为其他 COM 组件提供 Access 的对象。

在 VBA 程序代码中访问一个 Access 对象时，编程人员必须清楚该对象在 Access 对象模型中所处的位置，然后通过对象访问符 "."，从包含这一对象的最外层对象开始，依次逐步取其子对象，直到要访问的对象为止。

Access 中常用的对象包括 Form(s) 对象、Report(s) 对象和 DoCmd 对象等。

1. Form(s) 对象

Form 对象是 Forms 集合的成员，该集合是所有当前打开窗体的集合。在 Forms 集合中，每个窗体都从零开始编排索引。通过按名称或按其在集合中的索引引用窗体，可以引用 Forms 集合中的单个 Form 对象。如果要引用 Forms 集合中指定的窗体，最好是按名称引用窗体，因为窗体的集合索引可能会变动。如果窗体名称包含空格，那么名称必须用方括号（［］）括起来。

（1）引用 Form 对象

可以用窗体名称方式引用 Forms 集合中的某个 Form 对象，具体命令格式如下。

> Forms! ＜窗体名称＞

或

> Forms(" ＜窗体名称＞")

（2）引用窗体上的控件

每个 Form 对象都有一个 Controls 集合，该集合包含窗体上所有的控件。要引用窗体上的控件可以采用显式引用方式或隐式引用方式。相比较而言，隐式引用的速度会更快一些。

例如，对"用户登录"窗体上的 Command1 控件的引用如下。

显式引用方式如下。

> Forms! 用户登录 . Controls! Command1

隐式引用方式如下。

> Forms! 用户登录! Command1

（3）统计窗体个数

如果需要确定当前打开窗体的个数或数据库中现有的窗体个数，可以使用 Count 属性。

代码"Forms. Count"可以确定当前打开的窗体个数；代码"CurrentProject. AllForms. Count"可以确定当前数据库中的窗体总个数。

2. Report（s）对象

Reports 对象是一个对象集合，用于管理当前所有处于打开状态的报表。Report 对象是 Reports 集合的成员。在 Reports 集合中从零开始索引单独报告。

有关 Report 对象的引用、报表控件的引用、报表个数统计等内容与 Form 对象类似，由于本书篇幅有限，这里不再复述。

3. DoCmd 对象

DoCmd 是 Access 数据库的一个重要对象，它的主要功能是通过调用 Access 内置的方法，在 VBA 中实现特定操作。也就是说，在 VBA 中，可以使用 DoCmd 对象的方法实现对 Access 的操作。在 VBA 代码窗口输入"DoCmd."时，可显示 DoCmd 对象方法的提示列表，列表中的每个内容实质上就是 Access 中的宏命令。例如，可以使用 DoCmd. OpenForm 方法打开窗体。

DoCmd 对象的方法大多数都有参数，某些是必需的，其他一些是可选的。如果省略可选参数，参数将被假定为特定方法的默认值。例如，OpenForm 方法使用 7 个参数，但只有第一个参数 FormName 是必需的。

11.3 VBA 程序设计基础

VBA 如同其他编程语言一样，在进行程序设计时需要涉及 VBA 的数据类型、常量、变量、表达式和基本语句等。

11.3.1 VBA 数据类型

除备注和 OLE 对象数据类型以外，Access 数据表中字段所使用的数据类型在 VBA 中都有对应的类型。VBA 中的数据类型见表 11-2。

表 11-2　VBA 中的数据类型

数 据 类 型	关 键 字	符 号	前 缀	有效值范围	默 认 值
字节型	Byte	无	Byt	$0 \sim 255$	0
整型	Integer	%	Int	$-32\ 768 \sim 32\ 767$	0
长整型	Long	&	Lng	$-2\ 147\ 483\ 648 \sim 2\ 147\ 483\ 647$	0
单精度型	Single	!	Sng	$-3.4 \times 10^{38} \sim 3.4 \times 10^{38}$	0
双精度型	Double	#	Dbl	$-1.797\ 69 \times 10^{308} \sim 1.797\ 69 \times 10^{308}$	0
货币型	Currency	@	Cur	$-922\ 337\ 203\ 685\ 477.5808 \sim 922\ 337\ 203\ 685\ 477.5807$	0
字符型	String	$	Str	根据字符串长度而定	" "
日期/时间型	Date	无	Dtm	日期：100 年 1 月 1 日 ~9999 年 12 月 31 日 时间：0：00：00 ~23：59：59	0

数据类型	关 键 字	符 号	前 缀	有效值范围	默 认 值
逻辑型	Boolean	无	Bln	True 或 False	False
对象型	Object	无	Obj		Empty
变体型	Variant	无	Var		

1. 数值类型

VBA 中的数值类型包括 Integer、Long、Single、Double、Currency 和 Byte。

● Integer 型和 Long 型：用于保存整数。整数的运算速度快，但表示数的范围小。

● Single 型和 Double 型：用于保存浮点实数，表示数的范围大。

● Currency 型：用于保存定点实数；保留小数点右边 4 位和小数点左边 15 位，用于货币计算。

● Byte 型：用于存储二进制数。

2. 字符类型

字符型数据用于存放字符串。字符串是放在英文双引号内的若干个字符，这些字符可以是 ASCII 字符或汉字。长度为 0 的字符串（""）被称为空字符串。

VBA 中的字符串分为两种，即变长字符串和定长字符串。变长字符串的长度是不确定的，最大长度不超过 2^{31}；定长字符串的长度是固定的，最大长度不超过 2^{16}。

3. 日期/时间类型

日期/时间类型（Date 型）数据用于存储日期和时间的值。要想熟练使用 Date 型数据，需要了解日期值在 VBA 内部的存储形式。VBA 中，Date 数据以双精度浮点数形式保存，它的整数部分用于存储日期值，小数部分用于存储时间值。

● Date 数据的整数部分用于表示当前日期距离 1900 年 1 月 1 日的天数，其中 1899 年 12 月 31 日之前的日期以负整数表示，该日期之后的日期为正整数。

● Date 数据的小数部分表示从子夜到现在已经度过的时间，"0"表示午夜。如果小数部分的值为 0.5，则表示一天中已经过去了 1/2，目前的时间是中午 12 点。

4. 逻辑类型

逻辑类型数据也称为布尔型，用于逻辑判断，它只有 True（真）和 False（假）两个值。当变量值只是 Tree/False、Yes/No、On/Off 等两种情况时，可将其声明为逻辑类型。

当将逻辑型数据转换为其他数据类型时，False 转换为 0，True 转换为 – 1。当将其他数据类型转换为逻辑型数据时，0 转换为 False，非 0 数据转换为 True。

5. 对象类型

对象类型数据用于存放应用程序中的对象。

6. 变体类型

变体是一种特殊的数据类型，变体数据是指没有被显式声明为某种类型变量的数据类型。它可以表示数值、字符、日期等任何值，也可以是特殊值 Empty、Error、Nothing 和 Null。可以说，变体数据类型是 VBA 中应用最灵活的一种数据类型，变体型变量不仅可以存储所有类型的数据，而且当赋予不同类型值时可以自动进行类型转换。

在使用时，可以使用 VarType 函数或 TypeName 函数来决定如何处理 Variant 中的数据。

7. 用户自定义类型

当需要用一个变量记录多个类型不一样的信息时，可以使用用户自定义类型。用户自定义数据类型主要是为了保存一些特定的数据（如一条记录数据）和易于变量识别，它是将不同类型的变量组合起来的一种形式。

用户自定义数据类型通常包含多个数据元素，每个数据元素既可以是基本数据类型，也可以是已定义的用户自定义类型。可由 Type 语句创建自定义数据类型，其语法格式如下。

```
Type < varname >
    < elementname > As type
    [ < elemenmame > As type]
End Type
```

语法说明：

1）varname：变量名。

2）Elementname：用户自定义数据类型的元素名称。

3）type：数据类型。可以是 Integer、Long、Single、Date、String、Boolean、Currency 等基本数据类型，也可以是已存在的用户自定义类型。

【例 11-2】定义具有 3 个数据元素的自定义数据类型 "NewType"。

```
Type NewType
    StuNo As String * 9          '第一个数据元素用于存储学生的学号
    StuName As String            '第二个数据元素用于存储学生的姓名
    StuBir As Date               '第三个数据元素用于存储学生的出生日期
End Type
```

对用户自定义类型变量进行赋值时，可以使用"变量名.元素名"的格式。

【例 11-3】定义一个数据类型为自定义类型 "MyType" 的变量 New_Val，并实现了对它的赋值。

```
Dim New_Val As NewType          '将变量 New_Val 定义为自定义数据类型 MyType
New_Val. StuNo = "20141039381"
New_Val. StuName = "赵云峰"
New_Val. StuBir = #1995 - 10 - 20#
```

这里需要注意的是，Type 语句只能在模块级使用。使用 Type 语句声明了一个用户自定义数据类型后，就可以在该声明范围内的任何位置声明该类型的变量。

11.3.2 VBA 常量

常量是指在程序运行过程中，其值不能被改变的量。在程序中使用常量可以增加代码的可读性，使得代码维护更加容易。

除了直接常量（也称为字面常量，即通常使用的数值、字符常量或日期常量，例如，10、" ABC"、#2008 - 8 - 8#等）以外，Access 还支持符号常量、固有常量和系统定义常量 3 种类型的常量。

1. 符号常量

如果在代码中要反复使用某个相同的值，或者代表某些特定意义的数字或字符串，可以使用符号常量。

符号常量由 Const 语句定义。定义符号常量时需给出具体的常量值，在程序运行过程中对符号常量只能进行读取操作，不允许对其进行修改或重新赋值。

符号常量的命名规则与变量命名规则相同，需注意的是，不允许创建与固有常量同名的符号常量。

例如，

  Const PI = 3.14

或

  Const PI as Single = 3.14

此语句声明的符号常量 PI 代表圆周率 3.14。在程序代码中，可以使用 PI 代替圆周率参加运算。使用符号常量的好处主要在于，当需要修改该常量的值时，只需修改定义该常量的一个语句即可。

如果在一个语句中声明几个常量，需使用"，"分隔。

2. 固有常量

VBA 提供了许多固有常量，并且所有固有常量都可以在宏或 VBA 代码中使用。固有常量名的前两个字母为前缀字母，指明了定义该常量的对象库。来自 Access 库的常量以"Ac"开头，来自 Visual Basic 库的常量则以"vb"开头。例如，AcCommand，VbDayOfWeek 等。

VBA 中，每个固有常量都有一个对应的数值，可以在立即窗口中输入命令"？＜固有常量名＞"来显示常量的实际值，也可以通过"对象浏览器"查看所有可用对象库的固有常量列表，如图 11-4 所示。

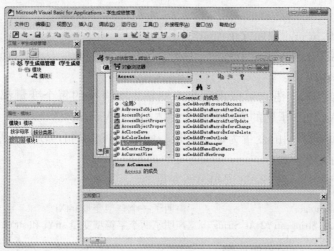

图 11-4　利用"对象浏览器"查看固有常量列表

3. 系统定义常量

系统定义常量有 3 个，即 True（真）、False（假）和 Null（空值）。

11.3.3　VBA 变量

变量是指在程序运行过程中，其值可能发生变化的数据。变量实际上是一个符号地址，VBA 通过使用变量来临时存储数据。

变量具有 3 要素，即变量名、变量类型和变量值。

变量的命名规则如下。

- 变量名必须以字母字符开头，最长不超过 255 个字符。
- 可以包含字母、数字或下划线字符，不能包含标点符号和空格等。
- 变量名不区分英文字符的大小写，如 intX、INTX、intx 等表示的是同一个变量。
- 变量名不能使用 VBA 关键字。
- 为了增加程序的可读性，通常在变量名前加一个前缀来表明该变量的数据类型。

1. 变量的声明

每个变量都有一个变量名，使用之前可以使用显式声明方式指定数据类型，也可以使用不指定数据类型的隐式声明方式。

（1）使用类型说明符号声明变量

VBA 允许使用类型说明符号来声明变量的数据类型，类型说明符只能出现在变量名的最后。例如：

    Int X%

表示变量 intX 是整型数据类型。

（2）使用 Dim 或 Static 语句声明变量

其语法格式如下。

    Dim < varname > [As < type >] [, < varname > [As < type >] ···]
    Static < varname > [As < type >] [, < varname > [As < tyPe>] ···]

语法说明：

1）varname：变量名。遵循变量命名约定。

2）type：数据类型。可以是 Integer、Long、Single、Double、Date、String、Object、Boolean、Currency、Variant 等。

3）一个 Dim 或 Static 语句可以声明多个变量，所声明的每个变量都有一个单独的 As Type 子句。省略 As Type 子句的变量默认为变体类型（Variant）。

4）使用 Dim 语句声明的变量为动态变量，使用 Static 语句声明的变量为静态变量，两者在变量的生存期上不一致。

【例 11-4】使用 Dim 和 Static 语句声明变量。

    DimintX As Integer   '声明了一个整型变量 intXl
    StaticstrYl As String, strY2 As String   '声明了两个字符型变量 strYl 和 strY2

（3）使用 DefType 语句声明变量

DefType 语句只能用于模块的通用声明部分，用来为变量和传送给过程的参数设置默认数据类型。其语法格式如下。

    DefType < letterl > [- < letter2 >] [, < letterl > [— < letter2 >]] ···

语法说明：

1）letterl 和 letter2 参数用于指定设置默认数据类型的变量名称范围，且不区分大小写字母。

2) DefType 语句对应的数据类型见表 11-3。

表 11-3 DefType 语句对应的数据类型

语　句	数 据 类 型
DefBool	Boolean
DefByte	Byte
DefInt	Integer
DefLng	Long
DefCur	Currency
DefDec	Decimal
DefSng	Single
DefDbl	Double
DefDate	Date
DefStr	String
DefObj	Object
DefVar	Variant

例如：

　　DefInt x,y,a－g

此语句声明在模块中使用的以字母 x、y 和 a～g 开头的变量默认数据类型为整型。

（4）使用变体类型

没有使用以上 3 种方法声明数据类型的变量默认为变体类型。相对于上述 3 种显式声明而言，被称为隐式声明。隐式声明是指在使用一个变量之前不必事先声明这个变量。

用户可以通过给变量赋值的方式来建立隐式变量。

例如：

　　varY = 200

此语句声明了一个名为 varX 的隐式变量，数据类型为 Variant，值为 200。

系统默认变量为 Variant 类型时，具体是数值型还是字符型，由所赋给的值决定。

也可以通过在变量名后增加类型声明字符的方式为一个隐式变量定义数据类型。

例如：

　　varA% = 100

此语句创建了一个整型变量 varA。

2. 强制声明

在 VBA 编程中，用户应尽量减少隐式变量的使用，因为大量使用隐式变量，会给变量的识别和程序的调试带来困难。例如，程序中定义了某个隐式变量，当使用中出现变量名拼写错误这类错误时，将很难被发现。用户可以在模块设计窗口的说明区域，使用 Option Explicit语句，强制要求程序中的所有变量必须显式声明后才能使用。

显式声明变量有 3 个作用，一是可以指定变量的数据类型，二是可以指定变量的适用范围（即变量的作用域），三是在程序编制过程中可以预先排除一些因为变量名拼写错误而带来的错误。

3. 变量的作用域

变量可被访问的范围称为变量的作用域。根据变量作用域的不同，可将变量分为局部变量、模块变量和全局变量。

（1）局部变量

在模块的过程内部用 Dim 或 Static 声明的变量，称为局部变量。局部变量的作用范围仅限于声明该变量的过程执行期间，过程执行完毕，局部变量将被释放。

（2）模块变量

在模块的通用声明部分用 Dim 或 Private 声明的变量，称为模块级变量。模块级变量在声明它的模块中的所有过程中都能使用，其他模块不能访问。

（3）全局变量

在标准模块的通用声明部分用 Public 声明的变量，称为全局变量。全局变量在声明它的数据库中所有模块的所有过程中都能使用。

4. 变量的生存期

从变量的生存期来看，变量又分为动态变量和静态变量两种。

（1）动态变量

在过程中，使用 Dim 语句声明的局部变量属于动态变量。动态变量的生存期仅限于它所在过程的一次运行期间。即从该过程执行开始直至过程执行完毕，动态变量的值不会带入过程的下一次运行期间。

（2）静态变量

在过程中，用 Static 声明的局部变量属于静态变量。静态变量在过程运行时可保留变量的值。即每次运行过程时，用 Static 声明的变量都保持上一次的值。

【例 11-5】声明不同作用域变量，观察运行结果。

```
SubDimstatic( )
    DimIntX As Integer
    StaticIntY As Integer
    IntX = IntX + 10
    IntY = IntY + 10
    Debug. Print "IntX = " ; IntX , "IntY = " ; IntY
End Sub
```

第 1 次运行该程序段，运行结果为：

    IntX = 10   IntY = 10

第 2 次运行该程序段，运行结果为：

    IntX = 10   IntY = 20

第 3 次运行该程序段，运行结果为：

    IntX = 10   IntY = 30

5. 数组

数组是由一组具有相同数据类型的变量（称为数组元素）构成的集合。数组变量由变

244

量名和数组下标组成。在 VBA 中，不允许隐式说明数组，可用 Dim 语句来声明数组。其语法格如下。

$$\text{Dim} < varname > (\ [\ < lowerl > \text{To}\ ] < upperl > [\ ,[\ < lower2 > \text{To}\ ] < upper2 >]\cdots) \text{As type}$$

语法说明：

1）varname：变量名。

2）lowem：下标的下界，默认值为 0。可以在模块的通用声明部分使用语句 "Option Base 1"，将数组的默认下标下界规定为 1。

3）uppern：下标的上界。

4）type：数据类型。可以是 Integer、Long、Single、Double、Date、String、Object、Boolean、Currency、Variant 等。

数组有固定大小和动态两种类型。前者总保持同样的大小，而后者在程序中可根据需要动态地改变数组的大小。

（1）固定大小的数组

可以根据需要对固定大小的数组进行声明，部分数组声明说明见表 11-4。

表 11-4　部分数组声明说明

语句	数组名	维数	数组元素	数组元素个数	数据元素变量类型
DimIntArray（10）As Integer	IntArray	一维	IntArray（0）~ IntArray（10）	11	整型
Dim ArrayS（1 to 3）As String * 9	ArrayS	一维	ArrayS（1）~ ArrayS（3）	3	定长字符型
DimArrayL（2,3）As Long	ArrayT	二维	从 ArrayL（0,0）~ ArrayL（2,3）	12	单精度

类似地，可以声明二维以上的数组。但多维数组对存储空间的要求更大，它们既占据存储空间，又影响运行速度，应慎用。尤其是 Variant 数据类型的数组，它们需要更大的存储空间。

（2）动态数组

在 VBA 中，允许用户定义动态数组。在不能明确地知道数组中应该含有多少元素时，可以使用动态数组。动态数组中元素的个数是不定的，在程序运行中可以改变其大小。

动态数组的定义过程分为两步。

1）使用 Dim 语句声明数组，但不指定数组元素的个数。

2）在具体使用时再用 ReDim 语句来指定数组元素的个数，称为数组的重定义。

在对数组重定义时，可以在 ReDim 后增加保留字 Preserve 来保留以前的值，否则使用 ReDim 后，数组元素会被初始化为默认值。对于数值型数组，设置为 0。对于 String 型数据组，设置为空串。对于 Variant 型数组，设置为 Empty。对于 Object 型数组，设置为 Nothing。

【例 11-6】练习动态数组的使用。

```
Option Base l              '将数组的默认下标下界设置为1
DimIntArray（ ）As Integer   '声明动态数组 IntArray

ReDim IntArray（10）        '重定义数组,分配 10 个数组元素
For n = 1 to 10            '利用循环程序结构为数组元素赋值
IntArray（n）= n
Next n
```

```
ReDim IntArray(5)              '重定义数组,且数组元素初始化为0
For n = 1 to 5                 '为数组元素赋值
IntArray(n) = n
Next n


ReDim Preserve IntArray(3)     '重定义数组,且保留数组元素中的值
IntArray(1) = 100              '为第9和第10两个数组元素赋值
IntArray(2) = 120
```

（3）数组的使用

一经声明，数组中的每个元素就都可以作为单个变量使用了，其使用方法与普通变量相同。

数组元素的引用格式中包括数组名和下标值。如果是一维数组，则只有一个下标值。如果是多维数组，则多个下标值之间以逗号","分隔。若给定数组元素的下标值超过了数组声明语句中规定的上、下界，则会出错。

如果将数组的默认下标下界设置为 1，则 IntArray（2）表示一维数组 IntArray 的第二个元素，ArrayS（3，4）表示二维数组 ArrayS 中第 3 行第 4 列的元素。

11.3.4　VBA 表达式

VBA 表达式是由运算符将常量、变量、函数、控件属性等运算对象进行连接的式子。表达式可执行计算、操作字符或测试数据，其计算结果为单一的值。

VBA 表达式中涉及的运算符除前面章节介绍的算术运算符、字符运算符、关系运算符及逻辑运算符以外，还有对象运算符。

1. 对象运算符

对象运算符有"!"和"."两种。

1）运算符"!"的作用是引出一个用户定义的对象，如窗体、报表，以及窗体或报表上的控件等。

例如：

　　Forms! 欢迎使用

此语句表示用户定义的窗体"欢迎使用"。

　　Forms! 欢迎使用! Command1

此语句表示用户在窗体"欢迎使用"上定义的控件 Command1。

2）运算符"."的作用是引出一个 Access 定义的内容，如属性。

实际应用中，"."运算符与"!"运算符配合使用，用于表示引用的对象属性。

例如：

　　Forms! 欢迎使用! Command1. Visible

此语句表示"欢迎使用"窗体上 Command1 控件的 Visible 属性。需注意的是，如果"欢迎使用"窗体为当前操作对象，则"Forms! 欢迎使用"可以用"Me"来替代，上式可表示为"Me! Command1. Visible"。

2. 数据库对象变量的使用

在 Access 数据库中建立的对象及其属性，均可被看作 VBA 程序代码中的变量及其指定的值来加以引用，与普通变量所不同的是，需要使用规定的引用格式。

例如：

> Forms！欢迎使用！Command1

此语句在 VBA 程序语句中的作用相当于变量，只不过它所表示的是 Access 对象。

当需要在 VBA 中多次引用某一对象时，可以先声明一个 Control（控件）数据类型的对象变量，并使用 Set 语句说明该对象变量指向的控件对象。其语法格式为：

> Set < objectvar >= < objectexpression >

语法说明：

1）objectvar：对象变量名称。

2）objectexpression：对象表达式。

【例 11-7】练习数据库对象变量的使用。

> DimcompswAsControl　　　　　　　　　　　　　　'定义对象变量,数据类型为控件
> Setcompsw = Forms！窗体 1！Command1　　　'为对象变量指定窗体控件对象

运行程序，可将控件对象的引用转为对象变量的引用。

11.3.5　VBA 基本语句

VBA 中的语句是能够完成某项操作的一条完整命令，程序由大量的命令语句构成。语句可以包含关键字和表达式等。

1. VBA 语句的书写规则

1）VBA 语句不区分英文字母的大小写，但要求标点和括号等符号使用西文形式。

2）一个 VBA 语句行最多允许含有 255 个字符。

3）通常将一条语句写在一行。若语句较长，一行写不下时，可以人为断行，但需要在行尾增加续行符，即一个空格后面跟一个下画线 "_"，以表示该语句并没有结束，它的剩余内容在下一行。

4）VBA 允许在程序的同一行上书写多条语句，各语句之间需用冒号 ":" 分隔。

5）输入一个语句行，并按〈Enter〉键后，VBA 将自动进行语法检查。如果语句行存在错误，该语句将以红色显示，有时还会伴有错误信息提示。

6）对于语句中的关键字，VBA 会将其首字母自动转换为大写形式。

2. 注释语句

为了增加程序的可读性，可以在程序中添加适当的注释。VBA 在执行程序时，并不执行注释文字。其语法格式如下。

> Rem < comment >
> ' < comment >

语法说明：

1）comment 可以是内容任意的注释文本。

2）注释语句既可以占据一整行，也可以和其他语句放在同一行，并写在其他语句的后面。

3）如果将 Rem 语句与其他语句放在同一行，则必须使用冒号（:）将它们隔开；如果

将撇号（'）开头的注释语句与其他语句放在同一行，则不必使用冒号分隔。

【例11-8】练习注释语句的使用。

```
Rem 练习注释语句的使用
'练习注释语句的使用
Cmdl. Caption = " 欢迎"        '将按钮 Cmdl 的 Caption 属性设置为"欢迎"
Cmd2. Caption = " 退出" ；       Rem 将按钮 Cmd2 的 Caption 属性设置为"退出"
```

该程序中，前两个语句行为注释语句行，后两个语句行将注释语句写在了其他语句的后面。

3. 声明语句

声明语句通常放在程序的开始部分，通过声明语句可以命名和定义常量、变量、数组和过程。当声明一个变量、数组或过程时，也同时定义了它们的作用范围。此范围不仅取决于声明语句的位置，即将声明语句放在模块中，还是放在子过程中），而且还取决于使用的关键字，例如 Dim、Static、Public、Private 等。

【例11-9】练习声明语句的使用。

程序代码如下。

```
DimintA as integer,StrM as string
StaticintB as integer
Const PI = 3. 14159
```

4. 赋值语句

通过赋值语句可以将表达式的值赋给指定的变量或属性。其语法格式如下。

$$[\,Let\,] < varname > = < expression >$$

语法说明：

1）关键字 Let 为可选项，通常省略不写。

2）varname 为变量或属性的名称，expression 为表达式。

3）该语句的执行方式为：先计算 expression 表达式，后赋值。

4）要求表达式结果值的类型必须与 Varname 的类型兼容，否则程序不能正确运行。例如，不能将字符串表达式的值赋给数值变量，也不能将数值表达式的值赋给字符串变量。

5. 用户交互函数 InputBox

InputBox 函数的作用是打开一个对话框，并等待用户输入文本。当用户输入文本，并单击"确定"按钮或按〈Enter〉键后，函数将返回文本框中输入的文本值。其语法格式如下。

$$InputBox(< prompt >[\,, < title >\,][\,, < default >\,][\,, < xpos >\,)[\,, < ypos >\,]]$$

语法说明：

1）prompt 是一个字符串表达式，其结果值将作为提示信息显示在对话框中。

2）title 为可选项，它也是一个字符串表达式，其结果值将显示在对话框的标题栏中。

3）default 为可选项，其内容为对话框的默认输入值。

4）选项 xpos、ypos 用于确定对话框在屏幕上的位置。省略 xpos 时，对话框将在屏幕上水平居中；省略 ypos 时，对话框将被放置在屏幕垂直方向1/3 的位置。

【例11-10】练习 InputBox 函数的使用。

程序代码如下。

```
Sub In_Num( )
    Dim x As Integer
    x = InputBox("请输入数值","练习")
    x = x + 1
    Debug. Print "x = ", x
End Sub
```

运行程序，系统出现 InputBox 提示框，如图 11-5 所示。用户输入数值后，最后输出计算结果，如图 11-6 所示。

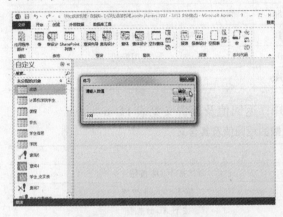

图 11-5　InputBox 提示框

图 11-6　输出计算结果

6. MsgBox 语句和 MsgBox 函数

MsgBox 语句和 MsgBox 函数的作用是打开一个对话框，显示相关信息，等待用户通过按钮进行选择，最后针对用户单击的按钮，返回一个相应的整数值。其语法格式如下。

　　　MsgBox < prompt >[, < buttons >][, < title >]

或

　　　MsgBox(< prompt >[, < buttons >][, < title >])

语法说明：

1）prompt 是一个字符串表达式，其结果值将作为提示信息显示在对话框中。

2）title 为可选项，它也是一个字符串表达式，其结果值将显示在对话框的标题栏中。

3）buttons 为可选项，它是一个整型表达式，由表 11-5 中的 4 组方式组合而成，且每组方式只能选择一个。buttons 的内容决定了对话框显示按钮的数目及形式、使用的图标样式、默认按钮，以及对话框的强制回应等内容。

表 11-5　buttons 选项设置值

分　组	常　量	值	描　述
按钮数目及形式	vbOkOnly	0	只显示 Ok 按钮（默认值）
	vbOkCancel	1	显示 Ok 和 Cancel 按钮
	vbAbortRetryIgnore	2	显示 Abort、Retry 和 Ignore 按钮
	vbYesNoCancel	3	显示 Yes、No 和 Cancel 按钮
	vbYesNo	4	显示 Yes 和 No 按钮
	vbRetryCancel	5	显示 Retry 和 Cancel 按钮

分　　组	常　　量	值	描　　述
图标类型	vbCritical	16	显示 Critical Message 图标
	vbQuestion	32	显示 Warning Query 图标
	vbExclamation	48	显示 Warning Message 图标
	vbInformation	64	显示 Information Message 图标
默认按钮	vbDefaultButton1	0	第一个按钮是默认按钮
	vbDefaultButton2	256	第二个按钮是默认按钮
	vbDefaultButton3	512	第三个按钮是默认按钮
模式	vbApplicationModal	0	应用模式
	vbSystemModal	4096	系统模式

4）MsgBox 函数的返回值反映了用户的选择，返回值及其含义见表 11-6。

表 11-6　MsgBox 函数的返回值及其含义

常　　量	值	含　　义
vbOk	1	按下 Ok 按钮
vbCancel	2	按下 Cancel 按钮
vbAbort	3	按下 Abort 按钮
vbYes	6	按下 Yes 按钮
vbNo	7	按下 No 按钮

【例 11-11】练习 MsgBox 函数的使用。

程序代码如下。

```
Sub Msg()
    x = MsgBox("MsgBox 函数演示", vbYesNoCancel + vbExclamation + vbDefaultButton1, "MsgBox 函数练习")
    If x = 7 Then
        MsgBox "用户单击的是 No 按钮"
    End If
EndSub
```

运行程序，系统出现 MsgBox 提示框，如图 11-7 所示。

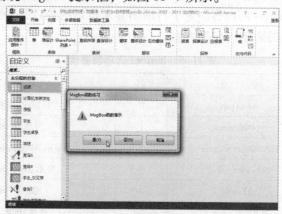

图 11-7　MsgBox 提示框

以上程序片断中的第一条语句也可以改写为以下等效的语句形式：

x = MsgBox(" MsgBox 函数演示",3 + 48 + 0," MsgBox 函数练习")

11.4 VBA 程序流程控制

默认情况下，程序是由上到下逐行运行。如果希望控制程序的走向，需要用到结构化程序设计方法。即使是完全的面向对象程序设计语言，也需要用到结构化程序设计。

结构化程序设计有顺序结构、选择结构和循环结构 3 种控制结构。其中顺序结构最为简单，前面介绍的程序示例都是顺序结构，运行时完全按照程序代码的书写顺序依次执行。为了解决更多的复杂问题，还会用到选择结构和循环结构。

11.4.1 选择结构

程序设计中，经常需要根据不同的情况采用不同的处理方法，此时就必须借助选择结构实现。选择结构也就是根据给定的条件，选择执行的分支，VBA 提供了多种形式的选择结构。

1. 单分支结构

单分支结构的语法格式如下。

```
If  < condition >  Then
    < statements >
End If
```

或

```
If  < condition >  Then  < statements >
```

语法说明：

1）condition 为关系或逻辑表达式。表达式结果为 True，表示条件成立；表达式结果为 False，表示条件不成立。

2）statements 可以是一条或多条语句。

3）If…Then 和 End If 为 VBA 保留字。

4）语句执行过程：当条件表达式 condition 的结果为 True 时，执行 Then 后面的语句块；否则，结束单分支结构语句，执行 End If 后面的语句。

【例 11-12】编写程序，将任意两个整数中的较大数显示在立即窗口中。

程序代码如如下。

```
Subbignum( )
    Dim x As Integer,y As Integer
    x = InputBox("请输入第一个整数:")
    y = InputBox("请输入第二个整数:")
    If x  <  y Then
        x = y
    End If
```

```
        Debug. Print "较大数为:" ,x
    End Sub
```

2. 双分支结构

双分支结构的语法格式如下。

```
    If  < condition >  Then
        < statements - 1 >
    Else
        < statements - 2 >
    End If
```

或

```
    If  < condition >  Then  < statements - 1 >  Else
        < statements - 2 >
```

语法说明：

1）语句中的参数说明与单分支语句相同。

2）语句执行过程：当条件表达式 condition 的结果为 True 时，执行第一个语句块 state-mems - 1。否则，执行第二个语句块 statemems - 2。

【例 11-13】创建窗体并编写程序，根据输入的分数，判断该分数是及格还是不及格。具体操作步骤如下。

1）创建窗体，窗体设计如图 11-8 所示。

2）选中命令按钮的属性窗口事件标签选项，单击按钮▥，进入 VBE。

3）"判断"按钮的 Click 事件代码如下。

```
    Private Sub Command24_Click( )  '判断命令按钮的 Click 事件
        Dim num As Integer
        Dim level As SubForm
        num = Text18. Value
        If num  >= 60 Then
            level = "及格"
        Else
            level = "不及格"
        End If
        Text20. Value = level
    End Sub
```

4）"清空"按钮的 Click 事件代码如下。

```
    Private Sub Command25_Click( )  '清空命令按钮的 Click 事件
        Text18. Value = " "
        Text20. Value = " "
    End Sub
```

运行程序，输入数据，单击"判断"按钮进行判断，如图 11-9 所示。

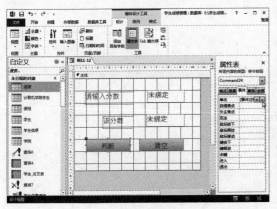

图 11-8　窗体设计

图 11-9　输入数据进行判断

3. 多分支结构

多分支结构的语法格式如下。

```
If < condition – 1 Then
< statements – 1 >
    ElseIf < condition – 2 > Then
    < statements – 2 >
    …
    [ElseIf < condition – n > Then
    < statements – n >]
    [Else
    < statements – n + 1 >]
End If
```

语法说明：

1）多分支结构语句中 If 与 End If 必须成对出现。

2）语句执行过程：顺次判断条件 condition – 1 到 condition – n，遇到第一个结果为 True 的条件时，执行其下面的语句块 statements，然后跳出多分支结构语句，执行 End If 后面的程序。如果语句中列出的所有条件都不满足，则执行 Else 语句下面的语句块 statements – n + 1。如果语句中列出的所有条件都不满足，且没有 Else 子句，则不执行任何语句块，直接结束多分支结构语句，执行 End If 后面的程序。

【例 11-14】出租车费为分段计费，其收费标准为：里程在 3 km 以内（含 3 km）收费 10.00 元。里程在 3 ~ 15 km 之间（含 15 km）的收费标准为 2.50 元/km。里程超过 15 km 后，加收基本单价 50% 的费用，即 3.75 元/km。最后的实际费用再进行四舍五入到元。编写程序，根据输入的任意里程数，计算出乘客应付的出租车费。

程序代码如下：

```
SubtaxiFare( )
    DimSngM As Single      '声明一个单精度变量,用来存储里程数
    DimSngF As Single      '声明一个单精度变量,用来存储出租车费用
        SngM = InputBox("请输入里程数:","出租车里程")'给变量 SngM 赋值(里程数)
    If SngM < = 3 Then     '根据里程数的不同进行相关处理
```

```
        SngF = 10
    Else If SngM < = 15 Then
        SngF = 10 + (SngM − 3) ∗ 2.5
    Else
        SngF = 10 + (15 − 3) ∗ 2.5 + (SngM − 15) ∗ 3.75
    End If
    SngF = Round(SngF)    '将出租车费四舍五入
    Debug. Print "出租车里程为:"; SngM; "公里"
    Debug. Print "出租车费为:"; SngF; "元"
End Sub
```

4. 情况语句

情况语句的语法格式如下。

```
Select Case < testexpression >
Case < expressionlist − l >
 < statements − l >
…
    [ Case < expressionlist − n >
[ statements − n ] ]
    [ Case Else
[ statements − n + 1 ] ]
End Select
```

语法说明:

1) testexpression 为测试表达式,可以是数值表达式,也可以是字符表达式。

2) expressionlist 为表达式列表,它的类型必须与 testexpression 的类型相匹配。

3) Case 子句中的表达式列表 expressionlist 有多种表示形式,具体如下。

● 单值或多值,相邻两个值之间用逗号隔开。例如,"Case 1,3,5,7"。

● 利用关键字 To 指定取值范围。例如,"Case l To 5"。

● 利用关键字 Is 指定条件范围,即 Is 后紧跟关系操作符 (<> 、 > 、 >= 、 <)和一个值。例如,"Case Is >= 100"。

4) 语句执行过程:首先求出测试表达式 testexpression 的值,然后顺次判断该值符合哪一个 Case 子句指定的范围,当找到第一个匹配的 Case 子句时,则执行该 Case 子句下面的语句块 statements,然后结束情况语句,执行 End Select 后面的程序。如果所有 Case 子句指定的范围都不能与测试表达式的值相匹配,则要看情况语句中是否包含 Case Else 子句做不同的处理:有 Case Else 子句时,执行 Case Else 下面的语句块,然后结束情况语句;没有 Case Else 子句时,直接结束情况语句。

5) 当多个 Case 子句的表达式列表 expressionlist 与测试表达式 testexpression 的值相匹配时,只有第一个匹配起作用,其下面的语句块会被执行。

6) Select Case 语句中的关键字 Is 不同于比较运算符 Is,它将比较运算符 Is 两侧的运算对象进行了分隔,一部分放在了测试表达式中,另一部分放在了关键字 Is 的右侧。

7) 情况语句中的 Select Case 与 End Select 必须成对出现。

【例 11-15】使用情况语句改写【例 11-14】程序代码。

254

程序代码如下。

```
SubtaxiFare2()
    DimSngM As Single
    DimSngF As Single
    SngM = InputBox("请输入里程数:","出租车里程")
    Select Case SngM          '以里程数作为分支依据
    Case Is < =3
        SngF = 10
    Case Is < =15
        SngF = 10 + (SngM - 3) * 2.5
    Case Else
        SngF = 10 + (15 - 3) * 2.5 + (SngM - 15) * 3.75
    End Select
        SngF = Round(SngF)
    Debug. Print "出租车里程为:"; SngM; "公里"
    Debug. Print "出租车费为:"; SngF; "元"
End Sub
```

5. 利用函数完成选择操作

除选择结构语句以外，VBA 还提供了 3 个可以完成选择操作的函数。

（1）IIf 函数

IIf 函数，其语法格式如下。

IIf(< expr > , < truepart > , < falsepart >)

语法说明：

该函数用于选择操作。如果表达式 expr 的值为 True，则该函数返回表达式 truepart 的值。如果表达式 expr 的值为 False，则该函数返回表达式 falsepart 的值。

例如，【例 11-13】中显示是否及格的文本框，实现这一功能的语句如下。

Forms! Form_例 11 - 12! Text20. Value = IIf(Forms! Form_例 11 - 12! Text18. Value > = 60,"及格","不及格")

（2）Switch 函数

Switch 函数，其语法格式如下。

Switch(< exprl > , < valuel > [, < expr2 > , < value2 > ⋯[, < exprn > , < valuen >]])

语法说明：

该函数用于多条件选择操作。函数将根据条件式 exprl、expr2、⋯、exprn 的值来决定返回的值。对于条件式从左至右计算判断，函数将返回第一个计算结果为 True 的条件式所对应的表达式的值。

例如，可以将数学计算式

$$y = \begin{cases} \sqrt{x} & x > 0 \\ 0 & x = 0 \\ x^2 & x < 0 \end{cases}$$

实现这一功能的语句如下。

$$y = \text{Switch}(x > 0, \text{Sqr}(\text{Abs}(x)), x = 0, 0, x < 0, x * x)$$

（3）Choose 函数

Choose 函数语法其语法格式如下。

$$\text{Choose}(<index>, <choicel> [, <choice2>, \cdots [, <choicen>]])$$

语法说明：

函数将根据数值表达式 index 的值决定返回值。在不考虑变量小数定义位数的情况下，当 1 < index < 2 时，函数将返回表达式 choicel 的值。当 2 < index < 3 时，函数将返回表达式 choice2 的值，依此类推。数值表达式 index 的值应为 1 ~ n，否则，函数将返回 Null 值。

11.4.2 循环结构

在处理实际问题过程中，有时需要重复执行某些相同的操作，也就是对一段程序进行循环操作，这就需要使用循环结构对程序进行设计。VBA 提供了多种形式的循环结构。

1. For 循环语句

For 循环语句，其语法格式如下。

```
For  < counter >= < start > To < end >  [ Step < step > ]
      < statements – l >
        [ Exit For ]
        [ statements – 2 ]
      Next [ counter ]
```

语法说明：

1）counter 为循环控制变量，它必须是数值型变量。

2）For 语句与 Next 语句之间的语句序列为循环体，即被重复执行的部分。

3）start、end、step 分别为循环的初值、终值和步长值，都是数值型表达式。它们共同控制循环体被执行的次数。即循环次数 = Int（（终值—初值）/步长值）/1。

4）语句执行过程如下：

① 执行 For 语句，给循环控制变量赋初值，并自动记录循环的终值和步长值。

② 判断循环控制变量的值是否"超过"终值。如果没有超过，则执行循环体中各语句，直至 Next 语句：如果超过，则结束循环，执行 Next 语句后面的语句。

③ 执行 Next 语句，为循环控制变量增加一个步长值，转到②，判断是否继续循环。

5）语句执行过程②中的"超过"有两重含义：当步长为正值时，循环控制变量大于终值为"超过"；当步长为负值时，循环控制变量小于终值为"超过"。

6）当步长值为 1 时，"Step 1"可省略不写。步长值不能为 0，否则易造成程序死循环，不能正常结束。

7）For 语句与 Next 语句必须成对出现。当 Next 语句中书写循环控制变量时，必须与 For 语句中的循环控制变量相同。

8）For 语句与 Next 语句可以嵌套，即 For 语句与 Next 语句可以嵌套另一个 For 语句与

Next 语句。

9）Exit For 语句的作用是强行结束 For 循环语句，执行 Next 语句后面的语句。通常它被放在分支语句中，即当满足一定条件时，强行结束循环。

【例 11-16】求 $1 + 2 + 3 + 4 + \cdots 99 + 100$。

程序代码如下。

```
Sub AddNum( )
    Dim i As Integer
    Dim n As Integer
    n = 0                      '变量赋初值
    For i = 1 To 100           '步长值为1,省略 Step 子句
        n = n + i
    Next i
    Debug. Print "1 + 2 + 3 + 4 + ···99 + 100 值为: "; n
End Sub
```

【例 11-17】在立即窗体中输出显示九九乘法表。

```
Sub MulTable( )
    Dim m As Integer
    Dim n As Integer
    n = 1                      '变量赋初值
    m = 1                      '变量赋初值
    For n = 1 To 9
        For m = 1 To n         'For 语句嵌套
            Debug. Print n; " * "; m; " = "; n * m,
            If n = m Then Debug. Print '换行打印输出
        Next m
    Next n
End Sub
```

2. While 循环语句

While 循环语句，其语法格式如下。

```
While  < condition >
    < statements >
Wend
```

语法说明：

1）condition 表达式的计算结果为 True 或 False，充当循环判断条件。

2）While 语句与 Wend 语句必须成对出现。While 语句与 Wend 语句之间的语句序列为循环体。

3）语句执行过程如下。

① 判断条件 condition 是否成立。如果条件成立（即其值为 True），则执行循环体中的各语句，直至 Wend 语句；如果条件不成立（即其值为 False），则结束循环，执行 Wend 语句后面的语句。

② 执行 Wend 语句，转到①，重新判断条件是否成立。

4）While 循环语句本身不修改循环条件，所以必须在循环体内设置相应的循环条件调整语句，使得整个循环趋于结束，以避免死循环。

5）While 循环语句是先对条件进行判断，然后才决定是否执行循环体。如果一开始条件就不成立，则循环体一次也不执行。

6）While 循环语句也可以嵌套。

【例11-18】使用 While…Wend 语句改写【例11-16】程序代码。

程序代码如下。

```
Sub AddNum1( )
    Dim i As Integer
    Dim n As Integer
    n = 0                    '变量赋初值
    While i < = 100          '步长值为1,省略 Step 子句
        n = n + i
        i = i + 1
    Wend
    Debug. Print "1 + 2 + 3 + 4 + …99 + 100 值为："; n
End Sub
```

3. Do 循环语句

与 While 循环语句相比，Do 循环语句具有更强的灵活性，Do 循环语句有以下4种格式。

（1）语法格式1

```
Do While < condition >
    < statements - 1 >
    [ Exit Do ]
    [ statements - 2 ]
Loop
```

语法说明：

1）若条件表达式 condition 的值为 True（即条件成立），则执行 Do 语句和 Loop 语句之间的语句块（即循环体），直至 Loop 语句。

2）执行 Loop 语句，返回循环开始语句重新判断条件表达式是否成立，以决定是否继续循环。

3）Exit Do 语句的作用是强行结束 Do 循环语句，执行 Loop 语句后面的语句。通常它被放在分支语句中，即当满足一定条件时，强行结束循环。

（2）语法格式2

```
Do Until < condition >
    < statements - 1 >
    [ Exit Do ]
    [ statements - 2 ]
Loop
```

语法说明：

1）执行循环，"直至"条件表达式 condition 的值为 True 时，结束循环。

2）若条件表达式 condition 的值为 False，则执行 Do 语句和 Loop 语句之间的语句块（即

循环体），直至 Loop 语句。

3）执行 Loop 语句，返回循环开始语句重新判断条件表达式的值是否为 True，以决定是否结束循环。

（3）语法格式 3

```
Do
    < statements – 1 >
    [ Exit Do ]
    [ statements – 2 ]
Loop While < condition >
```

语法说明：

1）执行一次 Do 语句和 Loop 语句之间的语句块（即循环体），直至 Loop 语句。

2）执行 Loop 语句，判断条件 condition 是否成立：若成立，则重复执行循环体；若不成立，则结束循环，执行 Loop 语句后面的语句。

（4）语法格式 4

```
Do
    < statements – 1 >
    [ Exit Do ]
    [ statements – 2 ]
Loop Until < condition >
```

语法说明：

1）执行循环，"直至"条件表达式 condition 的值为 True 时，结束循环。

2）执行一次 Do 语句和 Loop 语句之间的语句块（即循环体），直至 Loop 语句。

3）执行 Loop 语句，判断条件表达式 condition 的值是 True 还是 False：如果条件表达式的值为 False，则重复执行循环体；如果条件表达式的值为 True，则结束循环，执行 Loop 语句后面的语句。

【例 11-19】使用 Do 语句的 4 种格式编写程序，分析各程序循环体被执行的次数，以及各程序的运行结果。

程序代码如下。

```
Sub p1( )
    Dim k As Integer, s As Integer
    k = 0 : s = 0
    Do While k < = 10
      k = k + 1
        s = s + k
    Loop
    Debug. Print "k = " ; k, "s" ; s
End Sub
Sub p2( )
    Dim k As Integer, s As Integer
    k = 0 : s = 0
    Do Until k < = 10
        k = k + 1
        s = s + k
    Loop
```

```
              Debug. Print "k = "; k,"s"; s
            End Sub
            Sub p3( )
              Dim k As Integer,s As Integer
              k = 0 : s = 0
              Do
                k = k + 1
                s = s + k
              Loop While k  <  = 10
              Debug. Print "k = "; k,"s = "; s
            End Sub
            Sub p4( )
              Dim k As Integer,s As Integer
              k = 0 : s = 0
              Do
                k = k + 1
                s = s + k
                Loop Until k  <  = 10
              Debug. Print "k = "; k,"s = "; s
            End Sub
```

运行程序，以上 4 个程序段的循环体分别被执行了 11、0、11 和 1 次。它们的运行结果如下：

```
k = 11             s 66
k = 0              s 0
k = 11             s = 66
k = 1              s = 1
```

11. 4. 3　GoTo 控制语句

如果需要，可在 VBA 程序中使用 GoTo 语句进行跳转。其语法格式如下。

```
GoTo < line >
```

语法说明：

1）line 是程序中任意的行标签或行号。

2）GoTo 语句的作用是无条件地跳转到过程中指定的行，而且只能跳到它所在过程中的行。

3）在程序中要尽量少用 GoTo 语句，过多的 GoTo 语句会使程序的结构不清晰，增加程序调试的难度。

11. 4. 4　过程调用与参数传递

过程是包含 VBA 代码的基本单位，它由一系列可以完成某项指定操作或计算的语句和方法组成，通常分为子过程和函数过程。

1. 子过程及其调用

子过程可以执行一项或一系列操作，但是不返回值。用户可以自行创建子过程，也可以使用 Access 的事件过程模板进行创建。

1）子过程的组成。子过程均以关键词 Sub 开始，以 End Sub 结束，其语法格式如下。

```
Sub  <子过程名>（[<形参>]）[As <数据类型>]
  [<子过程语句>]
  [Exit Sub]
  [<子过程语句>]
End Sub
```

2）子过程的调用。子过程有以下两种调用形式。

```
Call 子过程名([<实参>])
```

或

```
子过程名[<实参>]
```

2. 函数过程及其调用

VBA 除了有许多系统内置函数外，用户还可以用函数过程自定义函数。函数过程与子过程非常相似，只不过它通常都具有返回值。

1）函数过程的组成。函数过程以关键词 Function 开始，以 End Function 结束，其语法格式如下。

```
Function <函数过程名>（[<形参>]）[As <数据类型>]
  [<函数过程语句>]
  [<函数过程名>= <表达式>]
  [Exit Function]
  [<函数过程语句>]
  [<函数过程名>= <表达式>]
End Function
```

2）函数过程的调用。函数过程的调用形式如下。

```
函数过程名([<实参>])
```

函数过程需要直接使用函数过程名并加括号来调用。因为函数过程有返回值，所以可以将其返回值直接赋给某个变量或在表达式中直接使用。

【例 11-20】利用函数过程计算"1！+2！+3！+4！+5！"的值。

程序代码如下。

1）在窗体上创建一个名称为 Command0 的按钮和一个名称为 Text6 的文本框。

2）在 Command0 按钮的 Click 事件中编写如下代码。

```
Private Sub Command0_Click( )           'Command0 按钮的 Click 事件
  Dim s As Integer,n As Integer
  For n = 1 To 5
    s = s + fac_fun(n)                  '调用阶乘函数 fac_fun
  Next
  Text6. Value = s
End Sub
```

```
Functionfac_fun( x As Integer) As Integer    '阶乘函数 fac_fun
    Dim i As Integer,f As Integer
    f = 1
    For i = 1 To x
      f = f * i
    Next
    fac_fun = f                              '给阶乘函数 fac_fun 赋值
End Function
```

运行程序，单击命令按钮，执行 Click 事件程序代码，并调用阶乘函数 fac_fun。

3. 过程的作用范围

过程可被访问的范围称为过程的作用范围，也称为过程的作用域。

过程的作用范围分为公有和私有两种。公有过程以关键字 Public 开头，它可以被当前数据库中的所有模块调用；私有过程以关键字 Private 开头，它只能被当前模块调用。

通常情况下，公有过程和公有变量存放在标准模块中。

4. 参数传递

参数传递是指在调用过程时，主过程将实参传递给被调过程形参的过程。在 VBA 中，参数传递有"传址"和"传值"两种传递方式。

（1）传址方式

在形参前加关键字 ByRef 或省略不写，表示参数传递是传址方式，传址方式也是 VBA 默认的参数传递方式。传址方式的工作原理是将实参在内存中的存储地址传递给形参，使得实参与形参共用内存中的"地址"。

可以将传址方式看成是一种双向的数据传递。调用时，实参将值传递给形参。调用结束时，形参将操作结果返回给实参。传址方式中的实参只能由变量承担。

（2）传值方式

在形参前加关键字 ByVal，表示参数传递是传值方式。传值方式是一种单向的数据传递。调用时，实参仅仅是将值传递给形参。调用结束时，形参也不能将操作结果返回给实参。传值方式中的实参可以是常量、变量或表达式。

【例 11-21】练习参数传递。

程序代码如下。

```
Private Sub mainpro( )
    x = 1: y = 2
    Debug. Print "调用前: x = "; x,"y = "; y
    Callsubpar( x,y)
    Debug. Print "调用后: x = "; x,"y = "; y
End Sub
Private Subsubpro( ByVal m,n)
    m = m + 5: n = n * 5
    Debug. Print "调用中: m = "; m,"n = "; n
End Sub
```

运行程序，结果如下。

```
调用前: x = 1    y = 2
调用中: m = 6    n = 10
调用后: x = 1    y = 10
```

11.5　VBA 程序调试

程序调试的目的是要快速准确地发现程序的错误所在，以便对程序进行相应的修改与完善。

11.5.1　错误类型

程序编制过程中，不可避免地会产生错误。常见错误主要有语法错误、运行错误和逻辑错误 3 种类型。

1. 语法错误

语法错误是指由于关键字拼写不正确、变量未定义、语句前后不匹配等原因引起的程序错误。例如，程序中出现了关键字 While，却没有关键字 Wend，将导致循环语句的不完整。

对于简单的语法错误，可通过代码窗口逐行检查源程序发现错误所在。对于复杂的语法错误，可以选择系统菜单"调试"→"编译"子选项进行编译，在编译过程中，模块中的所有语法错误都将被指出。

2. 运行错误

运行错误是指发生在应用程序开始运行之后的错误，可能是数据发生异常，例如数据溢出等，也可能是动作发生异常，例如向不存在的文件中写入数据。出现运行错误时，系统会暂停程序的运行。打开代码窗口，显示出错代码，以供用户查看。

3. 逻辑错误

VBA 代码运行无误，但却没有得到正确的结果，这说明程序存在逻辑错误。这类错误一般属于程序算法上的错误，例如语句顺序不正确等。这种错误比较难以查找和排除，需要修改程序的算法来排除错误。

11.5.2　错误处理

错误处理就是在代码运行过程中，如果发生错误，则可以将错误捕获，并利用转移机制让程序按照设计者事先设计的方法来处理。使用错误处理的好处在于，发生错误时代码的执行不会中断，如果设定适当，甚至可以让用户感觉不到错误的存在。

错误处理分为如下两个步骤。

1. 设置错误陷阱

设置错误陷阱就是在程序代码中使用 On Error 语句，使得运行错误发生时，该语句可以将错误拦截下来。On Error 语句有 3 种形式。

（1）On Error Resume Next

当错误发生时，忽略错误行，继续执行后续语句。

（2）On Error GoTo < line >

当错误发生时，直接跳转到语句标号为 line 的位置，执行事先编制好的错误处理代码。

（3）On Error GoTo 0

关闭错误处理。当错误发生时，不使用任何错误处理程序块，而是中断程序运行，在对话框中显示相应的出错信息。

2. 编写错误处理代码

错误处理代码是由程序设计者编写的，它的功能是可以根据预知的错误类型决定采取何种处理措施。

【**例 11-22**】利用 InputBox 函数输入数据时，如果用户没有在 InputBox 对话框中输入数据，而是直接单击了对话框的"确定"或"取消"按钮，程序将会产生运行错误，并显示错误提示对话框。对于以上这种情况，可以使用 On Error 语句进行处理。

```
Sub errorexa( )
    On Error GoToerrorline
    Dim i As Integer
    i = InputBox("请输入一个整数","输入")
    MsgBox i
    Exit Sub
    errorline：MsgBox "没有输入数据"
End Sub
```

运行程序，如果在 InputBox 对话框中不输入任何数据，而是直接单击"确定"或"取消"按钮，将会出现"没有输入数据"消息框，如图 11-10 所示。如果将程序中的 On Error 语句删除，并且在运行过程中不向 InputBox 对话框输入任何数据，直接单击"确定"或"取消"按钮，程序运行将会中断，并弹出如图 11-11 所示的错误提示信息。

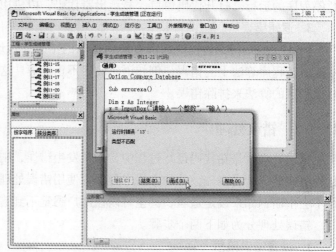

图 11-10 "没有输入数据"消息框　　　　　　　　图 11-11 错误提示

11.5.3 调试程序

为避免程序运行错误的发生，VBE 提供了程序调试工具与调试方法。利用这些工具与方法，可以在程序编码调试阶段，快速准确地发现问题所在，方便编程人员及时地修改和完善程序。

1. 设置断点

调试程序时，可以在程序的特定语句上设置"断点"。在程序运行时，遇到"断点"设置，程序将中断执行，此时编程人员可以查看程序运行的状态信息，以确定程序代码是否正确。具体在哪些语句上设置"断点"，或设置多少个"断点"，完全由编程人员根据程序的处理流程灵活确定。

设置"断点"的方法主要有以下3种形式。

（1）利用边界设置"断点"

在VBE环境的代码窗口中，单击需要作为断点的语句位置边界标示条，则该行语句高亮显示，边界标示条中出现标记符号●，如图11-12所示。在断点位置再次单击边界标示条，可以取消断点。

（2）利用菜单命令或快捷键

在VBE环境的代码窗口中，将插入点移至需要设置为断点的语句上，选择系统菜单"调试"→"切换断点"命令或直接按〈F9〉键。

（3）利用工具栏

首先，在VBE环境中，选择系统菜单"视图"→"工具栏"→"调试"命令，打开"调试"工具栏。将插入点移至需要设置为断点的语句，单击"调试"工具栏中的"切换断点"按钮，如图11-13所示。

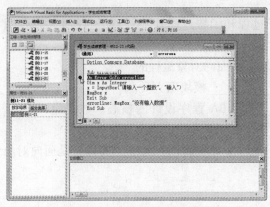

图11-12　利用边界设置"断点"　　　　图11-13　"调试"工具栏中的"切换断点"按钮

2. 设置监视点

设置监视点的具体操作步骤如下。

1）在代码窗口中，选择系统菜单"调试"→"添加监视"命令，打开"添加监视"对话框。

2）在"添加监视"对话框中设置监视选项。

在"表达式"文本框中输入需要监视的表达式。表达式可以是变量、属性或函数调用等任何形式的有效表达式。通过"上下文"选项区，可以设置表达式的取值范围为模块或过程。应尽量选择适合需要的最小范围，因为选择范围过大将减慢代码的执行速度。通过"监视类型"选项区，可以设置系统对监视表达式做出的响应。选择"监视表达式"单选按钮，将显示监视表达式的值；选择"当监视值为真时中断"单选按钮，则当监视表达式的值为True时中断执行；选择"当监视值改变时中断"单选按钮，则当监视表达式的值有所改变时中断执行。

3）运行代码，监视窗口将显示所设置表达式的值。

3. 使用输出语句

当代码运行出现错误时，可以在代码中的适当位置添加 MsgBox 语句和 Debug. Print 语句，显示指定变量的值或常量，以帮助程序调试者推断错误所在位置。

11. 6　习题

1. VBA 程序设计是一种＿＿＿＿＿＿的程序设计，是 Microsoft 公司在＿＿＿＿＿＿系列软件中内置的，用来开发应用系统的编程语言。

2. VBA 程序与宏的区别是什么？什么情况下用户必须使用宏来执行？什么情况下用户最好使用 VBA？

3. 编写和调试 VBA 程序的环境称为＿＿＿＿＿＿。

4. Access 模块是将 VBA 声明和过程作为一个＿＿＿＿＿＿进行保存的集合。模块中的代码都是以＿＿＿＿＿＿的形式加以组织的，每一个过程都可以是＿＿＿＿＿＿或＿＿＿＿＿＿。

5. 根据模块使用情况的不同，可以将模块分成＿＿＿＿＿＿模块和＿＿＿＿＿＿模块两种类型。

6. ＿＿＿＿＿＿一般用于存放公共过程（子过程和函数过程），不与其他任何 Access 对象相关联。

7. 类模块是以＿＿＿＿＿＿的形式封装的模块，是面向对象编程的＿＿＿＿＿＿。

8. Access 的类模块分为＿＿＿＿＿＿模块和＿＿＿＿＿＿模块两大类。

9. VBA 是面向对象的编程语言，＿＿＿＿＿＿是 VBA 程序设计的核心。数据库、窗体、控件等都属于对象范畴。对象具有＿＿＿＿＿＿、＿＿＿＿＿＿和＿＿＿＿＿＿。

10. 在面向对象的程序设计中，＿＿＿＿＿＿是一个具有属性和方法的实体，是面向对象程序设计的基本元素。

11. ＿＿＿＿＿＿定义了对象的特征。

12. ＿＿＿＿＿＿指的是对象能执行的动作。

13. ＿＿＿＿＿＿是对象可以辨认的动作。

14. ＿＿＿＿＿＿是包含几个其他对象的对象，而这些对象通常具有相同的类型。它本身也是对象，它有自己的方法和属性。

15. ＿＿＿＿＿＿通过定义所有对象集合和对象之间的层次关系，使编程工作更容易实现。

16. Access 中常用的对象 Form（s）对象，＿＿＿＿＿＿集合的成员，该集合是＿＿＿＿＿＿的集合。在 Forms 集合中，每个窗体都从＿＿＿＿＿＿开始编排索引。

17. Reports 对象是一个＿＿＿＿＿＿集合，用于管理当前所有处于打开状态的＿＿＿＿＿＿。

18. DoCmd 是 Access 数据库的一个重要对象，它的主要功能是通过调用＿＿＿＿＿＿的方法，在 VBA 中实现特定操作。

19. Access 除了直接常量以外，还支持＿＿＿＿＿＿常量、＿＿＿＿＿＿常量和＿＿＿＿＿＿常量 3 种类型的常量。

20. 系统定义常量有 3 个，即＿＿＿＿＿＿、＿＿＿＿＿＿和＿＿＿＿＿＿。

21. VBA 程序也可以进行结构化程序设计。结构化程序设计有_____、_____和_____ 3 种控制结构。

22. 参数传递是指在调用过程时，_____将_____传递给_____的过程。

23. 简述 VBA 编程的主要步骤。

24. 简述 VBA 程序中，变量的命名规则。

25. 简述在 VBA 中，参数传递的"传址"和"传值"两种传递方式。

26. 水仙花数是具有如下特征的 3 位数：各个位上数字的立方和等于其该数字本身。编写程序求出所有的水仙花数。

27. 编写程序，输入任意 10 个整数，要求使用数组，输出这些数字的最大值、最小值和平均值。

28. 编写程序，求 50! 的值。用 MsgBox 提示框输出结果。

29. 编写程序，利用函数过程，计算 1! + 3! − 5! + 7! − 9! 的值。

第 12 章　VBA 数据库编程

VBA 除了具有强大的程序设计功能外，还具有强大的数据库开发和管理功能。
本章主要介绍 VBA 数据库编程技术。

12.1　VBA 数据库编程技术简介

为了在程序代码中实现对数据库对象的访问，VBA 提供了数据访问接口。

12.1.1　数据库引擎与数据库访问接口

VBA 通过数据库引擎工具支持对数据库的访问。数据库引擎实际上是一组动态链接库（Dynamic Link Library，DLL），它以一种通用接口方式，使用户可以用统一的形式对各类物理数据库进行操作。VBA 程序通过动态链接库实现对数据库的访问。

通过数据访问接口，可以在 VBA 代码中处理打开的或没有打开的数据库，可以创建数据库、表、查询或字段等对象，也可以编辑数据库中的数据，使得数据的管理和处理完全代码化。

微软公司提供了多种使用 Access 数据库的方式，主要接口技术有开放数据库互连（Open Database Connectivity，ODBC）、数据库访问对象（Data Access Objects，DAO）、对象链接嵌入数据库（Object Linking and Embedding DataBase，OLEDB）、ActiveX 数据对象（ActiveX Data Objects，ADO）和 ADO.NET。

Access 中涉及的数据库编程接口有 ODBC、DAO、OLEDB 和 ADO 共 4 种。

1. ODBC

ODBC 建立了一组规范，并提供了一组对数据库访问的标准 API（应用程序编程接口），这些 API 利用 SQL 来完成其大部分任务。ODBC 本身也提供了对 SQL 语言的支持，用户可以直接将 SQL 语句送给 ODBC。开放数据库互连定义了访问数据库 API 的一个规范，这些 API 独立于不同厂商的 DBMS，也独立于具体的编程语言。

在 Access 中，使用 ODBC API 访问数据库需要大量的 VBA 函数原型声明，操作烦琐，因此现在已经很少使用。

2. DAO

DAO 是第一个面向对象的数据库接口，它显露了 Microsoft Jet 数据库引擎（由 Microsoft Access 所使用），并允许 Visual Basic 开发者通过 ODBC 像直接连接到其他数据库一样，直接连接到 Access 表。

DAO 适用于单系统应用程序或小范围本地分布使用。如果数据库是本地使用的 Access 数据库，可以使用这种访问方式。

3. OLEDB

OLEDB 是通向不同数据源的低级应用程序接口。OLEDB 不仅包括 ODBC 的 SQL 语言能力，还具有面向其他非 SQL 数据类型的通路。它定义了一组组件的接口规范，封装了各种数据库管理系统服务，是 ADO 的基本技术和 ADO. NET 的数据源。

4. ADO

ADO 是一种程序对象，用于表示用户数据库中的数据结构和所包含的数据。在 Visual Basic 编辑器中，可以使用 ADO 对象以及 ADO 的附加组件来创建或修改表以及查询、检验数据库，或者访问外部数据源。还可在代码中使用 ADO 来操作数据库中的数据。

ADO 是 DAO 的后继产物。相比 DAO，ADO 扩展了 DAO 使用的层次对象模型，用较少的对象、更多的方法和事件来处理各种操作，简单易用，是当前 Access 数据库编程中使用的主流技术。

12.1.2 DAO

如果在 VBA 程序设计中使用 DAO，应首先在 Access 可使用的引用中增加对 DAO 库的引用。

1. 设置 DAO 引用

由于在创建数据库时系统并不自动引用 DAO 库，所以需要用户自行进行引用设置。具体设置步骤如下。

1）在 VBE 中，选择系统菜单"工具"→"引用"命令，打开"引用"设置对话框。

2）在"引用"设置对话框的"可使用的引用"列表中，选中"Microsoft Office 15.0 Access database Engine Object Library"选项，单击"确定"按钮即可，如图 12 - 1 所示。

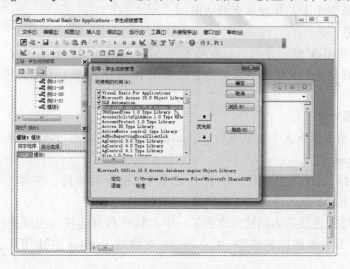

图 12 - 1 "引用"设置对话框

2. 常用 DAO 对象说明

DAO 的最顶层对象是 DBEngine，其下包含各种对象集合，对象集合下面又包含成员对象。常用 DAO 对象的含义见表 12 - 1。

表 12 - 1　常用 DAO 对象的含义

名　称	含　义
DBEngine	数据库引擎 Microsoft Jet Database Engine
Workspace	表示工作区，打开到关闭 Access 数据库期间为一个 Workspace，可由工作区标识
Database	表示要操作的数据库对象
TableDef	表示要操作的数据库对象中的数据表结构
Field	表示字段数据信息
Index	表示索引字段
QueryDef	表示要操作的数据库的查询设计信息
Recordset	表示打开数据表操作、运行查询返回的记录集
Error	表示使用 DAO 对象产生的错误信息

3. 在集合中获取对象

在对象集合中，有上下隶属关系，在引用时需由上而下。例如，要使用 TableDef 对象，应先加载 DAO 数据库引擎，然后打开一个工作区 Workspace，在工作区中使用 Database 对象打开数据库文件，最后才可以使用 TableDef 对象取用数据表结构。

12.1.3　ADO

ADO 是基于组件的数据库编程接口，它为开发者提供了一个强大的逻辑对象模型，以便开发者通过 OLEDB 系统接口，以编程方式访问、编辑和更新各种数据源，例如 Access 或 SQL Server 等，实现对数据源的数据处理。ADO 最普遍的用法就是通过应用程序，在关系数据库中检索一个或多个表，并显示查询结果。

1. ADO 引用

在 Access 中使用 ADO 对象时，也应增加对 ADO 库的引用，只不过在 Access 2000 以后的版本中，每当建立新数据库时，系统会自动引用 ADO 链接库，不需要用户再进行任何设置或更改。

2. ADO 主要对象

ADO 对象模型主要有 3 个对象成员：Connection、Command、Recordset。

（1）Connection 对象

Connection 对象用于指定数据提供者，完成与数据源的连接。在客户/服务器结构中，该对象实际上是表示了同服务器的实际网络连接。

建立和数据库的连接是访问数据库的第一步，ADO 打开连接的主要途径是通过 Connection 对象的 Open 方法来连接数据库。Connection 对象的 Execute 方法用于执行一个 SQL 查询等。

（2）Command 对象

Command 对象表示在 Connection 对象的数据源中，要运行的 SQL 命令。

（3）Recordset 对象

Recordset 对象是指操作 Command 对象所返回的记录集。Recordset 对象包含某个查询返回的记录以及那些记录中的游标。用户可以在不显示打开 Connection 对象的情况下，打开一个 Recordset 对象，例如，执行一个查询。如果选择创建一个 Connection 对象，就可以在同一个连接上打开多个 Recordset 对象。

12.2 VBA 数据库编程技术

Access 中，数据库编程可以使用 DAO 或 ADO 技术，对数据库的操作都要经历打开链接、创建记录集并实施操作的过程。

12.2.1 DAO 编程

DAO 编程比较复杂，但却具有更好的灵活性和更强的功能。将表、查询、窗体或报表等对象和 DAO 编程结合在一起，可以开发出功能完善、操作方便的数据库应用程序。

1. 使用 DAO 访问数据库

在 VBA 中，使用 DAO 访问 Access 数据库，通常由以下几个部分组成。

1）引用 DAO 类型库 "Microsoft Office 15.0 Access database Engine Object Library"。

2）定义 DAO 数据类型的对象变量。例如 Workspace 对象变量、Database 对象变量和 Recordset 对象变量。

3）通过 Set 语句设置各个对象变量的值，即要操作对象的名称。

4）对通过对象变量获取的操作对象进行各种处理。

5）关闭对象，并释放对象占用的内存空间。

2. DAO 常用对象的属性和方法

通过 DAO 访问 Access 数据库，实际上就是利用 Database、TableDef、Recordset 等对象的属性和方法实现对数据库的操作。

（1）Database 对象的常用属性和方法

Database 对象是 DAO 最重要的对象之一，其常用的属性和方法见表 12-2。

表 12-2 Database 对象的常用属性和方法

属性/方法	名　称	含　义
属性	Name	标识一个数据库对象的名称
	Updatable	表示数据库对象是否可以被更改或更新
方法	CreateTableDel	创建一个新的表对象
	CreateQueryDel	创建一个新的查询对象
	OpenRecordSet	创建一个新的记录集
	Execute	执行一个动作查询
	Close	关闭数据库

OpenRecordSet 方法用于创建一个新的 Recordset 对象，其语法格式如下。

> Set < Recordset > = < Database > . OpenRecordSet (< source > , [< type >] , [< options >] , [< lockedits >])

语法说明：

1）Recordset 和 Database 为对象变量名。

2）source 参数表示记录集的数据源，可以是表名，也可以是 SQL 查询语句。

3）type 参数用于设定 Recordset 对象的类型，可以是 dbOpenTable（数据源为单一表）、dbOpenDynaset（默认类型，数据源可为单表或多表）、dbOpenSnapshot（数据源可为单表或多表，但记录不能更新）。

4）options 参数用于设定记录集的操作方式，可以是 dbAppendOnly 或 dbReadOnly 等，表示对记录集只能添加或只读等。

5）lockedits 参数用于设定记录集的操作方式，可以是 dbAppendOnly 或 dbPessimistic 等。

（2）TableDef 对象的常用属性和方法

TableDef 对象代表数据库中的数据表结构。在创建数据库时，对要生成的表，必须创建一个 TableDef 对象来完成对表字段的创建。

TableDef 对象最常用的方法是 CreateField，其语法格式如下。

    Set < field >= < TableDef >. CreateField(< Name >, < type >, < size >)

其中，field、TableDef 为对象变量名。Name、type、size 分别为字段名称、字段类型和字段大小。

（3）Recordset 对象的常用属性和方法

Recordset 对象代表一个表或查询中的所有记录。对数据库的访问，其实就是对记录进行操作，Recordset 对象提供了对记录的添加、删除和修改等操作的支持。Recordset 对象的常用属性和方法见表 12 - 3。

表 12 - 3　Recordset 对象的常用属性和方法

属性/方法	名　称	含　义
属性	Bof	如果为 True，则表示指针已指向记录集的顶部
	Eof	如果为 True，则表示指针已指向记录集的底部
	Filter	设置筛选条件，用于将满足条件的记录过滤出来
	RecordCount	返回记录集对象中的记录个数
方法	AddNew	添加新记录
	Delete	删除当前记录
	Edit	编辑当前记录
	FindFirst	查找满足条件的第一条记录
	FindLast	查找满足条件的最后一条记录
	FindNext	查找满足条件的下一条记录
	FindPrevious	查找满足条件的上一条记录
	Move	移动记录指针位置
	MoveFirst	将记录指针定位在第一条记录
	MoveLast	将记录指针定位在最后一条记录
	MoveNext	将记录指针定位在下一条记录
	MovePrevious	将记录指针定位在上一条记录
	Requery	重新运行查询，以便更新 Recordset 中的记录
	Update	刷新表，实现记录更新

【例 12 - 1】在学生成绩管理数据库中，创建窗体，通过 DAO 编程，创建教师表。教师表有教师号、姓名、性别和出生日期字段，结构见表 12 - 4。

表 12 – 4 教师表

字 段 名	类 型 数 据	格 式	字 段 长 度
教师号	短文本		10
姓名	短文本		8
性别	短文本		4
出生日期	日期/时间	短日期	

具体操作步骤如下。

1）创建两个窗体，添加控件。如图 12 – 2 和图 12 – 3 所示。

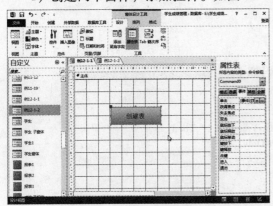

图 12 – 2　创建表窗体

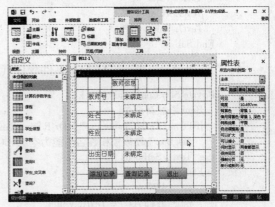

图 12 – 3　教师窗体

2）"创建表"按钮的 Click 事件程序代码如下。

```
Private Sub Command0_Click()
    Rem 声明 DAO 对象变量
    Dim ws As DAO. Workspace
    Dim db As DAO. Database
    Dim tb As DAO. TableDef
    Dim fd As DAO. Field
    Dimidex As DAO. Index
    Rem 创建教师表
    Set ws = DBEngine. Workspaces(0)
    Set db = ws. Databases(0)
    Set tb = db. CreateTableDef("教师")
    Rem 创建教师表字段
    Set fd = tb. CreateField("教师号",dbText,10)
    tb. Fields. Append fd
    Set fd = tb. CreateField("姓名",dbText,8)
    tb. Fields. Append fd
    Set fd = tb. CreateField("性别",dbText,4)
    tb. Fields. Append fd
    Set fd = tb. CreateField("出生日期",dbDate)
    tb. Fields. Append fd
    Rem 添加表
    db. TableDefs. Append tb
    db. Close
End Sub
```

3）在"教师"窗体中声明模块级变量。

```
Dimrst As DAO. Recordset
Dim db As DAO. Database
```

4）"教师"窗体的 Load 事件程序代码如下。

```
Private Sub Form_Load( )
    Set db = DBEngine. Workspaces(0). Databases(0)
    Setrst = db. OpenRecordset("教师")
    Text1. Value = " "
    Text3. Value = " "
    Text5. Value = " "
    Text7. Value = " "
End Sub
```

5）"添加记录"按钮的 Click 事件程序代码如下。

```
Private Sub Command9_Click( )
    Rem 添加新记录
    IfRTrim(Text1. Value) = " " Or RTrim(Text3. Value) = " " Then
        MsgBox "教师号和姓名不能为空",vbOKOnly,"提示"
        Text1. SetFocus
    Else
        rst. AddNew
        rst("教师号") = Text1. Value
        rst("姓名") = Text3. Value
        rst("性别") = Text5. Value
        rst("出生日期") = Text7. Value
        ent = MsgBox("确认添加新纪录吗?",vbOKCancel,"提示")
        If ent = 1 Then
            rst. Update
        Else
        rst. CancelUpdate
        End If
        Text1. Value = " "
        Text3. Value = " "
        Text5. Value = " "
        Text7. Value = " "
    End If
End Sub
```

6）"查询记录"按钮的 Click 事件程序代码如下。

```
Private Sub Command11_Click( )
    Rem 查询记录
    Dimrst1 As DAO. Recordset
    Dimstrinput As String,strsql As String
    strinput = InputBox(" "," ")
    strsql = "SELECT * FROM 教师 WHERE 姓名 LIKE'" & strinput & "'"
    Setrst1 = db. OpenRecordset(strsql)
    If Notrst1. EOF Then
        Do While Notrst1. EOF
            Text1. Value = rst1("教师号")
            Text3. Value = rst1("姓名")
```

```
        Text5. Value = rst1("性别")
        Text7. Value = rst1("出生日期")
        x = MsgBox("查询是否正确?",vbYesNo,"提示")
        If x = vbYes Then
            Exit Sub
        Else
            rst1. MoveNext
        End If
    Loop
    Else
      MsgBox "该教师没有找到!",vbOKOnly,"提示"
    End If
    rst1. Close
End Sub
```

7)"退出"按钮的 Click 事件程序代码如下。

```
Private Sub Command12_Click( )
    Rem 退出程序
rst. Close
    db. Close
Do Cmd. Close
End Sub
```

12.2.2　ADO 编程

ADO 编程与 DAO 不同的是,在使用 ADO 对象之前,需要设置数据库提供程序（Provider）,数据提供程序不仅是 ADO 进行数据访问的桥梁,而且是 ADO 辨识数据源格式的关键。

在 VBA 中,使用 ADO 访问 Access 数据库的步骤如下。

1)定义 ADO 数据类型的对象变量。

2)建立连接。设置 Provider 属性值,定义要连接和处理的 Connection 对象。将 Provider 属性值设置为"Microsoft. ACE. OLEDB. 12.0",表示 ADO 将通过 OLEDB. 12.0 数据库引擎连接至 Access 数据库。设置 ConnectionString 属性值,与数据库建立连接。

3)打开数据库。定义对象变量,通过设置属性和调用方法打开数据库。

4)获取记录集。使用 Recordset 和 Command 对象取得需要操作的记录集。

5)对记录集进行各种处理。

6)关闭对象。

【例 12 -2】在学生成绩管理数据库操作环境中,通过 ADO 编程方式,在立即窗口中显示学生表和图书管理数据库中作者表中的记录个数。

具体操作步骤如下。

1)通过 ADO 操作当前数据库学生成绩管理,显示学生表中记录个数。程序代码如下。

```
Dim cnn As New ADODB. Connection
Dim rst As New ADODB. Recordset
```

```
Dim sqlstu As String
Set cnn = CurrentProject. Connection
sql stu = "SELECT * FROM 学生"
rst. LockType = adLockPessimistic
rst. CursorType = adOpenKeyset
rst. Open sqlstu, cnn, adCmdText
Debug. Printrst. RecordCount
rst. Close
cnn. Close
Setrst = Nothing
Setcnn = Nothing
```

2）通过 ADO 操作当前数据库图书管理数据库，显示作者表中记录个数。程序代码如下。

```
Dim cnn As New ADODB. Connection
Dim rst As New ADODB. Recordset
Dim strConnect As String, sqlbook As String
strConnect = "E:\图书管理. accdb"
cnn. Provider = "Microsoft. ACE. OLEDB. 12. 0"
cnn. Open strConnect
sqlbook = "SELECT * FROM 作者"
rst. LockType = adLockPessimistic
rst. CursorType = adOpenKeyset
rst. Open sqlbook, cnn, adCmdText
Debug. Printrst. RecordCount
rst. Close
cnn. Close
Setrst = Nothing
Setcnn = Nothing
```

12.3 习题

1. Access 中涉及的数据库编程接口有_____、_____、_____和_____共 4 种。

2. DAO 是第一个面向对象的数据库接口，它显露了_____，并允许 Visual Basic 开发者通过 ODBC 像直接连接到其他数据库一样，直接连接到 Access 表。

3. ADO 是一种_____对象，用于表示用户数据库中的_____和所包含的数据。

4. 通过 DAO 访问 Access 数据库，实际上就是利用_____、_____等对象的属性和方法实现对数据库的操作。

5. 在 VBA 中，使用 DAO 访问 Access 数据库，通常由哪几部分组成？

6. 在 VBA 中，使用 ADO 访问 Access 数据库，通常由哪几部分组成？